GEOGRAFIA:

CONCEITOS E TEMAS

Leia também:

A Condição Urbana
de Paulo Cesar da Costa Gomes

Trajetórias Geográficas
de Roberto Lobato Corrêa

Introdução à Geografia Cultural
orgs. Roberto Lobato Corrêa e Zeny Rosendahl

ABC do Desenvolvimento Urbano
de Marcelo Lopes de Souza

Brasil: Questões Atuais da Reorganização do Território
orgs. Iná Elias de Castro, Paulo Cesar da Costa Gomes e Roberto Lobato Corrêa

O Desafio Metropolitano
de Marcelo Lopes de Souza

Explorações Geográficas
orgs. Iná Elias de Castro, Paulo Cesar da Costa Gomes e Roberto Lobato Corrêa

Geografia e Modernidade
de Paulo Cesar da Costa Gomes

O Mito da Necessidade
de Iná Elias de Castro

Mudar a Cidade
de Marcelo Lopes de Souza

GEOGRAFIA:
CONCEITOS E TEMAS

Organizado por:

Iná Elias de Castro
Paulo Cesar da Costa Gomes
Roberto Lobato Corrêa

24ª EDIÇÃO

Rio de Janeiro | 2025

Capa: Projeto gráfico de Leonardo Carvalho

Composição e fotolitos: DFL

2025

Impresso no Brasil
Printed in Brazil

CIP-Brasil. Catalogação na fonte
Sindicato Nacional dos Editores de Livros, RJ.

G298
24ª ed.

Geografia: conceitos e temas / organizado por Iná Elias de Castro, Paulo Cesar da Costa Gomes, Roberto Lobato Corrêa. – 24ª ed. – Rio de Janeiro: Bertrand Brasil, 2025.
352p.

Inclui bibliografia.
ISBN 978-85-286-0545-7

1. Geografia. 2. Geografia – Filosofia. I. Castro, Iná Elias de. II. Gomes, Paulo Cesar da Costa. III. Corrêa, Roberto Lobato.

95-164

CDD – 910
CDU – 910

EDITORA BERTRAND BRASIL
Rua Argentina, 171 – 3º andar – São Cristóvão
20921-380 – Rio de Janeiro – RJ
Tel.: (021) 2585-2000

Atendimento e venda direta ao leitor:
sac@record.com.br

SUMÁRIO

PARTE II: TEMAS

APRESENTAÇÃO

Nos últimos vinte anos o campo de pesquisa da Geografia vem sendo atravessado por diversas questões e temas que têm suscitado um amplo debate internacional, desafiando a comunidade acadêmica brasileira a contribuir tanto com uma reflexão teórica, como também com trabalhos de pesquisa voltados para os problemas característicos da realidade nacional. Foi a consciência deste fato que norteou a concepção de um livro, cuja unidade reside na articulação entre conceitos e temas da Geografia atual.

Este livro vem, em boa hora, preencher uma grave lacuna na bibliografia geográfica básica do país. De fato, o material disponível até o momento é, em sua maior parte, composto por obras importantes, porém não atualizadas; por trabalhos que, apesar de cumprirem o papel de ampla divulgação, são pouco profundos nas análises e no tratamento dos problemas e, por fim, por textos produzidos no exterior e, portanto, de difícil acesso ao conjunto de estudantes e profissionais brasileiros.

A coletânea que ora apresentamos é o resultado de um esforço conjunto de reflexão e atualização dos grandes debates da Geografia contemporânea, não só no que diz respeito à reconstrução de conceitos fundadores do seu campo de investigação, como também nas possibilidades de sua aplicação aos problemas com os quais esta ciência se defronta. Desta forma, o público ao qual ele se destina, compõe-se, basicamente, de profissionais ligados ao ensino superior, aos estudantes de graduação, aos graduados que procuram uma atualização, aos profissionais de outras áreas que se aproximam dessas reflexões conduzidos pelo diálogo interdisciplinar, que é cada vez mais uma necessidade da ciência em nossos dias e, finalmente, a todos aqueles que se interessam por problemas que afetam a dinâmica espacial.

Sendo assim, os trabalhos aqui reunidos possuem uma forte preocupação didática, que se traduz em três níveis: primeiro, na forma de abordagem dos conceitos e dos temas, procurando sempre traçar os caminhos que sustentaram as diferentes concepções no seu tratamento; segundo, na forma concisa da sua apresentação, sem perda da necessária profundidade; terceiro, nas referências bibliográficas, representativas dessas concepções que ensejam a que o leitor possa, por ele mesmo, refazer este percurso.

No entanto, longe de esgotar as possibilidades destas discussões, este livro é, antes de mais nada, um convite à renovação de esforços no sentido de continuá-las, aprofundando-as e acrescentando novas questões.

Iniciando a discussão conceitual, Roberto Lobato Corrêa aborda o espaço geográfico, um conceito considerado diferentemente pelas diversas correntes do pensamento geográfico: a Geografia tradicional, a abordagem teorético-quantitativa, a visão marxista e a Geografia Cultural e Humanista. Segue-se a indicação de um conjunto de práticas espaciais identificadas pelo autor.

A propósito do conceito de região, Paulo Cesar da Costa Gomes nos apresenta, de forma sintética, sua evolução no interior do pensamento geográfico, mostrando os principais debates epistemológicos que a acompanharam. A preocupação primeira do artigo é fundar um campo de discussão conceitual que exprima a operacionalidade deste conceito através de uma reflexão propriamente geográfica, rompendo com os significados veiculados pelo senso comum.

A contribuição de Marcelo José Lopes de Souza tem como perspectiva a concepção do território como um espaço definido e delimitado por e a partir de relações de poder. Para balizar este pressuposto da Geografia Política, o autor discute os muitos conceitos de território e os riscos de reducionismos em torno de um termo tão fundamental e tão polissêmico. O autor amplia a sua discussão a partir da análise da prática social do cotidiano urbano, que delimita territórios para os mais diferentes objetivos, incorporando as noções de rede e a questão do desenvolvimento e seus desdobramentos na organização sócio-espacial.

Ao discutir o problema da escala, Iná Elias de Castro aponta os limites impostos ao conceito na geografia pelo raciocínio analógico com a cartografia. Trabalhando com a escala como uma estratégia de aproximação do real, a autora recorre às reflexões feitas em outros campos do conhecimento, que também enfrentam o problema da grande variação de tamanho de fenômenos e de objetos. O trabalho indica as possibilidades de utilização da perspectiva da escala na prática da pesquisa e complementa a escassa literatura sobre o tema na geografia.

Leila Christina Dias discute a temática das redes, tornada de extrema relevância nas últimas décadas do século 20. São analisadas a gênese do conceito e, a seguir, as relações entre fluxos de informação e dinâmica territorial, em torno das quais trava-se um debate sobre o papel das modernas redes telemáticas nas transformações da organização espacial.

Iniciando a segunda parte do livro, Rogério Haesbaert trata o tema da desterritorialização e suas vinculações com as diversas redes implantadas a partir da modernidade e suas relações com os aglomerados de exclusão. Este tema deve ser compreendido no âmbito da territorialidade e da reterritorialização, todas constituindo-se em componentes da produção do espaço.

Ao analisar a questão regional e a gestão do território no Brasil, Claudio A. Egler retoma criticamente os supostos da Geografia Econômica em suas diferentes vertentes, especialmente a do planejamento regional. Sob estes referenciais são analisadas as propostas atuais de políticas públicas que afetam o mercado doméstico brasileiro a partir das estruturas produtivas regionais, tomando como objeto de discussão o processo de implantação das Zonas de Processamento de Exportações (ZPE), preferencialmente localizadas nos estados nordestinos.

O trabalho de Júlia Adão Bernardes relaciona as mudanças técnicas nos processos produtivos às transformações na estrutura espacial. O foco central da análise é a atividade sucro-alcooleira localizada na região norte-fluminense e a perspectiva é entender a lógica de renovação que atingiu esta região nos últimos anos. São correlacionadas as condições particulares em que se processaram as mudanças técnicas face aos imperativos da ordem global com as mudanças na dinâmica espacial dessa região.

O capítulo sobre a geopolítica na virada do milênio de Bertha K. Becker procura responder à questão de como a revolução científico-tecnológica e a crise ambiental estão alterando as práticas do poder e a valorização estratégica do território. Logística e desenvolvimento sustentável valorizam seletivamente territórios segundo seu conteúdo informacional, seu estoque de natureza e sua iniciativa política, alterando a geopolítica convencional fundamentada no poder do Estado e do território nacional. Cultura e exclusão social surgem como elementos da geopolítica do futuro.

Em seu artigo, Lia Osorio Machado identifica importantes personagens, comumente esquecidos pela Geografia, que muito contribuíram para lançar os fundamentos de uma reflexão sobre os problemas, os desafios e as características da identidade territorial brasileira. Os debates nos quais se envolveram estes autores são, sem dúvida, básicos para entendermos as raízes da organização espacial brasileira ulterior e constituem matéria inédita na história do pensamento geográfico no Brasil.

Os organizadores.

PARTE I

CONCEITOS

ESPAÇO, UM CONCEITO-CHAVE DA GEOGRAFIA

Roberto Lobato Corrêa
Professor do Departamento de Geografia, UFRJ

A palavra espaço é de uso corrente, sendo utilizada tanto no dia-a-dia como nas diversas ciências. No *Novo Dicionário Aurélio*, por exemplo, o verbete espaço é descrito segundo 12 acepções distintas e numerosos qualificativos. Entre os astrônomos, matemáticos, economistas e psicólogos, entre outros, utiliza-se, respectivamente, as expressões espaço sideral, espaço topológico, espaço econômico e espaço pessoal.

A expressão espaço geográfico ou simplesmente espaço, por outro lado, aparece como vaga, ora estando associada a uma porção específica da superfície da Terra identificada seja pela natureza, seja por um modo particular como o Homem ali imprimiu as suas marcas, seja com referência à simples localização. Adicionalmente a palavra espaço tem o seu uso associado indiscriminadamente a diferentes escalas, global, continental, regional, da cidade, do bairro, da rua, da casa e de um cômodo no seu interior.

O que é, afinal, o espaço geográfico? No presente texto considerar-se-á o conceito de espaço tal como os geógrafos entendem. Primeiramente serão abordadas as diferentes concepções de espaço vinculadas às diversas correntes do pensamento geográfico; apresentaremos a seguir o que entendemos por práticas espaciais, com o intuito de contribuir, através de alguns conceitos operacionais, para o estudo do espaço geográfico.

O ESPAÇO E AS CORRENTES DO PENSAMENTO GEOGRÁFICO

Como toda ciência a geografia possui alguns conceitos-chave, capazes de sintetizarem a sua objetivação, isto é, o ângulo específico com que a sociedade é analisada, ângulo que confere à geografia a sua identidade e a sua autonomia relativa no âmbito das ciências sociais. Como ciência social a geografia tem como objeto de estudo a sociedade que, no entanto, é objetivada via cinco conceitos-chave que guardam entre si forte grau de parentesco, pois todos se referem à ação humana modelando a superfície terrestre: paisagem, região, espaço, lugar e território.

Cada um dos conceitos-chave acima indicados tem sido objeto de amplo debate, tanto interno como externo à geografia, envolvendo assim não-geógrafos. No bojo do debate cada conceito possui várias acepções, cada uma calcada em uma específica corrente de pensamento. Lugar e região, por exemplo, têm sido diferentemente conceitualizados segundo as diversas correntes da geografia. Ressalte-se, a propósito, que o debate tem sido extremamente salutar pois, se revela conflitos, permite, por isso mesmo, avanços na teoria geográfica. Por outro lado, o embate conceitual não é exclusivo à geografia: vejam-se, por exemplo, os conceitos de valor entre os economistas, classe social entre os sociólogos e cultura entre os antropólogos.

Consideraremos, inicialmente, como o espaço foi concebido na geografia tradicional, seguindo-se após a sua concepção na geografia que emergiu da denominada revolução teorético-quantitativa. Em seqüência considerar-se-á o conceito de espaço no âmbito da geografia fundada no materialismo histórico e dialético e, finalmente, como os geógrafos humanistas e culturais abordaram o espaço.

Espaço e a geografia tradicional

O conjunto de correntes que caracterizou a geografia no período que se estende de 1870 aproximadamente, quando a geografia tornou-se uma disciplina institucionalizada nas universidades européias, à década de 1950, quando verificou-se a denominada revolução teorético-quantitativa, é por nós identificado como geografia tradicional, que antecede às mudanças que se verificarão nas décadas de 1950, primeiramente, e, depois, na de 1970.

A geografia tradicional em suas diversas versões privilegiou os conceitos de paisagem e região, em torno deles estabelecendo-se a discussão sobre o objeto da geografia e a sua identidade no âmbito das demais ciências. Assim, os debates incluíam os conceitos de paisagem, região natural e região-paisagem, assim como os de paisagem cultural, gênero de vida e diferenciação de áreas. Envolviam geógrafos vinculados ao positivismo e ao historicismo, conforme aponta CAPEL (1982) ou, em outros termos, aqueles geógrafos deterministas, possibilistas, culturais e regionais. A abordagem espacial, associada à localização das atividades dos homens e aos fluxos, era muito secundária entre os geógrafos como, entre outros, aponta CORRÊA (1986a).

O espaço, em realidade, não se constitui em um conceito-chave na geografia tradicional. Contudo, está presente na obra de Ratzel e de Hartshorne, ainda que, como no caso do segundo, de modo implícito.

De acordo com MORAES (1990), o espaço em Ratzel é visto como base indispensável para a vida do homem, encerrando as condições de trabalho, quer naturais, quer aqueles socialmente produzidos. Como tal, o domínio do espaço transforma-se em elemento crucial na história do Homem.

Ratzel desenvolve assim dois conceitos fundamentais em sua antropogeografia. Trata-se do conceito de território e de espaço vital, ambos com fortes raízes na ecologia. O primeiro vincula-se à apropriação de uma porção do espaço por um determinado grupo, enquanto o segundo expressa as necessidades territoriais de uma sociedade em função de seu desenvolvimento tecnológico, do total de população e dos recursos naturais. "Seria assim uma relação de equilíbrio entre a população e os recursos, mediada pela capacidade técnica" (MORAES, 1990, p. 23). A preservação e ampliação do espaço vital constitui-se, na formulação ratzeliana, na própria razão de ser do Estado.

O espaço transforma-se, assim, através da política, em território, em conceito-chave da geografia.

HARTSHORNE (1939), por sua vez, admite que conceitos espaciais são de fundamental importância para a geografia, sendo a tarefa dos geógrafos descrever e analisar a interação e integração de fenômenos em termos de espaço.

O espaço na visão hartshorniana é o espaço absoluto, isto é, um conjunto de pontos que tem existência em si, sendo independente de qualquer coisa. É um quadro de referência que não deriva da experiência, sendo apenas intuitivamente utilizado na experiência. Trata-se de uma visão kantiana, por sua vez influenciada por Newton, em que o espaço (e o tempo) associa-se a todas as dimensões da vida. A geografia constituir-se-ia na ciência que estudaria todos os fenômenos organizados espacialmente, enquanto a História, por outro lado, estudaria os fenômenos segundo a dimensão tempo.

O espaço de Hartshorne aparece como um receptáculo que

apenas contém as coisas. O termo espaço é empregado no sentido de área que

> "... é somente um quadro intelectual do fenômeno, um conceito abstrato que não existe em realidade (...) a área, em si própria, está relacionada aos fenômenos dentro dela, somente naquilo que ela os contém em tais e tais localizações" (HARTSHORNE, 1939, p. 395).

Há uma associação entre essa concepção de espaço e a visão idiográfica da realidade, na qual em uma dada área estabelece-se uma combinação única de fenômenos naturais e sociais. É como se cada porção do espaço absoluto fosse o *locus* de uma combinação única (unicidade) em relação à qual não se poderia conceber generalizações: "nenhuma (lei) universal precisa ser considerada senão a lei geral da geografia de que todas as suas áreas são únicas" (HARTSHORNE, 1939, p. 644).

A despeito das críticas ao paradigma hartshorniano, nas quais se inclui o conceito de espaço absoluto, entretanto, o conceito em tela pode ser útil em certas circunstâncias. No processo decisional de uma firma ou instituição pública o conceito de espaço absoluto é considerado em um determinado momento do processo e a impossibilidade extrema de apropriação de uma determinada dimensão de terras pode afetar as decisões locacionais, conforme aponta CORRÊA (1982). Deste modo estamos de acordo com HARVEY (1973) quando este argumenta que as diferentes práticas humanas estabelecem diferentes conceitos de espaço, conceitos que sob certas circunstâncias são por nós empregados.

Espaço e a geografia teorético-quantitativa

Calcada no positivismo lógico a revolução teorético-quantitativa da década de 1950 introduziu profundas modificações na geografia, como apontam, entre outros, JAMES (1972), CLAVAL (1974), CHRISTOFOLETTI (1976), SANTOS (1978) e CAPEL (1982). Adotou-se a visão da unidade epistemológica da ciência, unidade calcada nas ciências da natureza, mormente a Física. O raciocínio hipotético-dedutivo foi, em tese, consagrado como aquele mais pertinente e a teoria foi erigida em culminância intelectual. Modelos, entre eles os matemáticos com sua correspondente quantificação, foram elaborados e, em muitos casos, análogos aos das ciências naturais. No plano prático as vinculações com o sistema de planejamento público e privado foram intensas.

A despeito das críticas que se pode, efetivamente, fazer à geografia teorético-quantitativa, é necessário ressaltar que a geografia passa a ser considerada como ciência social, conforme argumenta SCHAEFER (1953) em seu clássico e polêmico artigo. Outros como BUNGE (1966) vão mais além, afirmando que a geografia devia ser vista como uma ciência espacial.

Tanto em Schaefer como em Bunge, assim como em ULLMAN (1954) e WATSON (1955), o espaço aparece, pela primeira vez na história do pensamento geográfico, como o conceito-chave da disciplina. O conceito de paisagem é deixado de lado, enquanto o de região é reduzido ao resultado de um processo de classificação de unidades espaciais segundo procedimentos de agrupamento e divisão lógica com base em técnicas estatísticas. Lugar e território não são conceitos significativos na geografia teorético-quantitativa.

No âmbito da corrente geográfica em questão o espaço é considerado sob duas formas que não são mutuamente excludentes. De um lado através da noção de planície isotrópica e, de outro, de sua representação matricial.

A planície isotrópica é uma construção teórica que resume uma concepção de espaço derivada de um paradigma racionalista e hipotético-dedutivo. Admite-se como ponto de partida uma superfície uniforme tanto no que se refere à geomorfologia como ao clima e à cobertura vegetal, assim como à sua ocupação humana: há uma uniforme densidade demográfica, de renda e de padrão cultural que se caracteriza, entre outros aspectos, pela adoção de uma racionalidade econômica fundada na minimização dos custos e maximização dos lucros ou da satisfação. A circulação nesta planície é possível em todas as direções.

Sobre esta planície de lugares iguais desenvolvem-se ações e mecanismos econômicos que levam à diferenciação do espaço. Assim o ponto de partida é a homogeneidade, enquanto o ponto de chegada é a diferenciação espacial que é vista como expressando um equilíbrio espacial. Diferenciação e equilíbrio não são, assim, estranhos entre si nesta concepção.

Na planície isotrópica a variável mais importante é a distância, aquela que determina em um espaço previamente homogêneo a diferenciação espacial, seja ela expressa em anéis concêntricos de uso da terra, como em von Thünen, seja em gradientes de preço da terra e densidades demográficas intra-urbanas, seja ainda em termos de hierarquia de lugares centrais, tal como aponta Christaller, decorrente da ação conjugada dos mecanismos de alcance espacial máximo e mínimo, seja também na teoria da localização industrial de Weber.

Os esquemas centro-periferia, tanto ao nível intra-urbano como em escala nacional e internacional, são derivados desta concepção marcada pela noção de efeito declinante da distância (distance decay), cara aos economistas espaciais e aos geógrafos da teoria locacional de base neoclássica. Subjacente a esta noção estão a teoria do valor-utilidade e a lei dos rendimentos decrescentes, basilares para os economistas neoclássicos.

É neste sentido que a noção de espaço relativo, apontada por HARVEY (1969), é crucial no âmbito desta concepção de espaço. O espaço relativo é entendido a partir de relações entre os objetos, relações estas que implicam em custos — dinheiro, tempo, energia — para se vencer a fricção imposta pela distância. É no espaço relativo que se obtêm rendas diferenciais (de localização) e que desempenham papel fundamental na determinação do uso da terra.

A distância é para NYSTUEN (1968) um dos três conceitos mínimos para se realizar um estudo geográfico: os outros são orientação e conexão. Trata-se de três conceitos eminentemente espaciais. A orientação refere-se à direção que une pelo menos dois pontos, enquanto a distância diz respeito à separação entre pontos e a conexão à posição relativa entre pontos, sendo independente da orientação e da distância, pois é uma propriedade topológica do espaço.

Em Nystuen aparece claramente a aceitação e desenvolvimento da proposta de Bunge de considerar a geografia como uma ciência espacial, que estudaria fenômenos sociais e da natureza sob um ângulo comum, o espacial, que forneceria assim unidade à geografia. Deste modo rios e lugares centrais poderiam ser analisados com o mesmo método e a mesma linguagem. Esta visão foi compart'lhada pelos membros do Michigan Inter-University Community of Mathematical Geographers, que consideravam a geografia como ciência do espaço, tendo como linguagem a geometria como advoga Harvey em seu *Explanation in Geography*.

O espaço geográfico pode assim ser representado por uma matriz e sua expressão topológica, o grafo. Trata-se de representação comum aos economistas espaciais como indica GUIGOU (1980) e aos geógrafos como HAGGETT (1966) e HAGGETT e CHORLEY (1969), o primeiro desenvolvendo uma proposta de análise locacional com base nos temas movimento, redes, nós, hierarquias e superfícies, enquanto ele e Chorley desenvolvem sistematicamente como se pode realizar estudos sobre redes em geografia.

É preciso considerar o que significou para a geografia a concepção de espaço que os geógrafos lógico-positivistas nela introduziram. Trata-se de uma visão limitada de espaço, pois, de um lado, privilegia-se em excesso a distância, vista como variável independente. Nesta concepção, de outro lado, as contradições, os agentes sociais, o tempo e as transformações são inexistentes ou relegadas a um plano secundário. Privilegia-se um presente eterno e, subjacente, encontra-se a noção paradigmática de equilíbrio (espacial), cara ao pensamento burguês.

As representações matricial e topológica devem, no nosso entender, se constituir em meios operacionais que nos permitam extrair um conhecimento sobre localizações e fluxos, hierarquias e especializações funcionais, sendo, neste sentido, uma importante contribuição que, liberada de alguns de seus pressupostos como a planície isotrópica, a racionalidade econômica, a competição perfeita e a a-historicidade dos fenômenos sociais, pode ajudar na compreensão da organização espacial.

Numerosos modelos sobre a organização espacial, e no limite também sobre as transformações nele realizadas, foram produzidos pelos geógrafos. Pensamos que se é fácil estabelecer críticas a estes modelos, e devemos fazê-las, acreditamos, por outro lado, que tais modelos fornecem-nos pistas e indicações efetivamente relevantes para a compreensão crítica da sociedade em sua dimensão espacial e temporal, não devendo ser considerados como modelos normativos como se pretendia.

Espaço e geografia crítica

A década de 1970 viu o surgimento da geografia crítica fundada no materialismo histórico e na dialética. Trata-se de uma revolução que procura romper, de um lado, com a geografia tradicional e, de outro, com a geografia teorético-quantitativa. Intensos debates entre geógrafos marxistas e não-marxistas ocorrem a partir daquela década. Consulte-se sobre o assunto, entre outros, o livro de SANTOS (1978) e o de CAPEL (1982).

No âmbito dos debates o espaço reaparece como o conceito-chave. Debate-se, de um lado, se na obra de Marx o espaço está presente ou ausente e, de outro, qual a natureza e o significado do espaço. A identificação das categorias de análise do espaço é outra preocupação dos geógrafos críticos.

A partir da afirmação de CLAVAL (1977) de que na obra de Marx o espaço aparece marginalmente, surgem réplicas, entre outras, de SAEY (1978), VAN BEUNINGEN (1979), GARNIER (1980) e de PFERTZEL (1981). CLAVAL (1987), por sua vez, admite que o espaço tem se constituído em tema central para os geógrafos neomarxistas.

A favor de Marx está o artigo de HARVEY (1975), no qual ele pretende reconstruir geograficamente a teoria marxiana, cuja dimensão espacial foi larga e longamente ignorada. O negligenciamento da dimensão espacial no marxismo ocidental é discutido por SOJA e HADJIMICHALIS (1979) e retomado mais tarde por SOJA (1993). Segundo estes autores, os marxistas tinham abordado o espaço de modo semelhante àquele das ciências burguesas, considerando-o como um receptáculo ou como um espelho externo da sociedade.

As razões da negligência e interpretação incorreta residem, de um lado, no aparecimento tardio do *Grundrisse* — em russo em 1939, em alemão em 1953 e em inglês apenas em 1973. O *Capital*, por outro lado, é uma obra incompleta. O viés antiespacialista do marxismo é outra razão. Viés que remonta à crítica de Marx à ênfase que Hegel dá ao espaço, reificado e fetichizado na forma do Estado territorial. Marx procura enfatizar o tempo e a temporalidade, que foram elevados à primazia na filosofia e ciência ocidentais. A obra mais recente de SOJA (1993) tem por finalidade última reiterar o papel do espaço e da espacialidade como fundamentais para a constituição e o devir da sociedade. HARVEY (1993), por sua vez, estabelece conexões entre espaço e tempo ao discutir a pós-modernidade.

O desenvolvimento da análise do espaço no âmbito da teoria marxista deve-se, em grande parte, "à intensificação das contradições sociais e espaciais tanto nos países centrais como periféricos" (SOJA e HADJIMICHALIS, 1979, p. 7), devido à crise geral do capitalismo durante a década de 1960. Crise que transformou o espaço por ele produzido em "receptáculo de múltiplas contradições espaciais" (SOJA e HADJIMICHALIS, 1979, p. 10), que suscitaria a necessidade de se exercer maior controle sobre a reprodução das relações de produção em todos os níveis espaciais.

O espaço aparece efetivamente na análise marxista a partir da obra de Henri Lefébvre. Em seu *Espacio y Política* argumenta que o espaço "desempenha um papel ou uma função decisiva na estruturação de uma totalidade, de uma lógica, de um sistema" (LEFÉBVRE, 1976, p. 25).

O espaço entendido como espaço social, vívido, em estreita correlação com a prática social não deve ser visto como espaço absoluto, "vazio e puro, lugar por excelência dos números e das proporções" (LEFÉBVRE, 1976, p. 29), nem como um produto da sociedade, "ponto de reunião dos objetos produzidos, o conjunto das coisas que ocupam e de seus subconjuntos, efetuado, objetivado, portanto *funcional*" (LEFÉBVRE, 1976, p. 30). O espaço não é nem o ponto de partida (espaço absoluto), nem o ponto de chegada (espaço como produto social).

O espaço também não é um instrumento político, um campo de ações de um indivíduo ou grupo, ligado ao processo de reprodução da força de trabalho através do consumo. Segundo Lefébvre, o espaço é mais do que isto. Engloba esta concepção e a ultrapassa. O espaço é o *locus* da reprodução das relações sociais de produção.

> "Do espaço não se pode dizer que seja um produto como qualquer outro, um objeto ou uma soma de objetos, uma coisa ou uma coleção de coisas, uma mercadoria ou um conjunto de mercadorias. Não se pode dizer que seja simplesmente um instrumento, o mais importante de todos os instrumentos, o pressuposto de

> toda produção e de todo o intercâmbio. Estaria essencialmente vinculado com a reprodução das relações (sociais) de produção" (LEFÉBVRE, 1976, p. 34).

Esta concepção de espaço marca profundamente os geógrafos que, a partir da década de 1970, adotaram o materialismo histórico e dialético como paradigma. O espaço é concebido como *locus* da reprodução das relações sociais de produção, isto é, reprodução da sociedade.

A contribuição de Lefébvre a respeito da natureza e significado do espaço estende-se por uma vasta obra, da qual merece menção especial *La Production de l'Espace* (LEFÉBVRE, 1974).

A vasta obra de Milton Santos está, ainda que não de modo exclusivo, fortemente inspirada em Lefébvre e em sua concepção de espaço social. A contribuição de Milton Santos aparece, de um lado, com o estabelecimento do conceito de formação sócio-espacial, derivado do conceito de formação sócio-econômico e submetido a intenso debate na década de 1970. SANTOS (1977) afirma não ser possível conceber uma determinada formação sócio-econômica sem se recorrer ao espaço. Segundo ele, modo de produção, formação sócio-econômica e espaço são categorias interdependentes.

> "Os modos de produção tornam-se concretos numa base territorial historicamente determinada (...) as formas espaciais constituem uma linguagem dos modos de produção" (SANTOS, 1977, p. 5).

O mérito do conceito de formação sócio-espacial, ou simplesmente formação espacial, reside no fato de se explicitar teoricamente que uma sociedade só se torna concreta através de seu espaço, do espaço que ela produz e, por outro lado, o espaço só é inteligível através da sociedade. Não há, assim, por que falar em sociedade e espaço como se fossem coisas separadas que nós reuniríamos *a posteriori*, mas sim de formação sócio-espacial.

Nesta linha de raciocínio admitimos que a formação sócio-espacial possa ser considerada como uma meta-conceito, um paradigma, que contém e está contida nos conceitos-chave, de natureza operativa, de paisagem, região, espaço (organização espacial), lugar e território.

A natureza e o significado do espaço aparecem ainda nos diversos estudos em que Santos aborda o papel das formas e interações espaciais, os fixos e fluxos a que ele se refere. Consultem-se, por exemplo, os estudos referentes às relações entre espaço e dominação (SANTOS, 1979a), à "totalidade do diabo" (SANTOS, 1979b), às metamorfoses do espaço habitado (SANTOS, 1988) e às relações entre espaço, técnica e tempo (SANTOS, 1994), entre outros.

Contribuição significativa para a compreensão da organização espacial dos países subdesenvolvidos aparece em *O Espaço Dividido* (SANTOS, 1979c), na qual é admitida a coexistência de dois circuitos da economia, um circuito superior e outro inferior, resultado de um processo de modernização diferenciadora que gera os dois circuitos que "têm a mesma origem, o mesmo conjunto de causas e são interligados" (SANTOS, 1979c, p. 43).

A natureza e o significado do espaço aparecem, de modo mais explícito, em *Por uma Geografia Nova*, especialmente em sua 2ª parte. SANTOS (1978), depois de discutir a negligência dos geógrafos para com o espaço, referindo-se à geografia como "viúva do espaço", apresenta o espaço como fator social e não apenas um reflexo social. Constitui-se o espaço, segundo Milton Santos, em uma instância da sociedade. Assim,

> "... o espaço organizado pelo homem é como as demais estruturas sociais, uma estrutura subordinada-subordinante. E como as outras instâncias, o espaço, embora

submetido à lei da totalidade, dispõe de uma certa autonomia..." (SANTOS, 1978, p. 145).

Em realidade o espaço organizado pelo homem desempenha um papel na sociedade, condicionando-a, compartilhando do complexo processo de existência e reprodução social.

A partir dos estudos de BUCH-HANSON e NIELSEN (1977) e de CORAGGIO (1979), CORRÊA (1986b) define organização espacial, expressão que equivale à estrutura territorial, configuração espacial, arranjo espacial, espaço socialmente produzido ou simplesmente espaço. Segundo o referido autor, a organização espacial é o "conjunto de objetos criados pelo homem e dispostos sobre a superfície da Terra" (CORRÊA, 1986b, p. 55), sendo uma materialidade social.

Semelhantemente MOREIRA (1979) discute a natureza e o significado do espaço, introduzindo a metáfora da quadra esportiva polivalente: a organização espacial a ela se assemelha, pois as atividades humanas, com suas regras e localizações próprias, ali se realizam, apenas que de modo simultâneo.

Quais são as categorias de análise do espaço? Segundo SANTOS (1985) o espaço deve ser analisado a partir das categorias estrutura, processo, função e forma, que devem ser consideradas em suas relações dialéticas.

De acordo com Santos, *forma* é o aspecto visível, exterior, de um objeto, seja visto isoladamente, seja considerando-se o arranjo de um conjunto de objetos, formando um padrão espacial. Uma casa, um bairro, uma cidade e uma rede urbana são formas espaciais em diferentes escalas. Ressalte-se que a forma não pode ser considerada em si mesma, sob o risco de atribuir a ela uma autonomia de que não é possuidora. Se assim fizermos estaremos deslocando a forma para a esfera da geometria, a linguagem da forma, caindo em um espacialismo estéril. Por outro lado, ao considerarmos isoladamente a forma espacial apreenderíamos apenas a aparência, abandonando a essência e as relações entre esta e a aparência.

A noção de *função* implica uma tarefa, atividade ou papel a ser desempenhado pelo objeto criado, a forma. Habitar, vivenciar o cotidiano em suas múltiplas dimensões — trabalho, compras, lazer, etc. — são algumas das funções associadas à casa, ao bairro, à cidade e à rede urbana.

Não é possível dissociar forma e função da análise do espaço. Mas é necessário ir além, inserindo forma e função na *estrutura* social, sem o que não captaremos a natureza histórica do espaço. A estrutura diz respeito à natureza social e econômica de uma sociedade em um dado momento do tempo: é a matriz social onde as formas e funções são criadas e justificadas.

Processo, finalmente, é definido como uma ação que se realiza, via de regra, de modo contínuo, visando um resultado qualquer, implicando tempo e mudança. Os processos ocorrem no âmbito de uma estrutura social e econômica e resultam das contradições internas das mesmas. Em outras palavras, processo é uma estrutura em seu movimento de transformação. Ressalte-se que se considerarmos apenas a estrutura e o processo estaremos realizando uma análise a-espacial, não-geográfica, incapaz de captar a organização espacial de uma dada sociedade em um determinado momento, nem a sua dinâmica espacial.

Por outro lado, ao considerarmos apenas a estrutura e a forma estaremos eliminando as mediações (processo e função) entre o que é subjacente (a estrutura) e o exteriorizado (a forma). Como afirma Santos:

> "Forma, função, estrutura e processo são quatro termos disjuntivos associados, a empregar segundo um contexto do mundo de todo dia. Tomados individualmente, representam apenas realidades parciais, limitadas, do mundo. Considerados em conjunto, porém, e relacionados entre si, eles constroem uma base teórica e

metodológica a partir da qual podemos discutir os fenômenos espaciais em totalidade" (SANTOS, 1985, p. 52).

Espaço e geografia humanista e cultural

A década de 1970 viu também o surgimento da geografia humanista que foi, na década seguinte, acompanhado da retomada da geografia cultural. Semelhantemente à geografia crítica, a geografia humanista, calcada nas filosofias do significado, especialmente a fenomenologia e o existencialismo, é uma crítica à geografia de cunho lógico-positivista. Diferentemente daquela, contudo, é a retomada da matriz historicista que caracterizava as correntes possibilista e cultural da geografia tradicional. Sobre este assunto consulte-se, entre outros, CAPEL (1982) e HOLZER (1992).

Contrariamente às geografias crítica e teorético-quantitativa, por outro lado, a geografia humanista está assentada na subjetividade, na intuição, nos sentimentos, na experiência, no simbolismo e na contingência, privilegiando o singular e não o particular ou o universal e, ao invés da explicação, tem na compreensão a base de inteligibilidade do mundo real.

A paisagem torna-se um conceito revalorizado, assim como a região, enquanto o conceito de território tem na geografia humanista uma de suas matrizes. O lugar passa a ser o conceito-chave mais relevante, enquanto o espaço adquire, para muitos autores, o significado de espaço vivido.

Segundo TUAN (1979) no estudo do espaço no âmbito da geografia humanista consideram-se os sentimentos espaciais e as idéias de um grupo ou povo sobre o espaço a partir da experiência. Tuan argumenta que existem vários tipos de espaços, um espaço pessoal, outro grupal, onde é vivida a experiência do *outro*, e o espaço mítico-conceitual que, ainda que ligado à experiência, "extrapola para além da evidência sensorial e das necessidades imediatas e em direção a estruturas mais abstratas" (TUAN, 1979, p. 404).

E continua Tuan:

> "O espaço mítico é também uma resposta do sentimento e da imaginação às necessidades humanas fundamentais. Difere dos espaços concebidos pragmática e cientificamente no sentido que ignora a lógica da exclusão e da contradição" (TUAN, 1983, p. 112).

O espaço sagrado é um exemplo e a ele também TUAN (1972) se dedicou, seguindo as idéias de Mircea Eliade sobre o sagrado e o profano. O espaço sagrado é o *locus* de uma hierofania, isto é, uma manifestação do sagrado. O estudo de ROSENDAHL (1994) sobre o espaço sagrado da vila de Porto das Caixas na Baixada Fluminense aborda o tema em tela. A autora define no espaço sagrado o "ponto fixo", lugar da hierofania, e o entorno; envolvendo o espaço sagrado aparecem, respectivamente, os espaços profanos direta e indiretamente vinculados: todos configuram o espaço da pequena vila.

O lugar para TUAN (1979), por outro lado, tem um outro significado. Possui um "espírito", uma "personalidade", havendo um "sentido de lugar" que se manifesta pela apreciação visual ou estética e pelos sentidos a partir de uma longa vivência. Sobre o assunto consulte-se RELPH (1976) que desenvolve os conceitos de lugar e não-lugar e MELLO (1991) que analisa a leitura que os compositores da música popular fazem do espaço carioca.

A temática do espaço vivido está particularmente vinculada à geografia francesa e tem suas raízes sobretudo na tradição vidaliana, mas também na psicologia genética de Piaget, na sociologia, de onde se retiraria os conceitos de espaço-regulação, espaço-apropriação e espaço-alienação e na psicanálise do espaço baseada em Bachelard e Rimbert, de onde sai a discussão sobre o corpo, o sexo e a morte, conforme aponta HOLZER (1992).

"O espaço vivido é uma experiência contínua, egocêntrica e social, um espaço de movimento e um espaço-tempo vivido ... (que) ... se refere ao afetivo, ao mágico, ao imaginário" (HOLZER, 1992, p. 440).

O espaço vivido é também um campo de representações simbólicas, conforme aponta ISNARD (1982), rico em simbolismos que vão traduzir

"em sinais visíveis não só o projeto vital de toda a sociedade, subsistir, proteger-se, sobreviver, mas também as suas aspirações, crenças, o mais íntimo de sua cultura" (ISNARD, 1982, p. 71).

Em relação ao conceito de espaço vivido, o estudo de GALLAIS (1977) é de fundamental importância. A partir do conceito de distância o referido autor coloca em evidência aspectos importantes sobre o espaço vivido nas sociedades primitivas tropicais.

Argumenta Gallais que nas sociedades industriais o espaço vivido está assentado sobre uma "cadeia relativamente neutra de unidades quilométricas" (GALLAIS, 1977, p. 4), geradora de uma concepção homogênea de distância objetivada por custo ou tempo. Esta homogeneidade é devido a uma certa identidade cultural que inclui uma métrica regular e monótona de contagem tanto do espaço como do tempo, e à eficiência da técnica que elimina certas especificidades do meio.

Nas sociedades tropicais primitivas, ao contrário, o espaço, como o tempo, são concebidos descontinuamente, com bloqueios ou cortes brutais. O espaço vivido é fragmentado em função do pertencimento ao mesmo povoado, linhagem, tribo, grupo etnolingüístico, casta ou área cultural, que fornecem referenciais básicos para o cotidiano em sua dimensão espacial.

O espaço vivido das sociedades primitivas tropicais, segundo Gallais, é profundamente marcado por três concepções de distância que nas sociedades industriais possuem reduzido peso: distância estrutural, afetiva e ecológica.

A distância estrutural pode ampliar ou reduzir as relações entre os lugares quando confrontada com a distância objetiva. Assim, no delta interior do Niger, na África, os três quadros regionais — a área de solos agricultáveis, área de savana com pastoreio e a área de águas de pesqueiro — são caracterizadas por

> "organizações históricas, técnicas, sociais, de bens de raiz e religiosas que lhes são próprias, estranhas entre si, *estruturalmente afastadas*, embora vizinhas, ou superpostas dentro de uma percepção *objetiva* da distância" (GALLAIS, 1977, p. 8).

As relações comerciais entre consumidores e vendedores são, por outro lado, influenciadas pelo fato de ambos pertencerem ou não a mesma tribo ou grupo étnico. A despeito de grandes distâncias, objetivamente definidas, as relações comerciais são mais intensas com centros mais distantes do que com aqueles núcleos mais próximos, porém dominados por outras tribos ou grupos étnicos.

O espaço vivido é, por outro lado, marcado ainda por uma afetividade maior que nas sociedades industriais. A afetividade manifesta-se tanto no que diz respeito ao gostar dos lugares como à movimentação espacial. Lugares e áreas longínquas tornam-se próximos em função da afetividade por eles, como se exemplifica com os lugares sagrados, objetivamente distantes.

Nas sociedades primitivas o espaço vivido é afetivamente valorizado em razão de crenças que conferem especificidades a cada parte do espaço. Assim, Gallais reporta-nos sobre a distinção que os pescadores do médio Niger fazem do rio, distinguindo águas proibidas, águas onde a pesca obedece a certos ritos e águas livres.

A distância ecológica, finalmente, interfere também no espaço vivido das sociedades primitivas tropicais. De acordo com Gallais,

> "o homem vê a natureza através de um prisma seletivo que confere uma distância ecológica real ao que, aos nossos olhos, não passa de gradiente insignificante" (GALLAIS, 1977, p. 9)

Com base na prática adquirida com o trabalho, os povos primitivos são capazes de distinguir nuances pedológicas, mínimas diferenças ao longo de uma encosta montanhosa ou de altura numa planície. Cria-se assim variada terminologia, que é plena de significados para os habitantes dessas áreas.

Estas diferenças ecológicas, contudo, não são nem percebidas nem vivenciadas igualmente por todos. Assim, Gallais reporta-nos que no Mali, na África, os Bambaras que praticam a agricultura com enxada na savana distinguem uma complexa variedade de solos, enquanto, na mesma região os Peuls, criadores, distinguem, e de forma menos precisa, apenas cinco tipos de solos segundo a cor.

A distância ecológica varia também ao longo do ano. Assim, na África sudanesa,

> "a estação seca homogeneiza o espaço, facilita seu percurso e reduz a distância ecológica, enquanto a estação das chuvas o fragmenta: pântanos inundados, cheia de grandes rios cuja travessia se torna difícil, e áreas de cultivos que se alternam com regiões vazias, infestadas de feras. O espaço se diversifica e se torna pouco penetrável" (GALLAIS, 1977, p.11).

Ressalte-se que as transformações advindas com a modernização capitalista tendem a minimizar essas distinções na medida em que novas práticas sociais originam novos espaços vividos dotados de outros atributos.

AS PRÁTICAS ESPACIAIS

No longo e infindável processo de organização do espaço o Homem estabeleceu um conjunto de práticas através das quais são criadas, mantidas, desfeitas e refeitas as formas e as interações espaciais. São as práticas espaciais, isto é, um conjunto de ações espacialmente localizadas que impactam diretamente sobre o espaço, alterando-o no todo ou em parte ou preservando-o em suas formas e interações espaciais.

As práticas espaciais resultam, de um lado, da consciência que o Homem tem da diferenciação espacial. Consciência que está ancorada em padrões culturais próprios a cada tipo de sociedade e nas possibilidades técnicas disponíveis em cada momento, que fornecem significados distintos à natureza e à organização espacial previamente já diferenciadas.

Resultam, de outro lado, dos diversos projetos, também derivados de cada tipo de sociedade, que são engendrados para viabilizar a existência e a reprodução de uma atividade ou de uma empresa, de uma cultura específica, étnica ou religiosa, por exemplo, ou a própria sociedade como um todo.

As práticas espaciais são ações que contribuem para garantir os diversos projetos. São meios efetivos através dos quais objetiva-se a gestão do território, isto é, a administração e o controle da organização espacial em sua existência e reprodução.

Se as práticas espaciais resultam da consciência da diferenciação espacial, de outro lado são ingredientes através dos quais a diferenciação espacial é valorizada, parcial ou totalmente desfeita e refeita ou permanece em sua essência por um período mais ou menos longo.

Segundo CORRÊA (1992), as práticas espaciais são as seguintes: seletividade espacial, fragmentação-remembramento espacial, antecipação espacial, marginalização espacial e reprodução da região produtora. Esclareça-se que as práticas espaciais acima indicadas não são mutuamente excludentes: ao contrário, podem ocorrer combinadamente ou apresentarem um caráter complementar

Seletividade espacial

No processo de organização de seu espaço o Homem age seletivamente. Decide sobre um determinado lugar segundo este apresente atributos julgados de interesse de acordo com os diversos projetos estabelecidos. A fertilidade do solo, um sítio defensivo, a proximidade da matéria-prima, o acesso ao mercado consumidor ou a presença de um porto, de uma força de trabalho não qualificada e sindicalmente pouco ativa, são alguns dos atributos que podem levar a localizações seletivas.

Os atributos acima indicados, encontrados de forma isolada ou combinada, variam de lugar para lugar e são avaliados e reavaliados sistematicamente.

Vejamos dois exemplos. O primeiro refere-se ao transbordamento da atividade pecuária dos Campos Gerais do Paraná nas duas primeiras décadas do século 19. Implantada em área de campos do 2.º Planalto Paranaense, ao demandar novas áreas de campo para se expandir, se vê obrigada, no contexto da avaliação da natureza naquele momento, a avançar para oeste em direção ao 3.º Planalto Paranaense, primeiramente para os campos de Guarapuava e depois para os campos de Palmas. Entre estas três áreas de campos ocorrem áreas florestais que foram, em essência, deixadas de lado e ocupadas posteriormente por imigrantes europeus e seus descendentes que se dedicaram à atividade agrícola.

A seletividade espacial é ainda exemplificada quando se considera uma grande empresa como a Companhia de Cigarros Souza Cruz. Detentora de uma complexa rede de unidades funcionalmente distintas mas fortemente integradas, a empresa em pauta possui uma organização espacial complexa, resultante de um variado processo de seleção.

Nesta seleção incluem-se cidades situadas nas zonas produtoras de fumo, a exemplo de Santa Cruz do Sul, em território gaúcho, onde se localiza, em plena zona produtora, uma de suas usinas de beneficiamento de fumo. Inclui também centros que, por desempenharem importante papel na distribuição de bens e serviços, passaram a constituir-se em membros de sua vasta rede de distribuição atacadista: Santarém (PA), Feira de Santana (BA), Montes Claros (MG), São José do Rio Preto (SP) e Cascavel (PR) são alguns dos muitos exemplos de centros que foram selecionados pela Souza Cruz.

Fragmentação — remembramento espacial

No processo de produção do espaço há uma inerente dimensão política que leva a diferentes formas de controle sobre o espaço. Este é dividido em unidades territoriais controladas por uma comunidade aldeã, uma Cidade-Estado, uma organização religiosa, o Estado moderno, poderosas empresas ou grupos que se identificam por uma dada especificidade e numa dada porção do espaço.

A fragmentação e o remembramento dessas porções do espaço são uma prática corrente. Basta, de um lado, considerar o complexo e muitas vezes dramático processo de fragmentação de Impérios constituídos no passado, ou a fragmentação de municípios no território brasileiro. De outro, o processo de remembramento das comunas, unidades político-administrativas menores da França, agrupadas para viabilizar a oferta de certos serviços para uma população que não emigrou e que, no conjunto das comunas reagrupadas, passa a constituir um patamar mínimo para certos serviços.

Na dinâmica de uma dada empresa o seu espaço de atuação pode ser submetido à fragmentação ou ao remembramento. A fragmentação deriva da intensificação da atuação da empresa, que leva à implantação de novas unidades vinculadas, quer à produção, quer à distribuição, unidades que possuem, cada uma, uma exclusiva área de atuação. Alteram-se as áreas atribuídas a cada unidade da empresa, estabelecendo-se cada vez mais áreas de atuação menores associadas a um número maior de unidades. Ressalte-se que no processo de fragmentação a empresa tende a eleger primeiramente aqueles lugares que apresentam maior potencial em face da natureza das unidades a serem implantadas. Existe, assim, uma faceta temporal nessa prática espacial que nos remete à seletividade anteriormente comentada.

Exemplifica-se com a Companhia de Cigarros Souza Cruz. A expansão do consumo de cigarros no interior paulista levou à criação, em 1974, da filial de vendas de Campinas, desvinculando assim o interior paulista e o sul-matogrossense da filial de vendas de São Paulo a quem estavam vinculados anteriormente. A metrópole paulista, por sua vez, passa a atender ao seu próprio gigantesco mercado e aos do Vale do Paraíba e aos das baixadas litorâneas.

Nas zonas de fronteira, a Amazônia e o Centro-Oeste, cujos mercados consumidores ampliaram-se espacial e quantitativamente, o número de centros com depósitos atacadistas foi ampliado entre 1960 e 1989, passando de seis para treze, implicando uma fragmentação espacial.

O remembramento espacial, por outro lado, deriva, via de regra, de uma política da empresa visando impor outra racionalidade ao seu espaço de atuação. Através da aglutinação de unidades locacionais e áreas, origina-se uma outra organização espacial. A diminuição da oferta da produção é uma das razões que leva ao remembramento espacial. O aumento da acessibilidade, por outro lado, pode eliminar localizações que só faziam sentido num contexto de precária circulação.

No âmbito da Souza Cruz, por exemplo, entre 1960 e 1989, verificou-se, no conjunto das regiões Nordeste, Sudeste e Sul, uma redução do número de centros dotados de depósitos atacadistas da empresa em tela. A melhoria na acessibilidade rodoviária implicou a redução de 62 para 39 centros, levando ao maior espaçamento entre eles e, conseqüentemente, na ampliação da área de mercado de cada depósito.

Antecipação espacial

Constitui uma prática que pode ser definida pela localização de uma atividade em um dado local antes que condições favoráveis tenham sido satisfeitas. Trata-se da antecipação à criação de uma oferta significativa de matérias-primas ou de um mercado consumidor de dimensão igual ou superior ao limiar considerado satisfatório para a implantação da atividade.

As zonas de fronteira de povoamento são áreas onde a prática em tela é usualmente empregada. Mas são nas corporações multifuncionais e com múltiplas localizações que podem arcar com níveis diferenciados de remuneração, inclusive níveis negativos em algumas de suas unidades, que a prática da antecipação espacial pode ser mais facilmente aplicada. Antecipação espacial significa reserva de território, significa garantir para o futuro próximo o controle de uma dada organização espacial, garantindo assim as possibilidades, via ampliação do espaço de atuação, de reprodução de suas condições da produção.

A história espacial da Companhia de Cigarros Souza Cruz é

rica de exemplos de antecipações espaciais. Assim, entre os migrantes gaúchos que a partir da década de 1950 dirigiram-se para o Sudoeste paranaense estavam numerosos produtores de fumo que já mantinham contatos com a Souza Cruz. Esta designa, por volta de 1955, um inspetor, vinculado à usina de beneficiamento de fumo de Santo Ângelo, Rio Grande do Sul, para organizar o processo produtivo no Sudoeste paranaense, e assim garantir o futuro território da empresa de cigarros. Antecipa-se, assim, à criação de uma nova área fumicultora. A expansão da produção de fumo levou à criação mais tarde, em 1974, de uma usina de beneficiamento de fumo em Pato Branco, a principal cidade do Sudoeste paranaense.

Outros exemplos vinculam-se ao processo de distribuição atacadista de cigarros. Assim, desde 1957, quando do início da construção de Brasília, os veículos da Souza Cruz, através dos quais verifica-se a distribuição de cigarros para o varejo, começam a visitar a futura capital, então um canteiro de obras. Antecipa-se à criação de um mercado pleno. A sua constituição plena exige modificações. Em 1960, com a inauguração de Brasília, implanta-se um depósito atacadista; em 1970 a capital federal passa a contar com uma filial de vendas que controla vários depósitos atacadistas.

Tendo em vista a abertura da Rodovia Transamazônica e a política de povoamento que a acompanharia, a Souza Cruz antecipa-se à criação do mercado regional, implantando em 1971 um depósito atacadista na cidade maranhense de Imperatriz.

Marginalização espacial

O valor atribuído a um dado lugar pode variar ao longo do tempo. Razões de ordem econômica, política ou cultural podem alterar a sua importância e, no limite, marginalizá-lo, deixando-o à margem da rede de lugares a que se vinculava. São numerosos os exemplos de portos que no passado eram relativamente importantes e que decaíram em razão do progresso técnico que, a partir do século 19, afetou a navegação e a circulação em geral. O abandono de uma dada região por uma atividade agrícola, deslocada para outra região, pode, por outro lado, marginalizar determinadas cidades que tinha a sua razão de ser em função daquela atividade agrícola. As cidades mortas, litorâneas ou interioranas, são inúmeras em toda parte.

No âmbito das corporações as mudanças locacionais, constantes em sua dinâmica, implicam, com freqüência, em um processo de abertura de novas unidades e no fechamento de outras. Este processo leva, por sua vez, à seleção de lugares que no passado foram avaliados como sendo pouco atrativos para a implantação de unidades da corporação. Leva também ao abandono de lugares que anteriormente foram considerados atrativos e que efetivamente participaram da rede de lugares da corporação.

A marginalização espacial tem impactos diversos, afetando, por exemplo, o nível de empregos e de impostos via fechamento das unidades da corporação e daquelas atividades direta e indiretamente ligadas a ela. Afeta também as interações espaciais dos lugares marginalizados, situados fora da rede de ligações internas à corporação. O fechamento de unidades pode, no entanto, ser acompanhado de uma reconversão funcional no âmbito da própria corporação, na qual uma atividade substitui aquela que foi retirada do lugar, ou aí permanece uma parte de suas antigas funções: trata-se, no caso, de marginalização parcial.

Em 1928 a Souza Cruz implantou na cidade gaúcha de Santo Ângelo a sua segunda usina de beneficiamento de fumo. Simultaneamente verificava-se a difusão da fumicultura na hinterlândia da cidade, difusão em grande parte patrocinada pela própria Souza Cruz. A usina de Santo Ângelo foi fechada em 1972, quando a hinterlândia da cidade deixou de ter importante participação na produção de fumo. Com o também fechamento do depósito atacadista ali existente, Santo Ângelo, que no passado foi um significativo lugar na rede de centros da Souza Cruz, foi submetido à marginalização espacial.

Em 1978 é implantada a maior e mais moderna fábrica de cigarros da Souza Cruz, localizada em Uberlândia, um estratégico centro que passa a produzir tanto para o Sudeste como para os promissores mercados consumidores das regiões Centro-Oeste e Norte. A implantação da fábrica, por outro lado, que representa também uma prática de antecipação espacial, implicou o fechamento em 1980 da fábrica de cigarros em Belo Horizonte, implantada em 1938. Como a capital mineira manteve a sua filial de vendas e depósitos atacadistas, configurou-se uma marginalização parcial.

Reprodução da região produtora

No processo de valorização produtiva do espaço é necessário que se viabilize a reprodução das condições de produção. Isto implica em práticas espacialmente localizadas, via de regra efetivadas pelo Estado ou pelas grandes e complexas corporações. Tais práticas, como as anteriormente analisadas, constituem ingredientes da gestão do território.

A Souza Cruz nos fornece um excelente exemplo através de suas práticas visando a reprodução das regiões fumicultoras criadas por ela no Sul do Brasil. O controle e a reprodução das condições de produção dessas regiões se fazem por diversos meios, entre eles a orientação e assistência agronômica realizada pelos seus técnicos, no âmbito de uma agricultura do tipo contratual.

Um desses meios visa a atingir os jovens, futuros produtores de fumo. Trata-se de tentar impedir que emigrem através de panfletos distribuídos aos fumicultores. Um dos panfletos afirma que "Os sonhos que você busca na cidade quase sempre se transformam em terríveis pesadelos", enquanto outro fala que "Milhares de pessoas nas cidades sonham em mudar para cá (o campo). E você ainda pensa em mudar para lá?"

Outro meio é o Clube da Árvore, uma iniciativa da Souza Cruz, que conta com a efetiva participação das Secretarias de Educação. Através dele, milhares de alunos de 600 escolas primárias dos três estados sulinos aprendem a preservar o meio ambiente através do reflorestamento. A Souza Cruz fornece orientadores agrícolas, sementes de árvore e material para a produção de mudas, cartazes e livretos que falam a respeito da importância da floresta na preservação do equilíbrio ecológico, ensinando ainda como proceder para reflorestar. O jornal *O Clube da Árvore*, que circula desde 1988, é distribuído gratuitamente aos participantes do clube: são 55.000 exemplares em cada tiragem.

Criado em 1984, o Clube da Árvore está sediado nas escolas rurais e pequenas cidades das principais áreas fumicultoras. Assim, são 14 clubes no município de Santa Cruz do Sul, 13 em Camaquã, 12 em Lajeado, 9 em Venâncio Aires e 7 em Dom Feliciano, todos no Rio Grande do Sul. Em Ituporanga são 7 clubes, enquanto em Orleans são 6 e em Canoinhas 5, todos em território catarinense.

É importante ressaltar que através do Clube da Árvore cria-se a possibilidade de reflorestamento das pequenas propriedades rurais, visando à obtenção de lenha para as estufas onde as folhas de fumo passam, ainda no próprio local de produção, por um primeiro beneficiamento, a secagem. As estufas constituem parte integrante do processo produtivo do fumo na propriedade rural, tendo sido introduzidas e difundidas entre os fumicultores pela própria Souza Cruz, desde a década de 1920. Seis décadas após torna-se necessário recriar as fontes de aprovisionamento de lenha para as estufas. E preparar os futuros produtores de fumo para assim procederem. Desse modo garante-se para o futuro parte das condições de produção.

PARA NÃO CONCLUIR

Eis o espaço geográfico, a morada do Homem. Absoluto, relativo, concebido como planície isotrópica, representado através de matrizes e grafos, descrito através de diversas metáforas, reflexo e condição social, experienciado de diversos modos, rico em simbolismos e campo de lutas, o espaço geográfico é multidimensional. Aceitar esta multidimensionalidade é aceitar por práticas sociais distintas que, como HARVEY (1973) se refere, permitem construir diferentes conceitos de espaço.

Torná-lo inteligível é, para nós geógrafos, uma tarefa inicial. Decifrando-o, como diz LEFÉBVRE (1974), revelamos as práticas sociais dos diferentes grupos que nele produzem, circulam, consomem, lutam, sonham, enfim, vivem e fazem a vida caminhar....

BIBLIOGRAFIA

BUCH-HANSEN, M. e NIELSEN, B. (1977). Marxist Geography and the Concept of Territorial Structure. *Antípode*, Worcester, 9(2):1-11.

BUNGE, W. (1966). *Theoretical Geography*. Lund, Gleerup.

CAPEL, H. (1982). *Filosofia y Ciencia en la Geografia Contemporanea*. Barcelona, Barcanova.

CHRISTOFOLETTI, A. (1976). As Características da Nova Geografia. *In*: *Perspectivas da Geografia*. São Paulo, DIFEL, pp. 71-101.

CLAVAL, P. (1974). *Evolución de la Geografia Humana*. Barcelona, Oikos-Tau Ed.

____. (1977). Le Marxisme et l'Espace. *L'Espace Géographique*. Paris, 6(3):145-164.

____. (1987). Le Néo-Marxisme et l'Espace. *L'Espace Géographique*. Paris, 16(3):161-166.

CORAGGIO, J.L. (1979). Considerações Teórico-Metodológicas sobre: As Formas Sociais da Organização do Espaço e suas Tendências na América Latina. *Planejamento*, Salvador, 7(1):5-32.

CORRÊA, R.L. (1982). O Espaço Geográfico: Algumas Considerações. In: SANTOS, M. (ed). *Novos Rumos da Geografia Brasileira*. São Paulo, HUCITEC, 1982, pp. 25-34.

_____. (1986a). *Região e Organização Espacial*. São Paulo, Editora Ática.

_____. (1986b). O Enfoque Locacional na Geografia. *Terra Livre*, São Paulo, 1(1): 62-66.

_____. (1992). Corporação, Práticas Espaciais e Gestão do Território. *Revista Brasileira de Geografia*, Rio de Janeiro, 5(3):115-121.

GALLAIS, J. (1977). Alguns Aspectos do Espaço Vivido nas Civilizações do Mundo Tropical. *Boletim Geográfico*. Rio de Janeiro, 35(254):5-13.

GARNIER, J-P. (1980). Espace Marxiste, Espace Marxien. *L'Espcc Géographique*. Paris, 9(4):267-275.

GUIGOU, Id. (1980). Le Sol et l'Espace: Des Enigmes pour les Econc-mistes. *L'Espace Géographique*, Paris, 9(1):17-28.

HAGGETT, P. (1966). *Locational Analysis in Human Geography*. New York, Saint Martin's Press.

HAGGETT, P. e CHORLEY, R. (1969). *Network Analysis in Geography* New York, Saint Martin's Press.

HARTSHORNE, R. (1939). *The Nature of Geography*. Lancaster, Association of American Geographers.

HARVEY, D. (1969). *Explanation in Geography*. London, Edward Arnold.

_____. (1973). *Social Justice and the City*. London, Edward Arnold.

_____. (1975). The Geography of Capitalist Accumulation: A Reconstruction of the Marxian Theory. *Antípode*, Worcester, 7(2):9-21.

_____. (1993). *A Condição Pós-Moderna*. São Paulo, Edições Loyola.

HOLZER, W. (1992). *A Geografia Humanista — Sua Trajetória de 1950 a 1990*. Dissertação de Mestrado, Departamento de Geografia, Universidade Federal do Rio de Janeiro, datil., 2 volumes.

ISNARD, H. (1982). *O Espaço Geográfico*. Coimbra, Almedina, 1982.

JAMES, P. (1972). *All Possible Worlds: A History of Geographical Ideas*. Indianapolis, The Odyssey Press.

LEFÉBVRE, H. (1974). *La Production de L'Espace*. Paris, Anthropos.

_____. (1976). *Espacio y Política*. Barcelona, Ediciones Peninsula (original em francês de 1973).

MELLO, J.B.F. (1991). *O Rio de Janeiro dos Compositores da Música*

Popular Brasileira — 1928-1991. Uma Introdução à Geografia Humanística. Dissertação de Mestrado. Departamento de Geografia, Universidade Federal do Rio de Janeiro.

MORAES, A.C.R. (1990). Introdução. In: *Ratzel*. São Paulo, Editora Ática.

MOREIRA, R. (1979). A Geografia serve para desvendar máscaras sociais. *Encontros com a Civilização Brasileira*, Rio de Janeiro, 16:143-170.

NYSTUEN, J. (1968). Identification of Some Fundamental Spatial Concepts. In: BERRY, B.J.L. e MARBLE, D. (ed.) *Spatial Analysis: A Reader in Statistical Geography*. Englewood Cliffs, Prentice-Hall Inc., pp. 35-41.

PFERTZEL, J.P. (1981). Marx et l'Espace. De l'Exégése à la Théorie. *Espaces Temps*. Paris, 18, 19 e 20:65-76.

RELPH, E.(1976). *Place and Placelessness*. London, Pion.

ROSENDAHL, Z. (1994). *Porto das Caixas. Espaço Sagrado da Baixada Fluminense*. Tese de Doutoramento. Departamento de Geografia, Universidade de São Paulo.

SAEY, P. (1978). Marx and the Students of Space. *L'Espace Géographique*. Paris, 7(1):15-25.

SANTOS, M. (1977). Society and Space: Social Formation as Theory and Méthod. *Antípode*, Worcester 9(1):3-13.

_____. (1978). *Por uma Geografia Nova*. São Paulo, HUCITEC.

_____. (1979a). Espaço e Dominação: Uma Abordagem Marxista. In: *Economia Espacial: Críticas e Alternativas*. São Paulo, HUCITEC, pp. 111-133.

_____. (1979b). A Totalidade do Diabo: Como as Formas Geográficas Difundem o Capital e Mudam as Estruturas Sociais. In: *Economia Espacial: Críticas e Alternativas*. São Paulo, HUCITEC, pp.153-167.

___. (1979c). *O Espaço Dividido. Os Dois Circuitos da Economia Urbana dos Países Subdesenvolvidos*. Rio de Janeiro. Livraria Francisco Alves Editora S.A.

_____ (1985). *Espaço e Método*. São Paulo, Nobel.

_____. (1988). *Metamorfoses do Espaço Habitado*. São Paulo, HUCITEC.

_____. (1994). *Técnica, Espaço, Tempo: Globalização e Meio Técnico-Científico Internacional*. São Paulo, HUCITEC.

SCHAEFER, F.K. (1953). Exceptionalism in Geography: a Methodological Examination. *Annals of the Association of American Geographers*. Washington, 43(3): 226-249.

SOJA, E. (1993). *Geografias Pós-Modernas. A Reafirmação do Espaço na Teoria Social Crítica*. Rio de Janeiro, Jorge Zahar Editores.

SOJA, E. e HADJIMICHALIS, C. (1979). Between Geographical Materialism and Spatial Fetishism: Some Observations on the Development of Marxist Spatial Analysis. *Antípode*, Worcester, 11(3):3-11.

TUAN, Y.F. (1972). Sacred Space: Explorations of an Idea. In: BUTZER, K. (ed.) Dimensions of Human Geography: Essays on Some Familiar and Neglected Themes. Chicago, University of Chicago Press, pp. 84-99.

_____. (1979). Space and Place: Humanistic Perspective. In: GALE, S. e OLSSON, G. (eds.). *Philosophy in Geography*. Dordrecht, Reidel Publ. Co., pp. 387-427.

_____. (1983). *Espaço e Lugar*. São Paulo, DIFGL.

ULLMAN, E.L. (1954). Geography as Spatial Interaction. In: REUZAN, D. e ENGLEBERT, E.S. (eds.) *Interregional Linkages*. Berkeley, University of California Press., pp. 1-12.

VAN BEUNINGEN, C. (1979). Le Marxisme et L'Espace Chez Paul Claval. Quelques Reflexions Critiques pour une Géographie Marxiste. *L'Espace Géographique*. Paris, 8(4):263-271.

WATSON, J.W. (1955). Geography — A Discipline in Distance. *Scottish Geographical Magazine*. Edinburgh, 71(1):1-13.

O CONCEITO DE REGIÃO E SUA DISCUSSÃO

Paulo Cesar da Costa Gomes
Professor do Departamento de Geografia, UFRJ

Evitemos de imediato a sedutora tentação de procurar responder definitivamente à questão — o que é a região — estabelecendo uma validade restritiva para este conceito, como se a ciência fosse um tribunal onde se julgasse o direito de vida e de morte das noções. Parece bem mais salutar começar justamente pelo oposto, reconhecendo a existência da noção de região em outros domínios, que não os da ciência e, o mais importante, reconhecendo, ao mesmo tempo, a variedade de seu emprego no âmbito da própria ciência e particularmente na geografia. Reconhecer aqui significa mais do que simplesmente assinalar a existência, significa aceitar seu uso, ser inclusivo destes outros meios de operar com esta noção, enfim, significa conceber nesta multiplicidade a riqueza e o objeto propriamente de uma investigação científica.

Esta concepção tem importantes conseqüências: em primeiro lugar, o conhecimento científico perde o caráter de matéria normativa, de única representação "verdadeira" da realidade; em segundo lugar, ao invés da busca de conceitos "puros", a ciência, e neste caso a geografia, deve procurar nos diferentes usos correntes do conceito de região suas diferentes operacionalidades, ou seja, os diferentes recortes que são criados e suas respectivas instrumentalidades; finalmente em terceiro lugar, nesta perspectiva pode-se avançar sem ser mais um ator nesta trama que tantas vezes se transformou em um campo de controvérsias na geografia sobre a "melhor" definição para o conceito de região. Ao observar este campo de controvérsias, sem estabelecer um *a priori*, poderemos compreender as raízes dos debates mais profundamente vividos pelo Pensamento Geográfico, reconhecendo, ao mesmo tempo, o domínio particular sob o qual incide e opera esta noção nos debates geográficos.

Dentro desta visão, cumpre antes de mais nada discernir os sentidos diferentes que podem existir na noção de região nas diversas esferas onde ela é utllizada, no senso comum, como vocábulo de outras disciplinas e, o mais importante, na variedade de acepções que ela possui na geografia. É necessário também paralelamente religar estas significações aos diversos contextos no qual esta noção serve como elemento-chave de um sistema explicativo, contextos políticos, políticos-institucionais, econômicos e culturais.

ALGUNS IMPORTANTES ANTECEDENTES

A palavra região deriva do latim *regere*, palavra composta pelo radical *reg*, que deu origem a outras palavras como regente, regência, regra etc. *Regione* nos tempos do Império Romano era a denominação utilizada para designar áreas que, ainda que dispusessem de uma administração local, estavam subordinadas às regras gerais e hegemônicas das magistraturas sediadas em Roma. Alguns filósofos interpretam a emergência deste conceito como uma necessidade de um momento histórico em que, pela primeira vez, surge, de forma ampla, a relação entre a centralização do poder em um local e a extensão dele sobre uma área de grande diversidade social, cultural e espacial. A contribuir com esta interpretação existe também o fato de que outros conceitos de natureza espacial tenham sido enunciados nesta mesma época, como o conceito mesmo de espaço (*spatium*), visto como "contínuo", ou como intervalo, no qual estão dispostos os corpos seguindo uma certa ordem neste vazio, ou ainda o conceito de província (*provincere*), áreas atribuídas ao controle daqueles que a haviam submetido à ordem hegemônica romana. Desta forma, os mapas que representam o Império Romano são preenchidos pela nomenclatura destas regiões que representam a extensão espacial do poder central hegemônico, onde os governadores locais dispunham de alguma autonomia, em função mesmo da diversidade de situações sociais e culturais, mas deviam obediência e impostos à cidade de Roma.

O esfacelamento do Império Romano seguiu, a princípio, estas linhas de fraturas regionais e a subdivisão destas áreas foi a origem espacial do poder autônomo dos feudos, predominante na Idade Média. À mesma época, a Igreja reforçou este tipo de divisão do espaço, utilizando o tecido destas unidades regionais como base para o estabelecimento de sua hierarquia administrativa. Também neste caso a rede hierarquizada dos recortes espaciais exprimia a relação entre a centralização do poder, as várias competências e os níveis diversos de autonomia de cada unidade da complexa burocracia administrativa desta instituição.

O surgimento do Estado moderno na Europa recolocou o problema destas unidades espaciais regionais. Um dos discursos predominantes na afirmação da legitimidade do Estado no século 18 é o da união regional face a um inimigo comercial, cultural ou militar exterior. Nos diversos relatos históricos referentes à constituição dos Estados europeus, podemos observar com clareza a complexidade das negociações e dos conflitos que envolveram a redefinição da autonomia do poder, da cultura, das atividades produtivas e de seus limites territoriais. Fundamentalmente, a questão que se recoloca é a mesma que deu origem ao conceito de região na Antiguidade Clássica, ou seja, a questão da relação entre a centralização, a uniformização administrativa e a diversidade espacial, diversidade física, cultural, econômica e política, sobre a qual este poder centralizado deve ser exercido. Este período da formação dos Estados-Modernos assistiu, pois, ao renascimento das discussões em torno dos conceitos de região, nação, comunidades territoriais, diferenças espaciais etc. Foi também neste momento que um campo disciplinar especificamente geográfico começou a tomar forma, aí incluindo exatamente este tipo de questão e de conceitos.

Através desta breve reconstituição histórica podemos perceber três principais conseqüências: a primeira é que o conceito de região tem implicações fundadoras no campo da discussão política, da dinâmica do Estado, da organização da cultura e do estatuto da diversidade espacial; percebemos também que este debate sobre a região (ou sobre seus correlatos como nação), possui um inequívoco componente espacial, ou seja, vemos que o viés na discussão destes temas, da política, da cultura, das atividades econômicas, está relacionado especificamente às projeções no espaço das noções de autonomia, soberania, direitos etc., e de suas representações; finalmente, em terceiro lugar, percebemos que a geografia foi o campo privilegiado destas discussões ao abrigar a região como um dos seus conceitos-chave e ao tomar a si a tarefa de produzir uma reflexão sistemática sobre este tema.

A contemporaneidade é também inspiradora deste tipo de discussão. Assistimos hoje no mundo à redefinição do papel do Estado, à quebra de pactos territoriais que moldaram o mundo nos últimos anos, ao ressurgimento de questões "regionais" no seio dos Estados e à manifestação, cada vez mais acirrada, de nacionalismos/regionalismos fragmentadores. No mundo atual, unido por uma nova centralidade dos focos hegemônicos de uma política-econômica imposta pelo capitalismo mundial, vemos mais uma vez surgir com força, um novo momento de reflexão destes temas: da política, da cultura, das atividades econômicas, atrelados à questão espacial da centralidade e uniformização em sua relação com a diversidade e o desejo de autonomia. Antes, no entanto, de tratarmos um pouco mais minuciosamente deste momento, vejamos algumas das mais importantes perspectivas que têm predominado no entendimento da região.

OS DIVERSOS DOMÍNIOS DA NOÇÃO DE REGIÃO

Na linguagem cotidiana do senso comum, a noção de região parece existir relacionada a dois princípios fundamentais: o de localização e o de extensão. Ela pode assim ser empregada como uma referência associada à localização e à extensão de um certo fato ou fenômeno, ou ser ainda uma referência a limites mais ou menos habituais atribuídos à diversidade espacial. Empregamos assim cotidianamente expressões como — "a região mais pobre", "a região montanhosa", "a região da cidade X", como referência a um conjunto de área onde há o domínio de determinadas características que distingue aquela área das demais. Notemos que como simples referência não exigimos que esta noção se defina sempre em relação aos mesmos critérios, que haja precisão em seus limites ou que esteja referida sempre a um mesmo nível de tamanho ou escala espacial.

A região tem também um sentido bastante conhecido como unidade administrativa e, neste caso, a divisão regional é o meio pelo qual se exerce freqüentemente a hierarquia e o controle na administração dos Estados. Desde o fim da Idade Média as divisões administrativas foram as primeiras formas de divisão territorial presentes no desenho dos mapas. Ainda que muitas vezes sob denominações diversas (*Régions*, na França, *Provincias*, na Itália ou *Laender*, na Alemanha), o tecido regional é freqüentemente a malha administrativa fundamental que define competências e os limites das autonomias dos poderes locais na gestão do território dos Estados modernos. Muitas instituições e empresas de grande porte também utilizam este tipo de recorte como estratégia de gestão dos seus respectivos negócios dentro do mesmo sentido de delimitação de circunscrições e hierarquias administrativas.

Nas ciências em geral, como na matemática, na biologia, na geologia etc., a noção de região possui um emprego também associado à localização de um certo domínio, ou seja, domínio de uma dada propriedade matemática, domínio de uma dada espécie, de um afloramento, ou domínio de certas relações como, por exemplo, na biogeografia, inspirada na ecologia, onde dividimos a Terra segundo associações do clima, da fauna e da flora em diversas regiões (região australiana, região neártica, região paleártica etc). Neste caso, é possível perceber que o emprego da noção de região está bem próximo de sua etimologia, ou seja, área sob um certo domínio ou área definida por uma regularidade de propriedades que a definem.

Na geografia, o uso desta noção de região é um pouco mais complexo, pois ao tentarmos fazer dela um conceito científico, herdamos as indefinições e a força de seu uso na linguagem comum e a isto se somam as discussões epistemológicas que o emprego mesmo deste conceito nos impõe. Uma das alternativas encontradas pelos geógrafos foi a de adjetivar a noção de região para assim diferenciá-la de seu uso pelo senso comum. Ao tentar precisar, no entanto, o sentido do conceito de região através de associações, surgiram outros debates que interrogam mesmo a natureza, o alcance e o estatuto do conhecimento geográfico. São estes debates que passaremos a privilegiar aqui, tomados sob o prisma da discussão regional.

Bem antes de a geografia alcançar prestígio e importância no terreno acadêmico, a geologia, em meados do século 19, através de Lyell na Inglaterra e de Beaumont na França, havia reunido uma larga assistência. Um dos conceitos-chave desta geologia foi o de região. Quando, por exemplo, Vidal de La Blache, em 1903, escreveu o *Tableau de la géographie de la France*, a inspiração da divisão regional, tal qual apresentada nesta obra, tinha ecos de sua leitura dos geólogos. Segundo CLAVAL (1974), foi em parte sob esta inspiração da geologia, pela consideração da região como um elemento da geografia física, um elemento da natureza, que surgiu a idéia de região natural. Havia também antecedentes desta concepção na própria geografia do século 18, pois as bacias hidrográficas foram vistas como demarcadores naturais das regiões durante um bom tempo, como ilustra a importância e aceitação do trabalho de P. Buache de 1752 sobre este tema.

Em 1908, L. Gallois, discípulo de Vidal de La Blache, escreveu uma obra intitulada *Régions naturelles et noms de pays*, onde buscava a relação entre as tradicionais regiões galo-romanas e uma certa unidade fisionômica natural básica. Para ele, estas divisões físicas da superfície terrestre eram o quadro de estudos da geografia humana e neste sentido havia uma aceitação implícita de sua parte de que a influência da região natural é decisiva na configuração de uma sociedade, ainda que em seu texto ele afirme diversas vezes que "entre as condições impostas à atividade humana, além do relevo do solo e do clima, existem outras igualmente necessárias: de posição, de facilidade de comunicação e todo um conjunto de causas que corresponde em cada época a um estágio de civilização determinado" (GALLOIS, 1908, p. 234).

O conceito de região natural nasce, pois, desta idéia de que o ambiente tem um certo domínio sobre a orientação do desenvolvimento da sociedade. Surge daí o primeiro debate que tem a região como um dos epicentros, o conhecido debate entre as determinações e as influências do meio natural. Contra esta perspectiva de um meio natural "explicativo" das diferenças sociais e do conjunto da diversidade espacial, L. Fébvre, em 1922, forja a expressão "possibilismo", que pretende ser uma resposta definitiva à idéia de estabelecer leis gerais e regras, tendo por base o ambiente natural. A natureza pode influenciar e moldar certos gêneros de vida, mas é sempre a sociedade, seu nível de cultura, de educação, de civilização, que tem a responsabilidade da escolha, segundo uma fórmula que é bastante conhecida — "o meio ambiente propõe, o homem dispõe". A região natural não pode ser o quadro e o fundamento da geografia, pois o ambiente não é capaz de tudo explicar. Segundo esta perspectiva "possibilista", as regiões existem como unidades básicas do saber geográfico, não como unidades morfológica e fisicamente pré-constituídas, mas sim como o resultado do trabalho humano em um determinado ambiente. São assim as formas de civilização, a ação humana, os gêneros de vida, que devem ser interrogados para compreendermos uma determinada região. São eles que dão unidade, pela complementariedade, pela solidariedade das atividades, pela unidade cultural, a certas porções do território. Nasce daí a noção de região geográfica, ou região-paisagem na bibliografia alemã e anglo-saxônica, unidade superior que sintetiza a ação transformadora do homem sobre um determinado ambiente, este deve ser o novo conceito central da geografia, o novo patamar de compreensão do objeto de investigação geográfica.

A partir de então uma série de monografias regionais são produzidas, seguindo um plano mais ou menos constante. Neste plano se deve começar pela descrição das características físicas seguida da descrição da estrutura da população e de suas atividades econômicas. O objetivo final é encontrar para cada região uma personalidade, uma forma de ser diferente e particular. De fato neste caso, não se pode identificar *a priori* os traços distintivos responsáveis pela unidade regional, pode ser o clima, a morfologia, ou qualquer outro elemento, a partir do qual uma comunidade territorial cria uma forma diversa de se adaptar, um gênero de vida. A geografia regional francesa nos ensina, por exemplo, que na identificação da Borgonha o fundamental é o quadro histórico; nos Pirineus mediterrânicos, o clima; na Picardia o relevo; e assim sucessivamente. O fundamental é que estamos diante de um produto único, sintético, formado pela inter-relação destes fatores combinados de forma variada.

A região é uma realidade concreta, física, ela existe como um quadro de referência para a população que aí vive. Enquanto realidade, esta região independe do pesquisador em seu estatuto ontológico. Ao geógrafo cabe desvendar, desvelar, a combinação de fatores responsável por sua configuração. O método recomendado é a descrição, pois só através dela é possível penetrar na complexa dinâmica que estrutura este espaço (VIDAL DE LA BLACHE, 1921). Além disso, é necessário que o pesquisador se aproxime, conviva e indague à própria região sobre sua identidade. Daí a enorme importância do trabalho de campo, momento onde o geógrafo se aproxima das manifestações únicas da individualidade de cada região. Este é o quadro característico daquilo que convencionalmente ficou conhecido como a "Escola Francesa de Geografia", perspectiva predominante nos primeiros cinqüenta anos deste século na França e modelo largamente "exportado" ao exterior, com grandes repercussões no Brasil, por exemplo, para onde vieram diversos professores e pesquisadores franceses nos anos trinta e quarenta criar a base universitária da geografia.

Apesar de este modelo ser identificado quase sempre à "Escola Francesa", a verdade é que esta forma de pensar a atividade geográfica se desenvolveu, com pequenas diferenças, também em outras escolas nacionais. Na Alemanha, que juntamente com a França foi, desde o final do século 19, o grande foco produtor de uma reflexão geográfica, o maior defensor de uma geografia regional, como síntese do trabalho geográfico foi o influente geógrafo A. Hettner. Tendo seguido uma formação filosófica de influência neo-kantista, este geógrafo acreditava que o método das ciências humanas não poderia se comparar àqueles recomendados pelo domínio do positivismo clássico, dominante nas ciências físicas e matemáticas e que pretendia ser o único método efetivamente científico.

Um dos autores mais conhecidos desta escola neo-kantista, Dilthey estabelecia que para as "ciências do espírito" (ciências humanas e sociais) o único meio para a produção do conhecimento era a descrição e a interpretação. Para estas ciências a metodologia básica era a compreensão que se opunha à explicação das ciências físicas e matemáticas. A compreensão exige a proximidade entre o sujeito e o objeto, exige um conhecimento contextualizado, particular e jamais pretende chegar ao patamar das grandes leis ou teorias, características do universo da explicação. Foi também um outro filósofo desta escola que forjou a caracterização de dois tipos fundamentais de ciências: as idiográficas e as nomotéticas. As primeiras, ciências do homem, são descritivas, tratam de fatos não repetitivos, não reprodutíveis e, portanto, sem aspectos regulares que possam fundamentar leis ou normas gerais. Estes fatos só podem ser compreendidos a partir do contexto particular que os gerou, são únicos, não podem ser explicados, mas somente compreendidos à luz de suas particularidades. A ciência nomotética, ao contrário, procura nos fatos aquilo que é regular, geral e comum, estabelece assim modelos abstratos que podem antecipar resultados a partir do conhecimento das variáveis fundamentais que definem um fato ou fenômeno.

Para Hettner, a geografia era uma ciência idiográfica, visto que ela estudava o espaço terrestre e este é diferenciado, não regular e único em cada paisagem. Assim, para ele, a geografia é "a ciência da superfície terrestre segundo suas diferenças regionais" (Cf. MENDOZA, p. 73). A geografia não deve, no entanto, se ocupar unicamente apenas em descrever as diferentes paisagens, como um longo inventário de formas regionais, é necessário interpretar estas formas como o resultado de uma dinâmica complexa. Este ponto foi o núcleo de uma controvérsia com outros geógrafos alemães da época, principalmente com Passarge e Schlüter, que acreditavam que as paisagens deveriam ser analisadas através de seus aspectos formais, seguindo uma morfologia, atribuída a padrões genéticos e funcionais. Notemos que, sob este último ponto de vista, poder-se-ia encontrar regras gerais, padrões de classificação e, desta forma, um certo nível de generalização. Na perspectiva corológica de Hettner, dificilmente a geografia poderia estabelecer estes padrões de generalização. O princípio da "diferenciação de áreas" conduz irremediavelmente a estabelecer o conhecimento regional como produto supremo do conhecimento geográfico. Ainda segundo Hettner, não havia dicotomia entre uma geografia geral e uma particular, visto que a região seria o objeto que resguardaria o campo mais sistemático do perigo objetivista. Assim, através da região, a geografia garantiria um objeto próprio, um método específico e uma interface particular entre a consideração dos fenômenos físicos e humanos combinados e considerados em suas diferenças locais.

Esta posição de Hettner alcançou maior divulgação através da obra de um outro geógrafo: *The Nature of Geography*, de R. Hartshorne. Neste livro Hartshorne tenta demonstrar que desde Kant, passando por Humboldt e por Ritter, a geografia teria se caracterizado por ser o estudo das diferenças regionais. Este é, pois, o traço distintivo que marca a natureza da geografia e a ele devemos nos ater. O método regional, ou seja, o ponto de vista da geografia, de procurar na distribuição espacial dos fenômenos a caracterização de unidades regionais, é a particularidade que identifica e diferencia a geografia das demais ciências. Há outros campos que estudam os mesmos fenômenos, a geologia, a climatologia, a botânica, a demografia, a economia, a sociologia etc., mas só a geografia, segundo Hartshorne, tem esta preocupação primordial com a distribuição e a localização espacial e este ponto de vista é o elemento-chave na definição de um campo epistemológico próprio à geografia.

Muito embora a perspectiva de Hartshorne se inscreva também na valorização de uma geografia regional, um ponto fundamental o distingue da maior parte dos autores da chamada "Escola Francesa". Para ele, a região não é uma realidade evidente, dada, a qual caberia apenas ao geógrafo descrever. A região é um produto mental, uma forma de ver o espaço que coloca em evidência os fundamentos da organização diferenciada do espaço. Há em Hartshorne, como em Hettner, a suposição de que o método corológico orienta a geografia para uma unificação de seu campo de pesquisas físico e humano e a região é a síntese destas relações complexas. A região é, ao mesmo tempo, o campo empírico de observação e o campo da verificação das relações gerais. A partir do método regional a dicotomia sistemático-particular desaparece em uma espécie de complementariedade inerente ao próprio conceito de região.

Hartshorne, inspirado pela classificação das ciências de Kant, sugere uma separação entre as ciências sistemáticas de um lado e de outro — a Geografia e a História. O campo sistemático das ciências naturais está mais próximo do modelo nomotético, enquanto as ciências sociais, pelo caráter único dos fenômenos que estudam (os mesmos fatos não se repetem na história; uma montanha, ou um rio nunca é igual a outro) se identificam muito mais ao modelo idiográfico. Todas as disciplinas, no entanto, segundo Hartshorne, devem fazer apelo aos dois procedimentos — nomotético e idiográfico — a ciência, aliás, costuma proceder do particular ao geral. Ele reconhece pois a necessidade de estabelecer esquemas gerais em todos os campos científicos, inclusive na geografia. Entretanto, uma grande parte dos fenômenos observados pela geografia possuir um caráter singular e uma localização única. Desta maneira, a despeito do fato de que a meta fundamental da geografia deva ser o estabelecimento de uma classificação global de regiões, em sistemas genéricos e específicos (a primeira, fruto de uma classificação comparativa; a segunda, uma síntese singular de localizações, HARTSHORNE, 1939, p. 378), estas regiões possuem sempre aspectos que são irredutíveis a qualquer generalização. Esta perspectiva da incontornável singularidade regional de Hartshorne vai se colocar no centro das críticas que a ele serão dirigidas nos anos posteriores. De fato, apesar de uma argumentação global que valoriza o comportamento nomotético, Hartshorne termina por afirmar a excelência do método regional, das singularidades e dando um lugar de destaque ao único na geografia. Segundo P. Claval,

> "o espaço de Hettner e de Hartshorne acaba sendo concebido como um espaço concreto e a geografia como uma história natural das paisagens terrestres. A curiosidade destes autores se orienta muito mais para uma abordagem idiográfica do que propriamente para uma abordagem nomotética que vai interessar cada vez mais aos geógrafos contemporâneos. (CLAVAL, 1974, p. 121).

A obra de Hartshorne, publicada em 1939, teve grande repercussão e foi durante quase duas décadas a referência fundamental nas discussões metodológicas da geografia. Ela esteve, por isso, no centro das críticas e dos debates que pretenderam renovar a geografia a partir dos anos cinqüenta.

Este período da geografia clássica se fecha por um debate cada vez mais insidioso que recoloca em dúvida os valores e o estatuto de uma ciência idiográfica, comprometida com fatos únicos, com a descrição e com a compreensão e que, ao mesmo tempo, renuncia às leis gerais, às teorias e à explicação (SCHAEFER, 1953). A região é um dos alvos fundamentais deste debate, pois ela foi alçada na geografia clássica a uma posição central, isto é, identificar e descrever regiões foi o projeto fundamental que alimentou a geografia desta época. Este programa de pesquisas geográfico clássico, muito próximo da perspectiva de uma ciência idiográfica, que tinha a região como centro, ficou por isto conhecido como empiricista e descritivo, pelo peso relativamente grande das monografias regionais. É igualmente importante reconhecer que o conceito de região, visto sob esta forma clássica, pôde preservar a unidade fundamental do campo da geografia, instituída sob o formato de discussão da relação homem-meio. No conceito de região, ou sua manifestação, há o pleno encontro do homem, da cultura com o ambiente, a natureza; a região é a materialidade desta inter-relação, é também a forma localizada das diferentes maneiras pelas quais esta inter-relação se realiza. Dessa forma, a região era vista como o conceito capaz de promover o encontro entre as ciências da natureza e as ciências humanas, o produto-síntese de uma reflexão verdadeiramente geográfica.

Segundo Hartshorne, que seguia a orientação de Hettner, esta localização singular do objeto geográfico, no vértice das ciências naturais e sociais, corresponderia à principal propriedade da geografia face às outras ciências. A geografia era assim um ponto de vista, possui uma natureza epistemológica diversa e, portanto, deve proceder segundo um método particular: o método regional.

Como foi dito antes, a crise da geografia clássica coincidiu com uma grande rediscussão da noção de região, da propriedade de um método particular à geografia e de uma natureza distinta do conjunto das outras ciências. As críticas se multiplicaram. Uma das mais importantes diz respeito ao caráter "excepcionalista" (o fato de ver os fenômenos como únicos) do saber geográfico. O argumento fundamental desta crítica é a de que em um mundo sem teorias, sem modelos, todos os fatos são únicos. A geografia assim, através desta perspectiva regional-descritiva, jamais teria alcançado o estatuto verdadeiramente científico, pois se limitava à descrição, sem procurar estabelecer relações, análises e correlações entre os fatos. Ao mesmo tempo, o fato de acreditar que o método regional fosse característico ao saber geográfico também constituía um erro, pois de fato, segundo estes críticos, o método científico é um só, não há pontos de vista diversos, há objetos científicos diferentes. O da geografia é o espaço e seu método é a análise (BERRY, 1964).

Neste sentido, a região não pode ser vista como uma evidência do mundo real-concreto, ela sequer pode pretender existir no mundo científico sem estar submetida a critérios explícitos, uniformes e gerais. Podemos perceber claramente aqui a ruptura com o senso comum. Para que esta noção de região se torne um conceito científico é absolutamente necessário que haja uma formulação clara de seu sentido, de seus critérios e de sua natureza. O estabelecimento de regiões passa a ser uma técnica da geografia, um meio para demonstração de uma hipótese e não mais um produto final do trabalho de pesquisa. Regionalizar passa a ser a tarefa de dividir o espaço segundo diferentes critérios que são devidamente explicitados e que variam segundo as intenções explicativas de cada trabalho (GRIGG, 1967). As divisões não são definitivas, nem pretendem inscrever a totalidade da diversidade espacial, elas devem simplesmente contribuir para um certo entendimento de um problema, colaborar em uma dada explicação.

É neste sentido que a região passa a ser um meio e não mais um produto. A variabilidade das divisões possíveis é quase infinita, pois são quase infinitas as possibilidades dos critérios que trazem novas explicações, tudo depende da demonstração final a que se quer chegar. Na medida em que os critérios de classificação e divisão do espaço são uniformes, só interessa neste espaço aquilo que é geral, que está sempre presente. O fato particular, o único ou excepcional, não é do domínio da ciência segundo esta perspectiva.

A este conjunto de novas regras chama-se análise regional. Nesta abordagem a região é uma classe de área, fruto de uma classificação geral que divide o espaço segundo critérios ou variáveis arbitrários que possuem justificativa no julgamento de sua relevância para uma certa explicação.

Dentro desta perspectiva surgiram dois tipos fundamentais de regiões: as regiões homogêneas e as regiões funcionais ou polarizadas. As primeiras partem da idéia de que ao selecionarmos variáveis verdadeiramente estruturantes do espaço, os intervalos nas freqüências e na magnitude destas variáveis, estatisticamente mensurados, definem espaços mais ou menos homogêneos —

regiões isonômicas, isto é, divisões do espaço que correspondem a verdadeiros níveis hierárquicos e significativos da diferenciação espacial.

Quanto às regiões funcionais, a estruturação do espaço não é vista sob o caráter da uniformidade espacial, mas sim das múltiplas relações que circulam e dão forma a um espaço que é internamente diferenciado. Grande parte desta perspectiva surge com a valorização do papel da cidade como centro de organização espacial. Desta forma, as cidades organizam sua hinterlândia (sua área de influência) e organizam também outros centros urbanos de menor porte, em um verdadeiro sistema espacial. Toda uma escola de geografia se dedicou, pois, ao estudo do que ficou conhecido como de "regiões polarizadas", ou seja, de um espaço tributário, organizado e comandado por uma cidade. Esta concepção leva Pierre George a afirmar ironicamente que antes, ou seja, na geografia clássica, a região fazia a cidade e agora, na geografia moderna, a cidade faz a região.

Ao estudarmos os fluxos e as trocas que se organizam em um espaço estruturado, ao qual chamamos de região funcional, há naturalmente uma valorização da vida econômica como fundamento destas trocas e destes fluxos, sejam eles de mercadorias, de serviços, de mão-de-obra etc. Se há uma funcionalidade no espaço que remete à integração mesmo ao sistema econômico vigente, é natural que as teorias econômicas que interpretam o desenvolvimento deste sistema, digamos mais claramente, o desenvolvimento do capitalismo, sejam chamadas para justificar esta funcionalidade. Desta forma, a interpretação das regiões funcionais se fez predominantemente de uma forma tributária da interpretação macroeconômica de inspiração neoclássica. Assim o foi na base dos modelos espaciais de Christaller ou de Weber, ou ainda no de von Thünen.

A partir dos anos setenta uma grande onda crítica se fez presente, argüindo sobretudo o caráter ideológico deste tipo de perspectiva amparada nos modelos econômicos neoclássicos. Efetivamente, nestes modelos duas noções são fundamentais na definição da funcionalidade: a noção de rentabilidade e a noção de mercado. Assim, para estes críticos, a geografia ao produzir regionalizações baseadas nestas noções estaria em verdade colaborando com a produção de um desenvolvimento espacial desigual, visto sob a máscara de uma complementariedade funcional hierárquica. Ao assumir a dinâmica de mercado como pressuposto da organização espacial, estes modelos "naturalizariam" o capitalismo, como a única forma possível de conceber o desenvolvimento social, ao mesmo tempo, em que trabalhavam para a manutenção do *status quo* de uma sociedade desequilibrada e desigual.

Esta corrente crítica, conhecida como geografia radical, argumentava que a diferenciação do espaço se deve, antes de mais nada, à divisão territorial do trabalho e ao processo de acumulação capitalista que produz e distingue espacialmente possuidores e despossuídos. Desta forma, a identificação de regiões deve se ater àquilo que é essencial no processo de produção do espaço, isto é, à divisão sócio-espacial do trabalho (MASSEY, 1978). Qualquer outro tipo de regionalização que não leve em conta este aspecto fundamental passou a ser vista, sob este novo ângulo crítico, como um produto ideológico que visa esconder as verdadeiras contradições das classes sociais em sua luta pelo espaço. Novas regionalizações foram então estabelecidas tendo em vista os diferentes padrões de acumulação, o nível de organização das classes sociais, o desenvolvimento espacial desigual etc. É importante perceber aqui o fato de que, embora recusando o funcionalismo como critério para a divisão do espaço, esta nova corrente radical aceita que a região seja um processo de classificação do espaço segundo diferentes variáveis. Em outras palavras, a controvérsia se dá em relação ao conteúdo, ou seja, em relação à escolha dos critérios, a forma de proceder metodologicamente, no entanto, é preservada.

Outros geógrafos desta corrente, sobretudo aqueles mais influenciados pelo discurso marxista, procuraram estabelecer uma relação estreita entre o conceito de região e os conceitos da economia política marxista. Tal é o caso das regiões vistas como formações sócio-espaciais, que se aproxima, ou coincide, com o conceito de formação sócio-econômica. Para Marx, este último conceito corresponderia aos produtos histórico-concretos dos diversos modos de produção. Cada modo de produção apresenta, pois, um conjunto de formações sócio-econômicas com aspectos particulares, com evoluções diversas, mas que possuem em comum as características que dão unidade ao modo de produção. Cada uma destas unidades deve, pois organizar seu espaço de uma maneira própria, sendo esta a base de uma regionalização, ou do princípio de diferenciação do espaço em cada diferente momento histórico. Surge também deste tipo de reflexão a idéia da região como de uma totalidade sócio-espacial, ou seja, no processo de produção da vida, as sociedades produzem seus espaços de forma determinada e ao mesmo tempo são determinadas por ele, segundo mesmo os princípios da lógica dialética (DUARTE, 1980). A região é, pois, nesta perspectiva a síntese concreta e histórica desta instância espacial ontológica dos processos sociais, produto e meio de produção e reprodução de toda a vida social (SANTOS, 1978).

De fato, da aproximação destes conceitos da economia política com a região não resultou um verdadeiro enriquecimento conceitual, visto que do enxerto dos instrumentos teóricos do materialismo histórico-dialético não surgiu um conceito de região efetivamente operacional e, muitas vezes, a idéia evolucionista e mecanicista predominou revestida de um vocabulário marxista. Freqüentemente, a dialética se transforma em determinação histórica mecânica onde o estatuto da espacialidade poucas vezes adquiriu independência explicativa e, neste vácuo, a totalidade sócio-espacial se transmuta na "velha" idéia da síntese regional, reforçando-se assim as concepções metodológicas da geografia clássica, como aliás nos havia advertido YVES LACOSTE (1977).

Em meados da década de setenta surgiu uma outra corrente crítica que, no entanto, dirigiu sua apreciação sobre outros aspectos. O humanismo na geografia, ao contrário da geografia radical, foi buscar no passado da disciplina elementos que, segundo estes autores, seriam importantes resgatar. Um destes elementos foi a noção de região, vista como um quadro de referência fundamental na sociedade. Consciência regional, sentimento de pertencimento, mentalidades regionais são alguns dos elementos que estes autores chamam a atenção para revalorizar esta dimensão regional como um espaço vivido (PELLEGRINO, 1983; POCHE, 1983; RICQ, 1983). Neste sentido, a região existe como um quadro de referência na consciência das sociedades; o espaço ganha uma espessura, ou seja, ele é uma teia de significações de experiências, isto é, a região define um código social comum que tem uma base territorial (BASSAND e GUINDANI, 1983). Novamente, a região passa a ser vista como um produto real, construído dentro de um quadro de solidariedade territorial. Refuta-se, assim, a regionalização e a análise regional, como classificação a partir de critérios externos à vida regional. Para compreender uma região é preciso viver a região.

A partir deste quadro sumário podemos concluir que a região esteve no centro de diversos debates que ainda hoje animam as discussões epistemológicas da geografia. O primeiro deles é, como vimos, aquele delineado pelas noções de região natural e de região geográfica. O que está em jogo nestas duas noções é o peso diferente atribuído às condições naturais como modelo explicativo para interpretar a diversidade na organização social. Se a geografia se define como o campo disciplinar que analisa a relação entre a sociedade e o meio ambiente, que critérios são definitivos na demarcação da diversidade espacial, aqueles advindos das características naturais ou aqueles definidos pela cultura? Poderíamos encontrar uma solução de consenso ao dizer que se trata de uma relação dinâmica em que há uma reciprocidade de influências ou como disse Vidal de La Blache:

> "O homem faz parte desta cadeia [que une as coisas aos seres] e em suas relações com o que os cerca, ele é ao mesmo tempo ativo e passivo, sem que seja fácil de determinar, na maior parte dos casos, até que ponto ele é um ou outro" (VIDAL DE LA BLACHE, 1921, p. 104).

De qualquer maneira, se ao nível de um discurso de intenções este ponto de vista pôde subsistir, operacionalmente torna-se muito difícil trabalhar em um terreno tão fluido quanto este da reciprocidade. Muitas questões restam a ser respondidas, como, por exemplo, se há uma natureza possível de ser investigada em suas relações com a cultura sem se contaminar com os óculos da própria cultura que envolve o homem? A que tipo de homem estamos nos referindo, ao ser biológico que sofre as pressões do meio ao mesmo título que as outras espécies animais e vegetais (como em Max Sorre) ou estamos falando de um ser social que reveste sua relação biológica de valores e em que estas construções passam a ser o seu verdadeiro "meio ambiente"? Estas e outras questões podem ser respondidas de forma muito diversa e parece que estamos longe de poder afirmar praticamente no trabalho do geógrafo o pretendido consenso proclamado.

De qualquer forma, este momento da geografia foi importante na afirmação de um campo de pesquisas unificado, ou melhor, tanto a região natural quanto a região geográfica significavam a manutenção de uma reflexão que incluía homem e natureza dentro de um mesmo quadro analítico, posição que não poderá ser preservada, a despeito de outros discursos mitificadores na posteridade. Nas concepções predominantes da região que surgem a partir dos anos 50, a tendência é a dissolução da regionalização física e humana como sistemas correspondentes a ordens diferentes, ou como afirmava Gourou, os elementos físicos e os elementos humanos das paisagens não devem ser verdadeiramente vistos como conjuntos estruturados (GOUROU, 1973). Em outras palavras, a lógica que preside a divisão regional sob o ângulo de uma ordem natural não pode ser enxertada à ordem social e vice-versa, o que resulta em uma renúncia da geografia moderna em ver a região como um objeto sintético que poderia resolver o velho problema dictômico entre a geografia física e a geografia humana.

Outro grande debate que tem repercussões na região é aquele entre os modelos de uma ciência do geral e de uma ciência do singular. No primeiro caso, o modelo é analítico e se destina a produzir leis gerais e medidas objetivas na observação dos fatos estudados. A intenção fundamental é estabelecer uma explicação geral e sua legitimidade está associada ao comportamento objetivo, à capacidade de trabalhar com conceitos abstratos e generalizantes sobre uma base sistemática. Neste caso, a região é vista como o resultado de uma classificação, uma classe de área obtida através da aplicação de um critério analítico de extensão espacial, útil na compreensão de um dado fenômeno ou problema, portanto arbitrariamente concebido para operar em um sistema explicativo (GRIGG, 1965).

Na perspectiva da ciência do singular, o modelo é sintético, os fenômenos são vistos como uma matéria não desmembrável e portanto sua identidade deve ser tomada globalmente em toda a sua complexidade. O trabalho intelectual não se elabora a partir de idéias-conceitos abstratos, produzidos por generalizações, mas a partir de categorias que se definem pela descrição de casos concretos, ou seja, o fenômeno em si é fundador de uma categoria. Este método compreensivo de conhecimento se baseia em descrições detalhadas, obtidas graças a um contato direto e prolongado com a realidade e pela utilização de categorias sintéticas que possuem uma explicabilidade em sua maneira própria e particular de ser. A região neste ponto de vista é concebida como uma realidade auto-evidente, fisicamente constituída, seus limites são, pois, permanentes e definem um quadro de referência fixo percebidos muito mais pelo sentimento, de identidade e de pertencimento, do que pela lógica (FREMONT, 1976). É esta dualidade que marca o debate entre as propostas conhecidas como Geografia Geral ou Sistemática e Geografia Regional. Nas palavras de Juillard, por exemplo, encontramos claramente este tipo de debate:

> "Existem pois duas abordagens diferentes da realidade geográfica, uma que se aproxima da ecologia e, conseqüentemente, incorpora antes de mais nada os dados das ciências naturais e da sociologia; a outra está ligada sobretudo ao funcionamento do espaço territorial e dá destaque aos dados da economia política (...) Longe de excluírem uma a outra, estas duas abordagens se esclarecem mutuamente, mas somente a segunda permitirá talvez ultrapassar a enfermidade congênita da geografia: sua inaptidão para a generalização" (JUILLARD, 1974).

Finalmente o terceiro debate que identificamos é aquele que pretende saber se é possível identificar critérios gerais e uniformes que estruturam o espaço ou se estes critérios são mutáveis e se definem pela direção da explicação ou das coordenadas às quais o pesquisador faz variar de acordo com suas conveniências explicativas. As regiões são, assim, no primeiro caso, o resultado de uma divisão do espaço que é em princípio submetido essencialmente sempre às mesmas variáveis, definindo-se, pois, através desta divisão um sistema espacial classificatório, uniforme e hierárquico; no segundo caso, as regiões são concebidas como produtos relativos, fruto da aplicação de critérios particulares que operam internamente na explicabilidade daqueles que as propõem, têm, pois, um caráter demonstrativo na comprovação do domínio de certas variáveis no interior de determinados fenômenos.

Após esta discussão sobre os debates propriamente epistemológicos que envolvem a noção de região estamos talvez mais aptos a retornar à atualidade para examinarmos alguns elementos recentes da discussão.

É moeda corrente hoje no discurso dos geógrafos o conceito de globalização. Em geral, esta palavra expressa a idéia de uma economia unificada, de uma dinâmica cultural hegemônica, de uma sociedade que só pode ser compreendida como um processo de reprodução social global. Este debate incide, pois, sobre as relações antagônicas entre conjuntos de Estados e, sobretudo, no interior deste como uma oposição entre Estado e regiões (CARNEY, 1980; BECKER, 1984; DAMETTE e PONCET ,1980). Muitos foram aqueles que afirmaram que os novos tempos anunciavam o fim das regiões pela homogeneização do espaço ou pela uniformização das relações sociais (LIPIETZ,1977). Segundo esta versão, os movimentos regionais ou regionalistas são em geral vistos como movimentos de resistência à homogeneização, movimentos de defesa das diferenças e por isso contam com a simpatia e a adesão imediata de grande número de pessoas. A simpatia também é em geral estendida a estes movimentos regionais quando se contesta a malha administrativa e gestionária do Estado, como uma manifestação espontânea dos interesses locais face à burocracia esmagadora do poder central, insensível às diferenças e às desigualdades (MARKUSEN, 1981).

Em verdade, falar em simpatia parece vago e este sentimento se alimenta de fato de uma postura ideológica que tem "nos direitos à diferença" seu discurso maior. No entanto, é necessário perceber que este discurso do direito às diferenças, que alimentou tantos movimentos e foi a base de uma ideologia da democracia das minorias, significa também o direito à exclusão. O regionalismo visto sob este ângulo perde um pouco de seu revestimento generoso e pode ser visto como uma legitimação da estranheza, do repúdio e da incapacidade de conviver com a diferença. Por isso, muitos preferem hoje falar do "direito à indiferença", desta possibilidade de gerir a alteridade que, de certo modo, é a possibilidade de um cosmopolitismo moderno que opõe à noção de comunidade a de cidadão. Este tema tem, aliás, alimentado na sociologia política grandes discussões em torno dos direitos e limites do multiculturalismo no seio de uma mesma comunidade ou ainda dado forma a uma oposição cada vez mais referida entre cultura nacional ou grande cultura *versus* subculturas ou culturas locais. Mais uma vez constatamos a relação de proximidade entre território e política, entre limites territoriais de soberania ou autonomia e, mais uma vez, confirmamos a rede de vínculos que estes debates mantêm com o conceito de região.

Ao mesmo tempo, porém, o discurso regional pode ser também o veículo encontrado por uma elite local para sua preservação, forjando um conflito que reitera sua posição de liderança e seu controle sobre aquele espaço (CASTRO, 1988). Mais grave ainda são as situações bem contemporâneas onde a aspiração da autonomia, baseada em um discurso regionalista, está a serviço de um grupo não exclusivo em uma dada área, que pretende impor uma identidade que o colocará na posição de controle "legítimo" daquele território.

Dissemos no início que a região tem em sua etimologia o significado de domínio, de relação entre um poder central e um espaço diversificado. É hora talvez de estabelecer que na afirmação de uma regionalidade há sempre uma proposição política, vista sob um ângulo territorial. A tão decantada globalização parece concretamente não ter conseguido suprimir a diversidade espacial, talvez nem a tenha diminuído. Se hoje o capitalismo se ampara em uma economia mundial não quer dizer que haja uma homogeneidade resultante desta ação. Este argumento parece tanto mais válido quanto vemos que o regionalismo, ou seja, a consciência da diversidade, continua a se manifestar por todos os lados. O mais provável é que nesta nova relação espacial entre centros hegemônicos e as áreas sob suas influências tenham surgido novas regiões ou ainda se renovado algumas já antigas. Mas o que são estas regiões hoje em dia, grupos de Estados (Comunidade Européia, Nafta etc.), parcelas subnacionais, como no tradicional estatuto geográfico que coloca a região como alguma coisa entre o local e o nacional, unidades supranacionais com uma forte identidade cultural (mundo árabe)?

Certamente os possíveis recortes regionais atuais são múltiplos e complexos, certamente há recobrimento entre eles, certamente eles são mutáveis, mas ao aceitarmos todos estes recortes como regiões não estaríamos voltando ao sentido do senso comum, de uma noção que tão simplesmente pretende localizar e delimitar fenômenos de natureza e tamanho muito diversos e que, portanto, perde todo o conteúdo explicativo, como conceito?

Não nos demos como tarefa produzir um novo conceito de região, adaptado à contemporaneidade, mas acreditamos ser útil repensar estes pontos acima levantados. De qualquer forma, se a região é um conceito que funda uma reflexão política de base territorial, se ela coloca em jogo comunidades de interesse identificadas a uma certa área e, finalmente, se ela é sempre uma discussão entre os limites da autonomia face a um poder central, parece que estes elementos devem fazer parte desta nova definição em lugar de assumirmos de imediato uma solidariedade total com o senso comum que, neste caso da região, pode obscurecer um dado essencial: o fundamento político, de controle e gestão de um território.

BIBLIOGRAFIA

BASSAND, Michel e GUINDANI, Silvio (1983). Maldéveloppement régional et luttes identitaires, *Espaces et Sociétés*, n.º 42, Paris, pp. 13-26.

BECKER, Bertha (1984). A Crise do Estado e a Região: Estratégia da Descentralização em Questão, *Ordenação do Território: Uma Questão Política?* BECKER B. (Org.). Universidade Federal do Rio de Janeiro, Rio de Janeiro, pp. 1-35.

BERRY, Brian (1964)., Approaches to Regional Analysis: A Synthesis, *AAAG*, n.º 54, pp. 2-11.

BRUNHES, Jean (1955). *Geografia Humana*. (Edição abreviada por Mme Jean Brunhes Delamare e Pierre Deffontaines), ed. Juventud, Barcelona.

BRUNET, Roger (1972). Pour une théorie de la géographie régionale, *La pensée géographique française contemporaine*. Mélanges offertes à André Meynier, PUF, Paris, pp. 649-662.

CARNEY, John et alii (1980). *Regions in Crisis*, Croom Helm, Londres...

CASTRO, Iná Elias de (1992). *O Mito da Necessidade: discurso e prática do regionalismo nordestino*, Bertrand Brasil, Rio de Janeiro.

CLAVAL, Paul (1976). *Essai sur l'évolution de la géographie humaine*, Les Belles Lettres, Paris.

CLAVAL, Paul (1987). La région: concept géographique, économique et culturel, *Revue Internationale des Sciences Sociales*, n.º 112, Paris, pp. 293-302.

CORRÊA, Roberto Lobato (1986). *Região e Organização Espacial*, Ática ed. (série Princípios), São Paulo.

DAMETTE, Félix e PONCET, Edmond (1980). Global crisis and regional crises, CARNEY et alii, *Regions in Crisis*, Croom Helm, Londres, pp. 93-116.

DUARTE, Aluízio C. (1980). Regionalização: Considerações Metodológicas, *Boletim de Geografia Teorética*, vol. 10, n.º 20, Rio Claro.

FEBVRE, Lucien (1922). *La Terre et l'évolution humaine. Introduction géographique à l'Histoire*, La Renaissance du Livre, Paris.

FRÉMONT, Armand (1976). *La région, espace vécu*, PUF, Paris.

GALLOIS, Lucien (1908). *Régions naturelles et noms de pays. Étude sur la région parisienne*, Armand Colin, Paris.

GOUROU, Pierre (1973), *Pour une géographie humaine*, Flammarion, Paris.

GRIGG, David (1965). The logic of regional systems, *AAAG*, n.º 55, pp. 465-491.

GRIGG, David (1967). Regions, Models and Classes, *Models in Geography*, Chorley and Haggett (ed.), Methuen, Londres, pp. 461-510.

GUELKE, Leonard (1982). Geografia Regional, CHRISTOFOLETTI, (A.) (Org.) *Perspectivas da Geografia*, Difel, São Paulo, pp. 213-224.

HARTSHORNE, Richard (1939). *The nature of geography: a critical survey of current thought in the ligth of the past*, AAAG, 29.

JUILLARD, Etienne (1974). *La "région": contributions à une géographie générale des espaces régionaux*, Ophrys, Paris.

LACOSTE, Yves (1976). *A geografia serve antes de mais nada para fazer a guerra*, Iniciativas editoriais, Lisboa.

LIPIETZ, Alain (1977). *Le capital et son espace*, Maspero, Paris.

MARKUSEN, Ann (1981). Região e regionalismo: um enfoque marxista, *Espaço e Sociedade*, São Paulo, n.º 1, pp. 63-100.

MASSEY, Doreen (1978). Regionalism some current issues, *Capital and Class Revue*, n.º 6, London; (trad.) Regionalismo: alguns problemas atuais, *Espaço e Debates*, São Paulo, n.º 4, 1981, pp. 50-83.

MENDOZA, Josefina Gomes et alii (1982). *El Pensamiento Geografico*, Alianza Universitaria, Madrid.

OLIVEIRA, Francisco (1981). *Elegia para uma re(li)gião, Sudene, Nordeste, Planejamento e Conflito de Classes*, Paz e Terra, Rio de Janeiro.

PELLEGRINO, P. et alii (1983). Identité régional, réprésentations et aménagement du territoire, *Espaces et Sociétés*, n.º 41, Paris.

POCHE, Bernard (1983). Identité régionale et totalité sociale (resumé du débat entre les participants du colloque de Genève)*Espaces et Sociétés*, n.º 41, Paris, pp. 3-11.

RICQ, Charles (1983). La région, espace institutionnel et espace d'identité, *Espaces et Sociétés*, n.º 42, Paris, pp. 65-78.

SANTOS, Milton (1978). *Por uma Geografia Nova*. HUCITEC, São Paulo.

SCHAEFER, F. K. (1953). Exceptionalism in Geography: a Methodological Examination, *AAAG*, 43, pp. 226-249.

SORRE, Maximilien (1952). *Les fondements de la géographie humaine*, Armand Colin, Paris.

TUAN, Yi-Fu (1983). *Espaço e lugar*, Bertrand Brasil, Rio de Janeiro.

VIDAL DE LA BLACHE, Paul (1910). Les régions françaises, *Revue de Paris*, n.º 6, pp. 821-849.

VIDAL DE LA BLACHE, Paul (1921). *Principes de géographie humaine*, Armand Colin, Paris.

O TERRITÓRIO: SOBRE ESPAÇO E PODER, AUTONOMIA E DESENVOLVIMENTO

Marcelo José Lopes de Souza
Professor do Departamento de Geografia, UFRJ

INTRODUÇÃO: UMA PRIMEIRA APROXIMAÇÃO CONCEITUAL

"A conformação do terreno é de grande importância nas batalhas. Assim sendo, apreciar a situação do inimigo, calcular as distâncias e o grau de dificuldades do terreno, quanto à forma de se poder controlar a vitória, são virtudes do general de categoria. Quem combate com inteiro conhecimento destes factores vence, de certeza; quem o não faz é, certamente, derrotado."

Sun Tzu, *A arte da guerra*

A epígrafe acima, extraída do décimo capítulo do livro *A arte da guerra*, escrito cinco séculos antes de Cristo pelo chinês Sun Tzu, nos mostra que o reconhecimento, não apenas intuitivo, mas até mesmo teórico, da importância capital do espaço enquanto instrumento de manutenção, conquista e exercício de poder, é algo muitíssimo antigo. A guerra, enquanto "prolongamento da política por outros meios", para usar a célebre fórmula de outro estudioso que reconheceu plenamente a importância essencial do espaço para a atividade guerreira, o general prussiano Carl von Clausewitz,[1] constitui, ela própria, enquanto uma ferramenta da política, todavia apenas uma situação-limite; o seu valor instrumental para a guerra, para esse "ato de força para impor a nossa vontade ao adversário" (CLAUSEWITZ, 1983:9), não esgota o significado político do espaço. Na verdade, consoante o pensamento de Hannah Arendt, parece mesmo que a guerra, ou a violência em geral, é inclusive várias vezes um sintoma de *perda de poder*: "(...) toda diminuição de poder é um convite à violência — quando pouco porque aqueles que detêm o poder e o sentem escorregar por entre as mãos, sejam eles o governo ou os governados, encontraram sempre dificuldade em resistir à tentação de substituí-lo pela violência" (ARENDT, 1985:49).

O *território*, objeto deste ensaio, é fundamentalmente um *espaço definido e delimitado por e a partir de relações de poder*. A questão primordial, aqui, não é, na realidade, *quais são as características geoecológicas e os recursos naturais de uma certa área*, *o que se produz* ou *quem produz em um dado espaço*, ou ainda *quais as ligações afetivas e de identidade entre um grupo social e seu espaço*. Estes aspectos podem ser de crucial importância para a compreensão da gênese de um território ou do interesse por tomá-lo ou mantê-lo, como exemplificam as palavras de

[1] "(...) a guerra não é simplesmente um ato político, mas sim um verdadeiro instrumento político, uma continuação da atividade política, uma realização da mesma por outros meios" (CLAUSEWITZ, 1983:24).

Sun Tzu a propósito da conformação do terreno, mas o verdadeiro *Leitmotiv* é o seguinte: *quem domina ou influencia e como domina ou influencia esse espaço?* Este *Leitmotiv* traz embutida, ao menos de um ponto de vista não interessado em escamotear conflitos e contradições sociais, a seguinte questão inseparável, uma vez que o território é essencialmente um instrumento de exercício de poder: *quem domina ou influencia quem nesse espaço, e como?* Detenhamo-nos, assim, um pouco no conceito de *poder* em si, antes de voltarmos a discorrer sobre o território.

Tanto na linguagem cotidiana quanto mesmo nas teorias políticas é possível constatar superposições entre as noções ou os conceitos de *poder*, *violência*, *dominação*, *autoridade* e *competência* (MALUSCHKE, 1991:354). Tais superposições — e confusões — foram profundamente lamentadas por Hannah ARENDT (1985:23). Segundo Arendt, há,

> "por trás da confusão aparente e a cuja luz todas as distinções seriam, na melhor das hipóteses, de pequena importância, a convicção de que a questão política mais crucial é, e sempre foi, a questão de: Quem governa quem? Poder, força, autoridade, violência — nada mais são do que palavras a indicar os meios pelos quais o homem governa o homem; são elas consideradas sinônimos por terem a mesma função. É apenas depois que se cessa de reduzir as questões públicas ao problema da dominação, que as informações originais na esfera dos problemas humanos deverão aparecer, ou antes reaparecer, em sua genuína diversidade" (ARENDT, 1985:23-4).

Sobre o poder, assim sintetizou Hannah Arendt o seu conceito:

> "O 'poder' corresponde à habilidade humana de não apenas agir, mas de agir em uníssono, em comum acordo. O poder jamais é propriedade de um indivíduo; pertence ele a um grupo e existe apenas enquanto o grupo se mantiver unido. Quando dizemos que alguém está 'no poder' estamos na realidade nos referindo ao fato de encontrar-se esta pessoa investida de poder, por um certo número de pessoas, para atuar em seu nome. No momento em que o grupo, de onde originara-se o poder (*potestas in populo*, sem um povo ou um grupo não há poder), desaparece, 'o seu poder' também desaparece" (ARENDT, 1985:24).

A conceituação acima resumida é, como se verá mais adiante na seção 2, de um interesse especial para o presente artigo, por ampliar a idéia de poder e simultaneamente libertá-la da confusão com a violência e da restrição à dominação, permitindo assim conjugar as idéias de *poder* — e, por extensão, *território* — e *autonomia*. No que diz respeito à *violência*, ela se distinguiria, segundo Hannah Arendt, por seu "caráter instrumental". "Do ponto de vista fenomenológico", esclarece a autora (ARENDT, 1985:25), a violência estaria próxima do *vigor* (que designa uma qualidade inerente a uma pessoa ou um objeto e que independe de sua manifestação em relação a outras pessoas ou objetos), "uma vez que os instrumentos da violência, como todos os demais, são concebidos e usados para o propósito da multiplicação do vigor natural até que, no último estágio de desenvolvimento, possam substituí-lo". Para Arendt, o poder não carece de justificativas, já que seria inerente à existência de qualquer comunidade política; no entanto, demanda *legitimidade*. Já "o domínio através da violência pura vem à baila quando o poder está em vias de ser perdido" (ARENDT, 1985:29). Por isso é que Hannah Arendt é categórica ao afirmar:

"(...) politicamente falando, é insuficiente dizer não serem o poder e a violência a mesma coisa. O poder e a violência se opõem: onde um domina de forma absoluta, o outro está ausente" (ARENDT, 1985:30).[2]

Retornando ao conceito de território, é imperioso que saibamos despi-lo do manto de imponência com o qual se encontra, via de regra, adornado. A palavra território normalmente evoca o "território nacional" e faz pensar no Estado — gestor por excelência do território nacional —, em grandes espaços, em sentimentos patrióticos (ou mesmo chauvinistas), em governo, em dominação, em "defesa do território pátrio", em guerras... A bem da verdade, o território pode ser entendido também à escala nacional e em associação com o Estado como grande gestor (se bem que, na era da globalização, um gestor cada vez menos privilegiado). No entanto, ele *não precisa e nem deve* ser reduzido a essa escala ou à associação com a figura do Estado. Territórios existem e são construídos (e desconstruídos) nas mais diversas escalas, da mais acanhada (p. ex., uma rua) à internacional (p. ex., a área formada pelo conjunto dos territórios dos países-membros da Organização do Tratado do Atlântico Norte — OTAN); territórios são construídos (e desconstruídos) dentro de escalas temporais as mais diferentes: séculos, décadas, anos, meses ou dias; territórios podem ter um caráter permanente, mas também podem ter uma existência periódica, cíclica. Não obstante essa riqueza de situações, não apenas o senso comum, mas também a maior parte da literatura científica, tradicionalmente restringiu o conceito de território à sua forma mais grandiloqüente e carregada de carga ideológica: o "território nacional".

[2] Vale a pena chamar a atenção para o fato de que essa diferença ou mesmo esse antagonismo entre poder e violência nem sempre é percebido pelos estudiosos. Um exemplo dentre muitos é o do geógrafo Claude Raffestin, ao designar a violência como "a forma extrema e brutal do poder" (RAFFESTIN, 1993:163).

O presente trabalho compõe-se fundamentalmente de duas partes. Na primeira seção tentar-se-á desfazer o reducionismo acima mencionado e apresentar mais pormenorizadamente a riqueza potencial do termo, buscando-se uma conceituação mais arejada. A esta seção, despida de compromissos de aplicação do conhecimento conceitual adquirido a contextos mais amplos, segue-se uma outra, cujo escopo é ilustrar o alcance socialmente crítico da análise conceitual sobre o território no âmbito de um repensamento da questão do desenvolvimento.

Dos grandes territórios hipostasiados pela ideologia às territorialidades complexas do quotidiano metropolitano

A noção de território embutida no discurso científico confundia-se e amiúde continua a confundir-se, segundo se afirmou há pouco, com uma percepção bastante rígida do que seja a realidade em tela. Entre as disciplinas científicas uma exceção tem sido a Antropologia, e particularmente o seu ramo mais recente, a Antropologia Urbana; estudos sobre "tribos urbanas" e grupos sociais diversos (minorias étnicas, prostitutas, homossexuais etc.) e seus territórios se têm mostrado como importantes contribuições para uma ampliação dos horizontes conceituais e teóricos.[3] Infelizmente, contudo, a Antropologia, com seus conhecidos vícios disciplinares (predileção pelo "desviante", despolitização do discurso, desapreço para com o aprofundamento da análise do Estado...), tem dificuldades para alcançar uma interpretação "estratégica" dos problemas de sociedades complexas (conflitos sociais objetivos e suas causas, papel da produção do espaço

[3] No Brasil, os anos 80 trouxeram vários exemplares bastante respeitáveis de contribuições ao estudo da territorialidade oriundos da pena de antropólogos urbanos, tendência que prossegue na década de 90: GASPAR, 1985; ZALUAR, 1985 (especialmente pp. 174 e segs.); PERLONGHER, 1987; ZALUAR, 1994.

enquanto variável essencial da reprodução do *status quo*), restringindo-se quase sempre, assim, a chamar a atenção, ainda que muitas vezes apenas indiretamente, para os limites do discurso objetivista e pasteurizador das demais disciplinas. Outras contribuições a uma ampliação dos horizontes conceituais, da parte de autores que, como GUATTARI (1985), não se deixam facilmente enquadrar em uma das gavetas disciplinares sustentadas pela Epistemologia positivista, podem também ser mencionadas; são elas, contudo, contribuições esparsas, isoladas e pouco sistemáticas.

As disciplinas mais diretamente ligadas, inclusive epistemologicamente, com a análise do território, a saber: a Ciência Política, pela via do conceito para ela epistemologicamente fundante de *poder*, e a Geografia, que normalmente se arroga o privilégio de ser *a* disciplina do espaço social — estas duas disciplinas estiveram quase sempre dominadas por uma orientação em direção ao Estado enquanto *o* poder por excelência, e inclusive estiveram historicamente comprometidas com a elaboração de discursos legitimadores do Estado em geral ou até dos interesses imperiais de um determinado Estado em particular (a Geopolítica do Terceiro Reich representa meramente um exemplo extremado desse tipo de comprometimento entre ciência e interesses dominantes). Não é de se admirar, portanto, que estas duas disciplinas, e particularmente a Geografia, justamente aquela que em princípio deveria dispor de conceituações bastante ricas da territorialidade e de um arsenal variado de tipologias territoriais, tenham estado excessivamente fixadas na escala do "território nacional".[4] Ventos de renovação têm soprado também na direção da geografia, inclusive no Brasil: vide, por exemplo, MATTOS & RIBEIRO (1994), sobre os territórios da prostituição no Rio de Janeiro, e MACHADO (1992), acer-

[4] O primeiro capítulo do livro *Por uma Geografia do Poder*, de Claude Raffestin (RAFFESTIN, 1993), cuja primeira edição francesa é de 1980, oferece uma crítica e ao mesmo tempo um breve mas interessante histórico da Geografia Política clássica, corretamente identificada por Raffestin como uma "Geografia do Estado".

ca da territorialidade pentecostal. Estes trabalhos assinados por geógrafos, em boa medida inspirados por aportes da Antropologia e Sociologia, ainda constituem, porém, exceções, confinadas a uma área de fronteira entre a Geografia Urbana (mais arejada) e a Geografia Política.

O território surge, na tradicional Geografia Política, como o espaço concreto em si (com seus atributos naturais e socialmente construídos), que é apropriado, ocupado por um grupo social. A ocupação do território é vista como algo gerador de raízes e identidade: um grupo não pode mais ser compreendido sem o seu território, no sentido de que a identidade sócio-cultural das pessoas estaria inarredavelmente ligada aos atributos do espaço concreto (natureza, patrimônio arquitetônico, "paisagem"). E mais: os limites do território não seriam, é bem verdade, imutáveis — pois as fronteiras podem ser alteradas, comumente pela força bruta —, mas cada espaço seria, enquanto território, território durante todo o tempo, pois apenas a durabilidade poderia, é claro, ser geradora de identidade *sócio-espacial*, identidade na verdade não apenas com o espaço físico, concreto, mas com o território e, por tabela, com o poder controlador desse território... Não é de se surpreender, diante de tal rigidez, que essa visão tenha muitas vezes usado os termos *território* e *espaço* indistintamente, obscurecendo o caráter especificamente *político* do primeiro. Conforme já se antecipou, esse tipo de território sempre foi associado, no âmbito de um discurso evidentemente ideológico, em primeiro lugar ao recorte do "território nacional", ou seja, do Estado-Nação. Outro recorte importante foi, muitas vezes, a "região", entidade espacial algo mistificada pela Geografia Regional lablacheana no interior de um discurso ideológico que via o "território nacional" como um mosaico orgânico e harmônico de "regiões" singulares.[5]

---

[5] Vide, p.ex., a já clássica crítica de LACOSTE (1988). Quanto à região como uma espacialidade ideologicamente funcional nos marcos de uma reflexão conserva-

O primeiro grande autor da Geografia Política, o alemão Friedrich Ratzel, nos oferece, por meio de sua obra *Politische Geographie* (RATZEL, 1974), um exemplo espetacular e seminal desse tipo de discurso sobre o território essencialmente fixado no referencial político do Estado. Duas passagens lapidares como as seguintes ilustram perfeitamente o espírito de suas investigações:

> "O Estado não é, para nós, um organismo meramente porque ele representa uma união do povo vivo com o solo [*Boden*] imóvel, mas porque essa união se consolida tão intensamente através de interação que ambos se tornam um só e não podem mais ser pensados separadamente sem que a vida venha a se evadir" (RATZEL, 1974:4).

E ainda, por exemplo:

> "Exclusivamente o solo [*Boden*] dá coerência material a um Estado, vindo daí a forte inclinação sobretudo da organização política de naquele se apoiar, como se ele pudesse forçar os homens, que de toda sorte permanecem separados, a uma coesão. Quanto maior for a possibilidade de fragmentação, tanto mais importante se torna o solo [*Boden*], que significa tanto o fundamento coerente do Estado quanto o único testemunho palpável e indestrutível de sua unidade" (RATZEL, 1974:11).

Através das citações precedentes é possível notar que Ratzel não apenas trata de *um tipo específico de territorialidade*, prenhe

---

dora sobre o território do Estado-Nação — ou enquanto uma "prefiguração da pátria", para usar as palavras de Daniel FOUCHER (1982:283) a propósito do "*pays*" — consulte-se, além de Foucher, naturalmente o próprio Vidal de la Blache (La BLACHE, 1982).

de história, tradição e *ideologia* — a territorialidade do Estado-Nação —, mas a trata de um modo, por assim dizer, *naturalizado*. A ideologia não é ideologia, ou seja, um conjunto de idéias e valores relativos conforme a classe ou o grupo; é cultura nacional, amor à pátria etc., e a identificação se daria entre *todo* um "povo" (visto como se não houvessem classes, grupos e contradições internas) e "seu" Estado. A territorialidade do Estado-Nação, tão densa de história, onde afetividade e identificação (reais ou hiperbolizadas ideologicamente) possuem enorme dimensão telúrica — paisagem, "regiões de um país", belezas e recursos naturais da "pátria" —, é naturalizada por Ratzel também na medida em que este não discute o conceito de território, desvinculando-o do seu enraizamento quase perene nos atributos do solo pátrio. Sintomaticamente, a palavra que Ratzel comumente utiliza não é *território* (*Territorium*), e sim *solo* (*Boden*), como se *território* fosse sempre sinônimo de *território de um Estado*, e como se esse território fosse algo vazio sem referência aos atributos materiais, inclusive ou sobretudo naturais (dados pelo sítio e pela posição), que de fato são designados de modo mais direto pela expressão *Boden*.

Outra forma de se abordar a temática da territorialidade, mais abrangente e crítica, pressupõe não propriamente um descolamento entre as dimensões política e cultural da sociedade, mas uma flexibilização da visão do que seja o território. Aqui, o território será um *campo de forças*, uma *teia* ou *rede de relações sociais* que, a par de sua complexidade interna, define, ao mesmo tempo, um *limite*, uma *alteridade*: a diferença entre "nós" (o grupo, os membros da coletividade ou "comunidade", os *insiders*) e os "outros" (os de fora, os estranhos, os *outsiders*).

Vários tipos de organização espaço-temporal, de redes de relações, podem surgir diante de nossos olhos, sem que haja uma superposição tão absoluta entre o espaço concreto com os seus atributos materiais e o território enquanto campo de forças. Um enraizamento tão forte como aquele focalizado por Ratzel (e a maior parte da tradição da Geografia Política, além, é lógico, da Geopolítica)[6] não precisa existir para que se tenha territórios. Territórios, que são no fundo antes *relações sociais projetadas no espaço* que espaços concretos (os quais são apenas os *substratos materiais* das territorialidades — voltar-se-á a isso mais adiante), podem, conforme já se indicara na introdução, formar-se e dissolver-se, constituir-se e dissipar-se de modo relativamente rápido (ao invés de uma escala temporal de séculos ou décadas, podem ser simplesmente anos ou mesmo meses, semanas ou dias), ser antes instáveis que estáveis ou, mesmo, ter existência regular mas apenas periódica, ou seja, em alguns momentos — e isto apesar de que o substrato espacial permanece ou pode permanecer o mesmo.

As grandes metrópoles modernas, do "Primeiro" como do "Terceiro Mundo", com toda a sua complexidade, parecem conter os exemplos mais interessantes e variados de tais "territorialidades flexíveis". Debrucemo-nos sobre alguns desses exemplos.

• Os territórios da prostituição feminina ou masculina (prostitutas, travestis, michês), onde os "outros" tanto podem estar no mundo exterior em geral (de onde vêm os clientes em potencial) quanto, em muitos casos, em um grupo concorrente (prostitutas *versus* travestis), com os quais se pode entrar em conflito. Esses territórios, comumente encontrados naqueles locais próximos ao *Central Business District* (CBD), que se convencionou chamar de *blighted areas*, áreas de obsolescência ou "espaços deteriorados", muitas vezes (a não ser no caso de um *bas fond* como a decadente Vila Mimosa, na cidade do Rio de Janeiro, que foi o que restou da antiga e famosa "Zona do Mangue") são "apropriados" pelo respec-

[6] É certo que nem todas as análises político-espaciais "estadocêntricas" "naturalizaram" o território e as relações entre espaço e poder; é o caso dos marxistas, bem representados pelo cientista político Nicos POULANTZAS (1985:113 e segs.).

tivo grupo apenas à noite. Durante o dia as ruas são tomadas por outro tipo de paisagem humana, típico do movimento diurno das áreas de obsolescência: pessoas trabalhando ou fazendo compras em estabelecimentos comerciais, escritórios de baixo *status* e pequenas oficinas, além de moradores das imediações. Quando a noite chega, porém, as lojas, com exceção dos bares e *night clubs*, estão fechadas, e os transeuntes diurnos, como trabalhadores "normais", pessoas fazendo compras e os residentes do tipo que a moral dominante costuma identificar como "decentes", cedem lugar a outra categoria de freqüentadores, como prostitutas (ou travestis, ou ainda rapazes de programa) fazendo *trottoir* nas calçadas e entretendo seus clientes em hotéis de alta rotatividade. O caráter cíclico deste tipo de territorialização, com uma alternância habitual dos usos diurno e noturno dos mesmos espaços, está representado pelo exemplo fictício da Figura 1.

Os territórios da prostituição são bastante "flutuantes" ou "móveis".[7] Os limites tendem a ser instáveis, com as áreas de influência deslizando por sobre o espaço concreto das ruas, becos e praças; a criação de identidade territorial é apenas relativa, digamos, mais propriamente funcional que afetiva. O que não significa, em absoluto, que "pontos" não sejam às vezes intensamente disputados, podendo a disputa desembocar em choques entre grupos rivais — por exemplo, entre prostitutas e travestis, com estes expulsando aquelas de certas áreas, conforme relatado por GASPAR (1985:18), que exemplifica com locais do Rio de Janeiro e de São Paulo. Esta característica de serem os territórios da prostituição bastante móveis, com limites às vezes muito instáveis, se encontra ilustrada pelo modelo da Figura 2. Outros grupos sociais, como gangues de rua constituídas por adolescentes e jovens, podem apresentar territorialidades similares à da prostituição, ao menos

[7] A expressão "território móvel" (*movable territory*) é retirada de SACK (1986:20), o qual corretamente já discernira que "most territories tend to be fixed in geographical space, but some can move".

PARTE DA ÁREA DE OBSOLESCÊNCIA DE UMA CIDADE EM DOIS MOMENTOS DISTINTOS

EXEMPLO DE TERRITORIALIDADE CÍCLICA

Pessoas trabalhando no comércio e em pequenas oficinas: pessoas fazendo compras ou indo fazer compras

Aposentados jogando cartas; mães com crianças

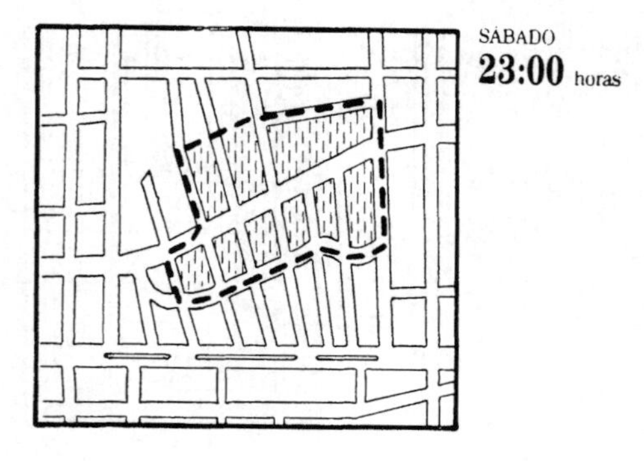

Prostitutas fazendo *trottoir*; prostitutas e seus clientes em hotéis de alta rotatividade.

Limite do território das prostitutas

M. J. Lopes de Souza

Figura 1

PARTE DA ÁREA DE OBSOLESCÊNCIA DE UMA CIDADE EM DOIS MOMENTOS DISTINTOS

EXEMPLO DE TERRITORIALIDADE MÓVEL

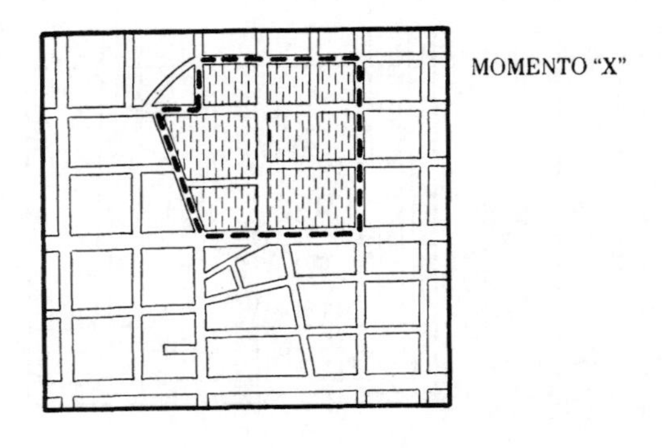

Prostitutas fazento *trottoir* e entretendo seus clientes

Limite territorial

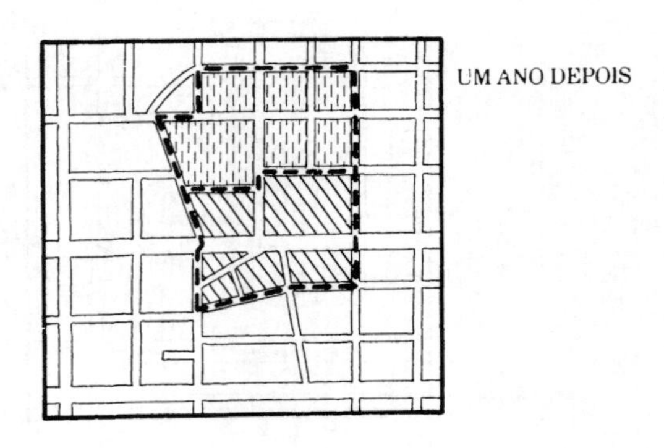

Travestis fazento *trottoir* e entretendo seus clientes

Limite territorial

M. J. Lopes de Souza

Figura 2

no que diz respeito ao caráter de grande mobilidade dos limites territoriais.

• Outras situações onde se dá a formação de territórios com uma temporalidade bem definida podem igualmente ser encontradas nas grandes cidades. Por exemplo, a "apropriação" de certos espaços públicos por grupos específicos, como os nordestinos nos fins de semana na Praça Saens Peña (no bairro da Tijuca), na cidade do Rio de Janeiro, e a ocupação das calçadas de certos logradouros públicos por camelôs. Ambos os casos são interessantes por se revestirem de uma dimensão de conflitualidade entre esses usuários do espaço, que o territorializam em momentos definidos, e um ambiente que os discrimina: no caso dos nordestinos, em grande parte moradores de favelas próximas, temos a apropriação de uma praça por um grupo que tenta, por algumas horas, reproduzindo um espaço de convívio em um meio estranho e não raro hostil e segregador — a grande cidade para a qual migraram em busca de melhores oportunidades de vida —, manter um pouco de sua identidade, o que muitas vezes é visto como uma "invasão" pelos demais moradores do bairro, os quais se vêem assim "expulsos" de "sua" praça. No caso dos camelôs estamos diante do conflito de interesses entre os chamados setores formal e informal, cuja explosividade já se manifestou no Rio de Janeiro em diversos incidentes violentos envolvendo, de um lado, lojistas e a polícia, e, de outro, os camelôs.

• Outra territorialidade sumamente interessante é a do tráfico de drogas no Rio de Janeiro. Altamente pulverizada, ela contrasta vivamente com a estrutura territorial característica de organizações mafiosas ou mesmo do jogo do bicho. No caso do tráfico de drogas, territórios-enclave (favelas) acham-se disseminados pelo tecido urbano, com territórios amigos (pertencentes à mesma organização ou ao mesmo *comando* — no caso do Rio de Janeiro,

Comando Vermelho, *Terceiro Comando* e, ainda, bandos independentes) dispersos e separados pelo "asfalto", para empregar a gíria carioca usual, ou seja, por bairros comuns, ou, para usar a expressão empregada certa vez por um entrevistado, "áreas neutras".[8] Entre dois territórios amigos, quer dizer, duas favelas territorializadas pela mesma organização, existe, porém, não apenas "asfalto"; pode haver igualmente territórios inimigos, pertencentes a outro *comando*. A territorialidade de cada facção ou organização do tráfico de drogas é, assim, uma *rede* complexa, unindo nós irmanados pelo pertencimento a um mesmo comando, sendo que, no espaço concreto, esses nós de uma rede se intercalam com nós de outras redes, todas elas superpostas ao mesmo espaço e disputando a mesma área de influência econômica (mercado consumidor), formando uma malha significativamente complexa. Cada uma das redes representará, durante todo o tempo em que existirem essas superposições, o que se poderia chamar uma *territorialidade de baixa definição*. Uma alta definição só será alcançada se uma das organizações lograr eliminar as rivais dentro da área de influência, monopolizando a oferta de tóxicos, ou se as organizações chegarem a um acordo, estabelecendo um pacto territorial.

No caso da estrutura espacial mafiosa (ou, para dar um exemplo brasileiro, do jogo do bicho), o que há são *áreas* antes que pontos, onde salta aos olhos a contigüidade espacial dos domínios ou *áreas* de influência de cada família mafiosa (ou bicheiro). A relativa estabilidade deste tipo de estrutura, fruto de um processo de cartelização, com uma espécie de pacto político corporifican-

---

[8] Entrevista de 12/07/1994 do autor com uma liderança da favela Morro do Céu, na Zona Norte do município do Rio de Janeiro. As "áreas neutras", para o entrevistado, são aquelas que, não sendo diretamente territorializadas por nenhuma organização de traficantes — os quais se encarregam de garantir uma certa ordem interna ao território pelo bem dos negócios (por exemplo, punindo exemplarmente crimes comuns como estupros e furtos) —, se apresentam como locais particularmente inseguros, desprotegidos, expostos. Ver, sobre esse tema, SOUZA (1994a).

do-se em um pacto territorial ou divisão do espaço em zonas de influência — por exemplo, no Rio de Janeiro a partir dos anos 70 —, contrasta nitidamente com a extrema instabilidade sócio-político-territorial do tráfico de drogas. A presumida relação entre o tráfico de drogas e o jogo do bicho, que ganhou as manchetes de jornal do Rio de Janeiro em 1994, não pode ser refletida sem que se considere o fato perturbador de que se trata de duas territorialidades muito diferentes, sendo que interiormente a cada área de influência do jogo do bicho existem favelas controladas por *comandos* rivais.

O processo de constituição de redes de organizações criminosas no Rio de Janeiro (por exemplo) remete à necessidade de se construir uma ponte conceitual entre o *território* em sentido usual (que pressupõe contigüidade espacial) e a *rede* (onde não há contigüidade espacial: o que há é, em termos abstratos e para efeito de representação gráfica, um conjunto de pontos — *nós* — conectados entre si por segmentos — *arcos* — que correspondem aos fluxos que interligam, "costuram" os nós — fluxos de bens, pessoas ou informações —, sendo que os arcos podem ainda indicar elementos infra-estruturais presentes no substrato espacial — p. ex., estradas — que viabilizam fisicamente o deslocamento dos fluxos). A esse território em rede ou território-rede propõe o autor do presente artigo chamar de *território descontínuo*. Trata-se, essa ponte conceitual, ao mesmo tempo de uma ponte entre escalas ou níveis de análise: o território descontínuo associa-se a um nível de tratamento onde, aparecendo os nós como pontos adimensionais, não se coloca evidentemente a questão de investigar a estrutura interna desses nós, ao passo que, à escala do *território contínuo*, que é uma superfície e não um ponto, a estrutura espacial interna precisa ser considerada. Ocorre que, como cada nó de um território descontínuo é, concretamente e à luz de outra escala de análise, uma figura bidimensional, um espaço, ele mesmo um território (uma favela territorializada por uma organização criminosa), temos que cada *território descontínuo é, na realidade, uma rede a articular dois ou mais territórios contínuos.*[9] O modelo gráfico da Figura 3 procura ilustrar este raciocínio.

A complexidade dos territórios-rede, articulando, interiormente a um território descontínuo, vários territórios contínuos, recorda a necessidade de se superar uma outra limitação embutida na concepção clássica de território: a *exclusividade* de um poder em relação a um dado território. Do ponto de vista empírico, isto é, indubitavelmente, banal; onde residiria a dificuldade em aceitar que, superposto ao território nacional e como um subconjunto dele, encontra-se, por exemplo, a área de exercício da competência do poder estadual e, dentro desta, aquela do poder municipal? No entanto, a fixação da Geografia Política clássica no Estado, conduzindo à percepção do território nacional como *o* território por excelência, redundou na cristalização do sentimento, implícito nos discursos, de que territórios são entidades que se justapõem contiguamente, mas não se superpõem, uma vez que para cada território nacional só há um Estado-Nação. Sem dúvida, isto é uma hipersimplificação, imbricada na pobreza conceitual longo tempo imperante. Não apenas o que existe, quase sempre, é uma superposição de diversos territórios, com formas variadas e limites não-coincidentes, como, ainda por cima, podem existir contradições entre as diversas territorialidades, por conta dos atritos e contradições existentes entre os respectivos poderes: o camelô carioca, ator-símbolo da "economia informal", que defen-

[9] PIOLLE (1990-1991) também enfatiza a importância de se refletir sobre as territorialidades caracterizadas por estruturas em rede; ele emprega, contudo, uma expressão a nosso ver pouco feliz: "território deslocalizado" (*territoire délocalisé*). Ora, falar de "território deslocalizado" significa cometer uma *contradictio in adiecto* na esteira de uma charmosa pirueta verbal; o fato de o território-rede estar apenas microlocalmente enraizado de modo mais claro (nos pontos de apoio logístico que são as favelas), com "áreas neutras" e mesmo territórios inimigos interpostos entre dois territórios pertencentes à mesma rede, não nos autoriza a falar de deslocalização, mas sim de *articular dois tipos distintos de territorialidade.*

DUAS ESCALAS DO TRÁFICO DE DROGAS EM UMA METRÓPOLE

EXEMPLO DE TERRITORIALIDADE EM REDE

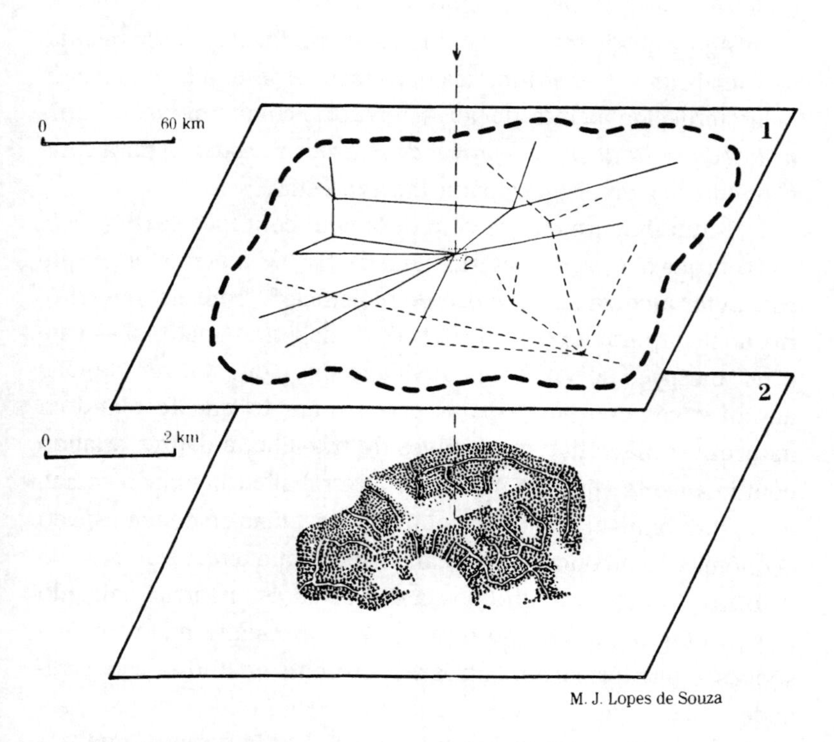

M. J. Lopes de Souza

1 Territórios descontínuos (organizações do tráfico de drogas disputando o mesmo mercado)

— — Área de influência (mercado consumidor) em disputa

2 Território contínuo (favela territorializada por uma organização do tráfico de drogas)

Figura 3

de o seu "ponto" contra concorrentes e mesmo o seu direito de permanecer no local contra a Guarda Municipal, o faz dentro dos limites territoriais do município, do estado e do país — e tanto a prefeitura quanto os governos estadual e federal representam o poder formal, o *Poder*, o Estado.

Agora que já foram examinadas várias facetas dessa realidade social que é o território, fica mais fácil retornar à lacônica definição fornecida na introdução — território como um *espaço definido e delimitado por e a partir de relações de poder* — para complementá-la e precisá-la, aparar-lhe as arestas.

Naturalmente que se concorda aqui com RAFFESTIN (1993: 143) em que o espaço é anterior ao território. Mas acreditamos que este autor incorre no equívoco de "coisificar", "reificar" o território, ao incorporar ao conceito o próprio substrato material — vale dizer, o espaço social.[10] Sem dúvida, sempre que houver homens em interação com um espaço, primeiramente transformando a natureza (espaço natural) através do trabalho, e depois criando continuamente valor ao modificar e retrabalhar o espaço social, estar-se-á também diante de um território, e não só de um espaço econômico: é inconcebível que um espaço que tenha sido alvo de valorização pelo trabalho possa deixar de estar territorializado por alguém. Assim como o poder é onipresente nas relações sociais, o território está, outrossim, presente em toda a espacialidade social — *ao menos enquanto o homem também estiver presente*. Esta última restrição admite ser ilustrada por uma imagem que mostra bem que, se todo território pressupõe um espaço

[10] "Ao se apropriar de um espaço, concreta ou abstratamente (por exemplo, pela representação), o ator 'territorializa' o espaço. [Henri] Lefèbvre mostra muito bem como é o mecanismo para passar do espaço ao território: 'A produção de um espaço, o território nacional, espaço físico, balizado, modificado, transformado pelas redes, circuitos e fluxos que aí se instalam: rodovias, canais, estradas de ferro, circuitos comerciais e bancários, auto-estradas e rotas aéreas etc.' O território, nessa perspectiva, é um espaço onde se projetou um trabalho, seja energia e informação, e que, por conseqüência, revela relações marcadas pelo poder." (RAFFESTIN, 1993: 143-4)

social, nem todo espaço social é um território: pense-se no caso extremo de uma cidade-fantasma, testemunho de uma antiga civilização, outrora fervilhante de vida e mesmo esplendorosa, e hoje reduzida a ruínas esquecidas e cobertas pela selva; essa cidade hipotética, abandonada, não retrocedeu, lógico, à condição de objeto natural, mas ao mesmo tempo "morreu" em termos de dinâmica social, não sendo mais diretamente território de quem quer que seja.

Além disso, RAFFESTIN (1993:144) praticamente reduz *espaço* ao *espaço natural*, enquanto que *território* de fato torna-se, automaticamente, quase que sinônimo de espaço social. Isto empobrece o arsenal conceitual à nossa disposição. Em que pese a sua crítica à unidimensionalidade do poder na Geografia Política clássica, Raffestin não chega a romper com a velha identificação do território com o seu substrato material, ou seja, com aquela espécie de "hipostasiamento" a que se fez alusão no título desta seção. A diferença é que Raffestin não se restringe ao "solo pátrio", ao *Boden* ratzeliano. Essa materialização do território é tanto mais lamentável quando se tem em mente que Raffestin pretendeu desenvolver uma abordagem *relacional* adequada à sua Geografia do poder, entendida de modo frutiferamente mais abrangente do que como uma Geografia do Estado. Ao que parece, Raffestin não explorou suficientemente o veio oferecido por uma abordagem relacional, pois não discerniu que o território *não* é o substrato, o espaço social em si, mas sim um campo de forças, *as relações de poder espacialmente delimitadas e operando, destarte, sobre um substrato referencial.* (Sem sombra de dúvida pode o exercício do poder depender muito diretamente da organização espacial, das formas espaciais; mas aí falamos dos trunfos espaciais da defesa do território, e não do conceito de território em si.)

Além do exemplo anterior sobre uma cidade-fantasma fictícia, também os territórios chamados mais acima de flutuantes ou móveis, por serem os seus limites tão instáveis, mostram perfeitamente o quanto o território, enquanto campo de forças, logicamente existe sobre um espaço, na conta de uma capa invisível deste, mas não devendo, só por isso, ser confundido com o substrato material. (Na verdade, o substrato material a ser territorializado sequer precisa ser o solo, o *Boden*; ele pode sem dúvida ser uma superfície líquida, um *mar territorial*. Em algumas áreas do globo terrestre, como no Caribe, o domínio sobre "territórios marítimos" assume importância vital, dos pontos de vista geopolítico e geoeconômico.) Uma outra situação, oposta à da cidade-fantasma do exemplo hipotético ("desterritorialização" por conta da extinção do grupo social, com o ambiente construído sobrevivendo a este), mas nem por isso menos ilustrativa da diferença objetiva entre substrato espacial e território, é aquela da perpetuação de representações espaciais territorializantes mesmo após a organização espacial original ter se modificado sensivelmente ou entrado em decadência — isto é, aquilo que Guy Di MÉO (1993) qualifica de *ideologia territorial* e *mitos do território*.

Por fim, optou-se por concluir esta seção com uma discussão sobre o significado da palavra *territorialidade*. Há autores que a vêem como alguma coisa parecida com o comportamento espeço-territorial de um grupo social (p.ex., RAFFESTIN, 1993: 158-63; SACK, 1986: 1986: 19 e segs). Tal atitude parece, sob o ângulo do rigor terminológico, pouco justificável, uma vez que já existem expressões e conceitos em número suficiente que apontam para o tipo de relação material ou cognitiva homem/meio, natureza/sociedade — do amplo conceito lefebvriano de produção do espaço (LEFÈBVRE, 1981) até noções escalarmente específicas como identidade regional e regionalismo, passando pelas idéias de "consciência espacial" dos geógrafos alemães (*Raumbewusstsein*) e de "topofilia" de Yi-Fu Tuan (TUAN, 1980). Querendo-se, porém, destacar o conteúdo de "(imperativo de) controle territorial" usualmente presente na palavra territorialidade, é preferível empregar, para designar esse controle, o termo *territorialismo*.[11] Mais produtivo seria, por conseguinte, encarar a territorialidade à semelhança de outros substantivos como brasilidade, sexualidade e tantos mais. A territorialidade, no singular, remeteria a algo extremamente abstrato: aquilo que faz de qualquer território um território, isto é, de acordo com o que se disse há pouco, *relações de poder espacialmente delimitadas e operando sobre um substrato referencial*. As territorialidades, no plural, significam os tipos gerais em que podem ser classificados os territórios conforme suas propriedades, dinâmica etc.: para exemplificar, territórios contínuos e territórios descontínuos singulares são representantes de duas territorialidades distintas, contínua e descontínua. Seja como for, é óbvio que, ao falar de territorialidade, o que o autor deste artigo tem em mente é um certo tipo de interação entre homem e espaço, a qual é, aliás, sempre uma interação entre seres humanos *mediatizada* pelo espaço.[12]

Da autonomia à territorialidade autônoma: revendo e "territorializando" o conceito de desenvolvimento

Do mesmo modo como a idéia de território tem permanecido, no discurso científico, salvo algumas exceções, prisioneira de um certo "estadocentrismo", de uma fixação empobrecedora e direta ou indiretamente legitimatória da figura do Estado, tem igualmente a idéia de *desenvolvimento* sido condenada pelas mais diversas escolas de pensamento e disciplinas (especialmente a Economia e a Sociologia do Desenvolvimento) a endossar o mode-

---

[11] No que concerne ao fato de o territorialismo evocar em muitos autores paralelos entre o comportamento humano e o de outros animais, o autor do presente artigo (aproximando-se de SACK, 1986:24, 216) se recusa a eclipsar o especificamente humano-social, grifando que o territorialismo, longe de ser uma simples questão de instinto, é também uma estratégia.

[12] Isto é muito apropriadamente salientado por RAFFESTIN (1993:160 e segs.).

lo civilizatório ocidental, capitalístico, enquanto paradigma universal.

As idéias de "território" e "desenvolvimento" têm estado, especialmente em um país como o Brasil, em relação de proximidade e mesmo simbiose dentro da matriz comum de valores conservadora, não importando o fato de que grupos diferentes de especialistas se ocupam preferencialmente com um e com outro conceito (geógrafos e geopolíticos, de um lado, e economistas e sociólogos, de outro). Isto é fácil de compreender, pois, assim como o discurso sobre o Estado, a soberania e o "território nacional" se pretende, pela via das idéias-força de "segurança nacional" e "objetivos nacionais permanentes" — para empregar a terminologia consagrada pelo geopolítico Golbery do Couto e SILVA (1981) —, a encarnação máxima da própria filosofia do desenvolvimento nacional, o discurso dos economistas e sociólogos advogados da modernização capitalista não prescinde de uma reflexão (normalmente despolitizada) sobre o "território" (ou, antes, espaço), ainda que reduzido a atributos materiais ou locacionais do substrato espacial: recursos naturais, posição geográfica relativamente a blocos econômicos etc. O Regime de 64 representou um exemplo cabal de complementariedade entre uma concepção tecnocrático-economicista e uma visão geopolítico-militar do desenvolvimento nacional e, nesse contexto, do papel do território. A existência de militares refletindo sobre "desenvolvimento" a partir de uma perspectiva geopolítica, onde a questão da territorialidade foi explicitada, não sendo subsumida por uma análise do espaço enquanto espaço econômico, apenas faz do Regime de 64, todavia, um caso particularmente didático. Na verdade, o território não é simplesmente uma variável estratégica em sentido político-militar; o uso e o controle do território, da mesma maneira que a repartição real de poder, devem ser elevados a um plano de grande relevância também quando da formulação de *estratégias de desenvolvimento sócio-espacial* em sentido amplo, não meramente econômicocapitalístico, isto é, que contribuam para uma maior justiça social e não se limitem a clamar por crescimento econômico e modernização tecnológica.

Expandir conceitualmente a idéia de território e libertá-la de seu ranço ideológico e conservador é, com efeito, uma tarefa que, do ponto de vista do autor do presente escrito, encontra em uma releitura da problemática do "desenvolvimento" uma aplicação das mais meritórias. Tentar-se-á fazer isto a seguir, esboçando-se uma concepção bastante alternativa de desenvolvimento onde a questão de uma *territorialidade autônoma* assume importância capital. Com isto estar-se-á, ao se transcender e criticar o economicismo da já há muitos anos decadente Economia do Desenvolvimento,[13] de modo pertinente realçando as dimensões política e espacial do projeto/processo de desenvolvimento.

Para começar, é altamente significativo — e lamentável — que uma *noção* tão fundamental quanto a de desenvolvimento tenha sido reduzida, ao ser transformada em *conceito científico* pelas diversas disciplinas marcadas pela Epistemologia positivista, esquartejadora da sociedade em partes pretensamente autônomas (economia, política, cultura, espaço, história), em uma idéia tão distante das necessidades mais elementares e do quotidiano dos homens e mulheres comuns. Principie-se pelo"desenvolvimento econômico", para muitos ainda sinônimo de desenvolvimento *tout court*: tendo começado seu pontificado logo após a Segunda Guerra Mundial, nos anos 50, não é senão na década de 70, após o impacto de experiências como a do "milagre brasileiro" de fins dos anos 60 e começo dos anos 70, que os "economistas do desenvolvimento" perceberão que o crescimento não traz, automaticamente, justiça social (expressa, *por exemplo*, pela diminuição gradual dos valores do Índice de Gini relativo à distribuição da renda pessoal). Sem querer responsabilizar um luminar tão sensí-

[13] Vide, a respeito dessa decadência, a análise de HIRSCHMAN, 1986a.

vel como Albert Hirschman pelo aumento das disparidades sociais em um país como o Brasil, fato é que, "deformação" ou não, a metáfora do "bolo" ("é preciso primeiro esperar o bolo crescer, para só então reparti-lo"), atribuída ao ex-ministro da fazenda Antônio Delfim Netto, se apropria de um núcleo concepcional presente na estratégia hirschmaniana do *unbalanced growth.*[14] A estratégia de "redistribuição com crescimento" — *redistribution with growth* (CHENERY *et al.*, 1974) — cometeu, porém, ela mesma um "lapso", só descoberto *a posteriori* por especialistas mais uma vez decepcionados: a saber, o de não notar que não basta identificar grupos-alvo específicos e tentar ulteriormente implementar programas de redistribuição de renda conduzidos de cima para baixo; é necessário compreender que a satisfação das necessidades humanas, dos pobres como de quaisquer seres humanos, inclui também a liberdade, a participação, o acesso à cultura etc., para não mencionar todas as necessidades básicas de tipo mais material (alimentação, vestuário, infra-estrutura de serviços públicos, habitação etc.). Estavam postas, assim, as condições ideológico-culturais no interior da guilda dos economistas para a superação da estratégia *redistribution with growth* por uma outra, presumidamente mais completa, chamada de satisfação de necessidades básicas, incorporada por Walter STÖHR (1981) em sua concepção de um desenvolvimento de baixo para cima (*bottom-up and periphery-inward development paradigm*).

Tão interessante quanto possa ser a análise de Stöhr, sem dúvida muito mais rica que as análises típicas das teorias da modernização e do crescimento dos decênios 50 e 60, ela esbarra, contudo, nos limites ideológicos do autor (liberalismo "de esquerda"), para não falar, também, das constrições epistemológicas que, mesmo neste caso, de rejeição de um economicismo mais

[14] Vale a pena, aliás, tomar conhecimento da autocrítica feita muitos anos depois por Hirschman (HIRSCHMAN, 1986b).

tacanho, continuam a se fazer presentes. Clamar por "participação", por "liberdade" etc., no contexto do modelo civilizatório capitalista,[15] marcado por contradições de classe, por uma fundamental assimetria a separar dominantes e dominados, equivale, no essencial, das duas uma: ou a fazer demagogia política, ou a apontar, na prática, para melhorias cosméticas, sem atentar o suficiente para as barreiras existentes no bojo da sociedade instituída. A consideração da estrutura e da dinâmica essenciais do modelo civilizatório capitalista permite ao analista que ele, sem rodeios, se remeta à questão das condições efetivas do exercício da liberdade e da participação em uma sociedade capitalista, seja ela do "Terceiro" ou do "Primeiro Mundo". A questão inicial é, portanto, uma questão *política*, o que não significa substituir o primado da economia (ou da Economia) pelo da política (ou da Ciência Política): significa, apenas, que, sem que se aborde preliminarmente essa questão, que é a questão do exercício do poder de decidir em uma sociedade (e não apenas no âmbito amesquinhado de um "projeto de desenvolvimento"), o discurso da emancipação cultural, da tecnologia adaptada etc. cairá no vazio.

Abram-se, agora, parênteses, para que se faça referência a uma outra linha ideológica, que não pertence à mesma árvore genealógica da Economia (ou da Sociologia) do Desenvolvimento. Também os analistas de esquerda, majoritariamente marxistas, fracassaram ao não vislumbrar um horizonte material/técnico substancialmente distinto daquele do Ocidente capitalista. Não se

[15] Trata-se de um conceito mais amplo que o conceito marxista de modo de produção, conforme já assinalamos rapidamente em SOUZA (1994b). Um modelo civilizatório não se restringe à economia, às condições materiais de (re)produção em/de uma sociedade, como um modo de produção (deixando de lado, aqui, a tentativa de neomarxistas estruturalistas de incluir no conceito de modo de produção mesmo as duas "instâncias" da "superestrutura", a cultura, vista como "ideologia", e a política, entendida como Estado, o que de resto não deixa de ser uma postura economicista); ele engloba um conjunto da sociedade instituída, e sobretudo o seu imaginário instituído, para usar as expressões de Cornelius CASTORIADIS (1975).

trata, somente, da pressuposição de Marx de que a modernização capitalista seria *em si* positiva para a periferia do sistema, por criar as pré-condições materiais do advento, algum dia, do "socialismo" (vide as suas sempre citadas análises sobre a penetração do capitalismo na Índia); em verdade, Rosa Luxemburgo e Lênin, os dois fundadores da teoria marxista do imperialismo, não só assimilaram essa premissa teórico-ideológica de Marx, como também apontaram para uma tendência de industrialização na periferia como conseqüência da necessária exportação de capitais oriundos dos países centrais na fase do capitalismo monopolista. Tampouco uma posição como a de Andrew Gunder Frank, representante da ala marxista da "Teoria da Dependência", expressa pela célebre (e simplista) fórmula do "desenvolvimento do subdesenvolvimento", a qual atrita com a teoria clássica do imperialismo, renegará a cega fé marxista na positividade das forças produtivas do capitalismo. Na realidade, *nenhum* marxismo coerente irá romper com o comprometimento de sua matriz teórica para com a idéia de modernidade herdada do Iluminismo e exacerbada pela dinâmica do capitalismo histórico (produtivismo, dominação da natureza). Isto não significaria "atualizar" Marx, mas sim abandonar uma parte absolutamente essencial e fundante de seu pensamento (CASTORIADIS, 1975; 1978). Não foi apenas culpa de Stálin o fato de as forças produtivas (e, em boa medida, as próprias relações de produção) na URSS terem sido tão surpreendentemente semelhantes às suas equivalentes ocidentais (apenas normalmente menos avançadas), o que foi ressaltado pela crítica dos pensadores da "Ecologia Política" e, mais aprofundadamente, por CASTORIADIS (1978). Não foram também somente os stalinistas que denominaram de socialistas (ao menos quanto à "base econômica", no caso dos trotskistas) os países do falecido "socialismo real", devido ao fato de que, em tendo, na esteira de uma revolução, extinguido as classes sociais capitalistas e reorganizado as relações de trabalho e poder, eles *só poderiam* ser socialistas. O comprometimento do "socialismo" com o modelo civilizatório capitalista — com seus valores, como o produtivismo — não foi, pelos marxistas que mereceriam essa qualificação, suficientemente compreendido, assim como também não se percebeu que, se o que acabou não foi *a* dominação, mas sim *um tipo de dominação*, também a exploração não teria cessado, mas apenas cambiado de forma, e o "socialismo" não passaria de uma farsa grotesca (CASTORIADIS, 1983).

Diante de tudo isso, eis por que se considera, aqui, como aliás o autor das presentes linhas já havia sublinhado alhures (SOUZA, 1994b), que a idéia de autonomia, discutida de maneira particularmente contundente e fecunda pelo filósofo Cornelius Castoriadis, tem um valor central para uma reconceituação do desenvolvimento. *Autonomia*: esta palavra oriunda do grego, e que designa uma realidade político-social concretizada pela primeira vez através da *pólis* grega, significa, singelamente, o poder de uma coletividade se reger por si própria, por leis próprias:

> "A liberdade numa sociedade autônoma exprime-se por estas duas leis fundamentais: sem participação igualitária na tomada de decisões não haverá execução; sem participação igualitária no estabelecimento da lei, não haverá lei. Uma coletividade autônoma tem por divisa e por autodefinição: nós somos aqueles cuja lei é dar a nós mesmos as nossas próprias leis" (CASTORIADIS, 1983:22).

A autonomia constitui, no entender do autor do presente artigo, a base do desenvolvimento, este encarado como o processo de auto-instituição da sociedade rumo a mais liberdade e menos desigualdade; um processo, não raro doloroso, mas fértil, de discussão livre e "racional" por parte de cada um dos membros da coletividade acerca do sentido e dos fins do viver em sociedade, dos erros e acertos do passado, das metas materiais e espirituais, da verdade e da justiça.

Uma sociedade autônoma é aquela que logra defender e gerir livremente seu território, catalisador de uma identidade cultural e ao mesmo tempo continente de recursos, recursos cuja acessibilidade se dá, potencialmente, de maneira igual para todos. Uma sociedade autônoma não é uma sociedade "sem poder", o que aliás seria impossível (daí, aliás, a dimensão de absurdo do anarquismo clássico). No entanto, indubitavelmente, a plena autonomia é incompatível com a existência de um "Estado" enquanto instância de poder centralizadora e separada do restante da sociedade (CASTORIADIS, 1990). Sobre os alicerces da idéia de autonomia e da compreensão da História como um processo de luta e negociação, aberto à contingência, é possível retirar do termo desenvolvimento não só a sua carga teleológica, historicista (embutida tanto na visão modernizante "burguesa", simbolizada por W. W. Rostow e seus *stages of economic growth*, quanto na escatologia marxista vulgar da sucessão de modos de produção), mas também o seu eurocentrismo (embutido, mais uma vez, tanto nas teorias "burguesas" do desenvolvimento quanto em suas concorrentes marxistas). Afinal, o projeto de autonomia pressupõe também a liberdade para colocar-se a questão do desenvolvimento, ou seja, da transformação *e* da autocrítica na direção de uma justiça social cada vez maior, de modo próprio, singular — ou mesmo para sequer tematizá-la, caso das sociedades indígenas ou "sem história" (ver, sobre esses pontos, SOUZA, 1994b).[16]

Quanto ao território, já se viu que este se define a partir de dois ingredientes, o espaço e o poder. O autor do presente ensaio não crê, por outro lado, que o poder — *qualquer poder* — possa

[16] Está implícito acima que o "desenvolvimento", como processo historicamente aberto de autocrítica tendo por meta a autonomia, a auto-instituição livre da sociedade, é um desafio igualmente para as populações dos países ditos "desenvolvidos", cheios de problemas e prenhes de heteronomia (e, por extensão, nada modelares). Isto, sem dúvida, não equivale a negar a imensidão dos

prescindir de uma base ou de um referencial territorial, por mais rarefeita que seja essa base, por mais indireto ou distante que pareça ser esse referencial. Em se tratando do território e de seu substrato espacial como instrumentos de dominação e mesmo elementos fundamentais de uma estratégia belicosa a serviço de fins políticos, temos, de Sun Tzu até os geopolíticos do século XX — bem como a Michel Foucault, Paul Claval e tantos mais —, passando por Clausewitz e Ratzel, toda uma tradição de perscrutação da "dimensão espacial do poder".[17] Seria, com efeito, por demais repetitivo insistir aqui sobre a relevância instrumental do território, entendendo-se o poder acima de tudo como dominação e Estado — como *heteronomia*. Mas, se se mudar de perspectiva, poder-se-á verificar que também em uma coletividade autônoma, radicalmente democrática, o exercício do poder não é concebível sem territorialidade — sejam os limites externos, as fronteiras espaciais do poder dessa coletividade, sejam as diferenciações internas da sociedade (dos indivíduos às instituições), que im-

---

desafios postos para as sociedades dos países chamados de subdesenvolvidos, entendido aqui o "subdesenvolvimento" essencialmente como uma *caricatura* historicamente gerada em última análise no bojo do processo de formação do sistema mundial capitalista. Outro aspecto é o verdadeiro dilema que o projeto de autonomia coloca: aquelas coletividades, herdeiras do imaginário grego e que colocam ou podem colocar para si este projeto — o "Ocidente", incluindo-se aí a América Latina —, devem saber respeitar o direito de autodeterminação e o universo cultural próprio de outras sociedades, e não apenas das sociedades tribais, sem Estado, mas também daquelas marcadas por uma inegável heteronomia (p. ex., o Islã, com sua brutal dissimetria entre os papéis dos homens e das mulheres).

[17] Nas palavras lapidares de CLAVAL (1979:23), descontando-se o fato de que o que ele chama de "poder puro" é, na verdade, a dominação baseada no uso da força: "O poder puro só é efetivo quando acompanhado de um controle permanente, ou quando força um receio que aumenta a eficiência desse controle. De início, nenhuma preparação psicológica é necessária para exercê-lo: o chefe não tem necessidade de se fazer conhecer, de se fazer amar e de persuadir os dominados de que sua posição é bem fundamentada. (...) O exercício do poder puro supõe, portanto, uma organização particular do espaço: só é possível nos limites de círculos onde todas as partes são igualmente acessíveis àquele que inspeciona e onde as aberturas estão guardadas, de tal modo que os movimentos de entrada e saída são controlados e, se necessário, interditados."

põem territorialidades específicas. Em qualquer circunstância, o território encerra a materialidade que constitui o fundamento mais imediato de sustento econômico e de identificação cultural de um grupo, descontadas as trocas com o exterior. O espaço social, delimitado e apropriado politicamente enquanto território de um grupo, é suporte material da existência e, mais ou menos fortemente, catalisador cultural-simbólico — e, nessa qualidade, indispensável fator de autonomia. Já o geógrafo e anarquista Piotr KROPOTKIN (1904; 1987), contemporâneo de Friedrich Ratzel, focalizara a organização espacial e a territorialidade, contidas em um projeto anti-heterônomo, enfatizando a importância da descentralização espacial como fazendo par com uma superação da divisão entre trabalho manual e intelectual e entre setores econômicos — apanágio de toda uma linha liberal do pensamento econômico, de Smith e Ricardo até as teorias de desenvolvimento regional pós-Segunda Guerra Mundial, onde sempre se grifou a importância da divisão setorial e espacial do trabalho como indicador e fundamento do progresso. (Não vem a pêlo propriamente exumar Kropotkin, filosoficamente embebido no positivismo e no historicismo, embora de resto um personagem bastante simpático; no entanto, cabe lembrar a existência dessa outra linhagem, ideologicamente um antípoda da "linhagem ratzeliana" no que toca à questão da territorialidade e de suas relações com o "desenvolvimento".)

Como é possível, hoje, em meio a uma conjuntura política e ideológica internacional tão avessa a utopias de liberdade, e em um mundo que assiste a uma avassaladora globalização da economia e da cultura, com seu corolário de fortalecimento das grandes empresas e desenraizamento cultural (ORTIZ, 1994), redefinir a questão do desenvolvimento a partir das idéias de autonomia e territorialidade autônoma de maneira, para dizê-lo de forma incisiva, que não seja patética ou quixotesca? Compreender (ou tentar compreender) os limites da liberdade e da justiça social efetivas, enfim, do desenvolvimento social e espacial efetivo em uma sociedade heterônoma, e procurar delinear uma alternativa essencial a essa sociedade, são tarefas necessárias, pois esboçam um *projeto*, um *horizonte* de pensamento/ação. Sem um projeto "radical" (isto é, que vá à raiz das coisas), o que resta é a capitulação ou o cinismo pseudopragmáticos. A dimensão utópica cessa, todavia, de ser lúcida, para tornar-se mero exercício de saber livresco, se, ao descortinar as limitações essenciais do *status quo* e divisar uma alternativa despida de concessões, deixar paralisar o pensamento por um: "nada, afora a plena autonomia, é relevante ou representa avanço democrático e desenvolvimento". A mudança social não deve ser confundida com o assalto ao Palácio de Inverno. Se é certo que as forças de mudança devem contar, cedo ou tarde, com a reação, inclusive violenta, da ordem vigente, autênticos movimentos sociais (referenciados não somente à esfera da produção, mas às questões de gênero e racial, da humanização do espaço urbano etc.) *podem*, de toda sorte, a longo prazo e por efeito cumulativo complexo, provocar alterações dignas de nota, rupturas. Assim, uma luta pontual e, em si, temática e socialmente limitada — o ativismo de bairro, o movimento regionalista que traz contradições de classe em seu interior ou a organização das prostitutas para defenderem seu território e se defenderem contra a truculência de uma polícia corrupta —, *pode* polinizar outras lutas e ajudar a instaurar uma sinergia transformadora; ademais, ela *pode* permitir aos atores uma ampliação de sua margem de manobra contra os efeitos mais alienantes do processo de globalização hoje em curso — o que, dialeticamente, *pode* vir a ser um fator sustentador de um avanço da consciência crítica dos atores e do seu potencial de combate. Portanto: a questão do desenvolvimento, mesmo quando balizada pela plena autonomia como horizonte essencial (e longínquo), se apresenta, sob a forma de pequenos e grandes desafios, quotidianamente e nas mais diferentes escalas, das mais modestas às menos acanhadas. Em todos os casos os atores se verão confrontados com necessidades que passam pela defesa de um território, enquanto expressão da manutenção de um modo de vida, de recursos vitais para a sobrevivência do grupo, de uma identidade ou de liberdade de ação.

Vejamos, para ilustrar, um exemplo retirado da realidade atual das favelas do Rio de Janeiro: a diminuição do espaço de manobra para a conquista da autonomia (e, por extensão, do desenvolvimento) das comunidades faveladas por conta da asfixia política a elas imposta pelas organizações do tráfico de drogas. É claro que antes dessa situação não se podia também falar de autonomia; as favelas eram o que sempre foram: viveiros de mão-de-obra barata espacialmente segregados e culturalmente discriminados pelos privilegiados da sociedade. No entanto, o próprio pacto clientelista revelava muitas vezes a astúcia dos favelados em tirar partido dos oferecimentos dos políticos (vide, a propósito, por exemplo, ZALUAR, 1985). A asfixia das associações de moradores pelo tráfico de drogas representa, apesar do (relativamente modesto) *trickle down* proporcionado pelos lucros do negócio das drogas, muito desigualmente repartidos como em qualquer empreendimento capitalista, um retrocesso para os favelados em termos do espaço de manobra para a conquista da autonomia. "Seu" território não é, atualmente, mais "seu" território, mesmo se carregarmos nas aspas; "seu" território foi usurpado por um grupo específico, que mescla poder (consentimento) e violência para dominar com mão de ferro uma dada coletividade.

É interessante notar que até a própria paisagem pode denunciar a involução determinada por essa territorialização das favelas pelo tráfico de drogas: uma das lideranças comunitárias informais do Morro da Mangueira (mais especificamente da parte chamada Candelária), na cidade do Rio de Janeiro, informou ao autor em entrevista de 23/11/1994 que, desde que o Comando Vermelho assumiu o controle do morro (em fevereiro de 1994), tomando o lugar de um bando independente com raízes no local e de trato mais fácil, a "comunidade", amedrontada e desmotivada, foi cessando de realizar mutirões e de cuidar dos espaços de uso coletivo. O resultado é que a Mangueira, antes bastante limpa, ficou, para empregar as palavras da entrevistada, suja e triste, com aparência de abandonada.[18]

No caso das favelas, como nos demais, a possibilidade de se deter um controle significativo sobre o seu espaço vivido é, para uma coletividade, decisivo. Esse "significativo controle" pode não ser tudo, se se considerá-lo à luz de escalas e exigências mais abrangentes, nem garante ele a plena autonomia e uma efetiva justiça social. Sem ele, porém, falta um requisito indispensável à transformação dos indivíduos em cidadãos e à mobilização por um genuíno desenvolvimento.

A TÍTULO DE CONCLUSÃO

Da introdução e da primeira seção deste trabalho extraiu-se que, assim como o poder não se circunscreve ao Estado nem se confunde com a violência e a dominação (vale dizer, com a heteronomia), da mesma forma o conceito de território deve abarcar infinitamente mais que o território do Estado-Nação. Todo espaço definido e delimitado por e a partir de relações de poder é um território, do quarteirão aterrorizado por uma gangue de jovens até o bloco constituído pelos países-membros da OTAN.

O retrabalhamento do conceito de território aplainou o terreno para a retomada, na segunda seção do trabalho, de uma discussão sobre o conceito de desenvolvimento. A intenção com isso foi a de, na esteira tanto de uma crítica dos critérios usuais de avalia-

[18] Vale a pena, de passagem, atentar para uma diferenciação implícita nesse exemplo: não apenas a territorialização pelo tráfico de drogas em geral, mas sobretudo a territorialização por organizações criminosas cada vez mais poderosas, como o Comando Vermelho (maior organização do tráfico de drogas carioca), que domina muitas favelas e impõe chefes locais estranhos à "comunidade", acarreta dificuldades para os moradores, que tendem a ser menos respeitados.

ção do desenvolvimento, substituindo parâmetros excessivamente estreitos e disciplinares (p.ex., puramente econômicos) ou atrelados a um universo cultural particular (notadamente à modernidade do Ocidente capitalista) pelo princípio da *autonomia*, quanto de uma aceitação do caráter essencial do controle e da gestão territoriais para qualquer organização social (na proporção em que o poder, uma das dimensões sociais fundamentais, não prescinde de referenciais espaciais, seja direta ou indiretamente), argumentar acerca da importância da territorialidade para o processo de desenvolvimento. A territorialidade não é um epifenômeno no contexto da luta por uma maior justiça social e, como horizonte "utópico", pela plena autonomia. Para uma dada coletividade, gerir autonomamente o seu território e autogerir-se são apenas os dois lados de uma mesma moeda, e representam ambos uma *conditio sine qua non* para uma gestão socialmente justa dos recursos contidos no território.

Ao focalizar o controle territorial de modo a ressaltar a sua importância não para o poder heterônomo — servindo o território, inclusive, enquanto construção ou instrumento ideológico ("pátria", "região" etc.), para escamotear conflitos sociais internos a ele —, mas para a autonomia, fugiu-se do padrão corrente de abordagem, que é o de deter-se nos "usos maquiavélicos" do espaço (por meio de reestruturações do ambiente natural ou construído) e do território propriamente dito (através de reestruturações dos limites territoriais e da manipulação ideológica de identidades territoriais). (Aliás, sobre o papel mascarador de contradições desempenhado pelo território e pelas metáforas espaço-territoriais — "país pobre", "interesses brasileiros" etc. —, cumpre chamar a atenção no sentido de que esse é um problema de adequação da escala de análise, e não um defeito intrínseco à dimensão territorial: basta que se encontre uma malha analítica suficientemente fina para se visualizar, dentro de um território envolvente, os grupos sociais específicos, as relações que mantêm entre si e os territórios e territorialidades próprios aos diversos grupos.) Com o breve exame da dimensão territorial do desenvolvimento contido na seção 2 o autor pretendeu, ainda, trazer os aportes propriamente conceituais para um terreno onde se revelasse fortemente a possível utilidade mais profunda de se gastar tanto papel e tinta com o conceito de território. Deveras, a reflexão teórica (e estratégica) sobre o desenvolvimento, que é um dos mais complexos, apaixonantes e polêmicos campos da teoria social *lato sensu*, é simultaneamente uma das áreas onde se mostra com mais nitidez a contribuição do conceito de território para a ciência social.

BIBLIOGRAFIA

ARENDT, Hannah (1985/1969). *Da violência*. Brasília, Editora da Universidade de Brasília.

CASTORIADIS, Cornelius (1975). *L'institution imaginaire de la société*. Paris, Seuil.

____. (1978). Technique. In: Cornelius Castoriadis, *Les carrefours du labyrinthe*. Paris, Seuil.

____. (1983). Introdução: Socialismo e sociedade autônoma. In: Cornelius Castoriadis, *Socialismo ou barbárie*. O conteúdo do socialismo. São Paulo, Brasiliense.

____. (1986a). La *polis* grecque e la création de la démocratie. In: Cornelius Castoriadis, *Domaines de l'homme*. Les carrefours du labyrinthe II. Paris, Seuil.

____. (1986b). Nature et valeur de l'égalité. In: Cornelius Castoriadis, *Domaines de l'homme*. Les carrefours du labyrinthe II. Paris, Seuil.

____. (1990). Pouvoir, politique, autonomie. In: Cornelius Castoriadis, *Le monde morcelé*. Les carrefours du labyrinthe III. Paris, Seuil.

CHENERY, Hollis B. *et al.* (1974). *Redistribution with Growth.* Londres, Oxford University Press.

CLAUSEWITZ, Carl von (1983/1832-4). *De la guerra.* Buenos Aires, Ediciones Solar.

CLAVAL, Paul (1979). *Espaço e poder.* Rio de Janeiro, Zahar.

Di MÉO, Guy (1993). Les territoires de la localité, origine et actualité. *L'Espace Géographique*, nº 4, Paris.

FAUCHER, Daniel. (1982/1941). De los "países" a las regiones. In: Josefina Gómez Mendoza et al. (orgs.). *El pensamiento geográfico.* Estudio interpretativo y antología de textos (De Humboldt a las tendencias radicales). Madri, Alianza Editorial.

FOUCAULT, Michel. (1984). Sobre a Geografia. In: Michel Foucault, *Microfísica do poder.* Rio de Janeiro, Graal, 4ª ed.

GASPAR, Maria Dulce (1985). *Garotas de programa.* Prostituição em Copacabana e identidade social. Rio de Janeiro, Jorge Zahar.

GUATTARI, Félix (1985). Espaço e poder; a criação de territórios na cidade. *Espaço & Debates*, nº 16, São Paulo.

HIRSCHMAN, Alberto O. (1986a). Grandeza e decadência da Economia do Desenvolvimento. In: Albert Hirschman, *A economia como ciência moral e política.* São Paulo, Brasiliense.

____. (1986b). Confissão de um dissidente. Revisitando a *Estratégia do desenvolvimento econômico.* In: Albert Hirschman, *A economia como ciência moral e política.* São Paulo, Brasiliense.

KROPOTKIN, Piotr (1904). *Landwirtschaft, Industrie und Handwerk,* oder: Die Vereinigung von Industrie und Landwirtschaft, geistiger und Körperlicher Arbeit. Berlim, S. Calvary & Co.

____. (1987). Anarquismo. In: Piotr Kropotkin, *Textos escolhidos,* Porto Alegre, L&PM.

LA BLACHE, Paul Vidal de (1982/1889). Las divisiones fundamentales del territorio francés. In: Josefina Gómez Mendoza et al. (orgs.). *El pensamiento geográfico.* Estudio interpretativo y antología de textos (De Humboldt a las tendencias radicales). Madri, Alianza Editorial.

LACOSTE, Yves (1988). *A Geografia — Isso serve, em primeiro lugar, para fazer a guerra.* São Paulo, Papirus.

LEFÈBVRE, Henri (1981). *La production de l'espace.* Paris, Anthropos.

MACHADO, Mônica Sampaio (1992). *A territorialidade pentecostal: um estudo de caso em Niterói*. Tese de Mestrado defendida no Departamento de Geografia da UFRJ.

MALUSCHKE, Günther (1991). Macht/Machttheorien. In: Dieter Nohlen (org.), *Wörterbuch Staat und Politik*. Bonn, Bundeszentrale für politische Bildung.

MATTOS, Rogério B. de & RIBEIRO, Miguel Ângelo C. (1994). *Territórios da prostituição nos espaços públicos da Área Central do Rio de Janeiro*. Mimeo.

ORTIZ, Renato (1994). *Mundialização e cultura*. São Paulo, Brasiliense

PERLONGHER, Néstor O. (1987). *O negócio do michê* — A prostituição viril em São Paulo. São Paulo, Brasiliense.

PIOLLE, Xavier (1990-1991). Proximité géographique et lien social, des nouvelles formes de territorialité? *L'espace géographique*, n.º 4, Paris

POULANTZAS, Nicos (1985). *O Estado, o poder, o socialismo*. Rio de Janeiro, Graal, 2.ª ed.

RAFFESTIN, Claude (1993). *Por uma Geografia do poder*. São Paulo, Ática.

RATZEL, Friedrich (1974/1897). *Politische Geographie*. Osnabrück, Otto Zeller Verlag.

_____. (1982/1898-99). El territorio, la sociedad y el Estado. In: Josefina Gómez Mendoza et al. (orgs.), *El pensamiento geográfico*. Estudio interpretativo y antología de textos (De Humboldt a las tendencias radicales). Madri, Alianza Editorial.

SACK, Robert D. (1986). *Human Territoriality* — Its Theory and History Cambridge, Cambridge University Press.

SILVA, Golbery do Couto e (1981). *Conjuntura política nacional — O Poder Executivo & Geopolítica do Brasil*. Rio de Janeiro, José Olympio, 2.ª ed.

SOUZA, Marcelo José Lopes de (1989). O bairro contemporâneo: ensaio de abordagem política. *Revista Brasileira de Geografia*, 51(2). Rio de Janeiro.

_____. (1994a). *O narcotráfico no Rio de Janeiro, sua territorialidade e a dialética entre "ordem" e "desordem"*. No prelo.

_____. (1994b). O subdesenvolvimento das teorias do desenvolvimento. *Princípios*, n.º 35, São Paulo.

STÖHR, Walter B. (1981). Development from Below: The Bottom-Up and Periphery-Inward Development Paradigm. In: Walter B. Stöhr & D. R. Fraser Taylor (orgs.), *Development from Above or Below?* The Dialetics of Regional Planning in Developing Countries. Chichester e ou-tros lugares, John Wiley and Sons.

SUN TZU (s.d./aprox. 500 a.C.). *A arte da guerra*. Mira-Sintra, Publicações Europa-América.

TUAN, Yi-Fu (1980). *Topofilia*. Um estudo da percepção, atitudes e valores do meio ambiente. São Paulo, DIFEL.

ZALUAR, Alba (1985). *A máquina e a revolta*. As organizações populares e o significado da pobreza. São Paulo, Brasiliense.

_____. (1994). As classes populares urbanas e a lógica do "ferro" e do fumo. In: Alba Zaluar, *Condomínio do Diabo*. Rio de Janeiro, Editora Revan/Editora da UFRJ.

O PROBLEMA DA ESCALA

Iná Elias de Castro
Professora do Departamento de Geografia, UFRJ

INTRODUÇÃO

De uso tão antigo como a própria geografia, o termo escala encontra-se de tal modo incorporado ao vocabulário e ao imaginário geográficos que qualquer discussão a seu respeito parece desprovida de sentido, ou mesmo de utilidade. Como recurso matemático fundamental da cartografia a escala é, e sempre foi, uma fração que indica a relação entre as medidas do real e aquelas da sua representação gráfica. Porém, a conceituação de escala, como esta relação apenas, é cada vez mais insatisfatória, tendo em vista as possibilidades de reflexão que o termo pode adquirir, desde que liberto de uma perspectiva puramente matemática. Na geografia, o raciocínio analógico entre escalas cartográfica e geográfica dificultou a problematização do conceito, uma vez que a primeira satisfazia plenamente às necessidades empíricas da segunda. Nas últimas décadas, porém, exigências teóricas e conceituais impuseram-se a todos os campos da geografia, e o problema da escala, embora ainda pouco discutido, começa a ir além de uma medida de proporção da representação gráfica do território, ganhando novos contornos para expressar a representação dos diferentes modos de percepção e de concepção do real.

O objetivo desde texto é retomar a discussão sobre o conceito de escala, ultrapassando os limites da analogia geográfico-cartográfica e colocando em pauta as suas possibilidades diante de novos níveis de abstração e de objetivação. Para isto, a escala será problematizada como uma estratégia de aproximação do real, que inclui tanto a inseparabilidade entre tamanho e fenômeno, o que a define como problema dimensional, como a complexidade dos fenômenos e a impossibilidade de apreendê-los diretamente, o que a coloca como um problema também fenomenal.

A abordagem geográfica do real enfrenta o problema básico do tamanho, que varia do espaço local ao planetário. Esta variação de tamanhos e de problemas não é prerrogativa da geografia. Os gregos já afirmavam que, quando o tamanho muda, as coisas mudam: a arquitetura, a física, a biologia, a geomorfologia, a geologia, além de outras disciplinas, enfrentam esta mesma situação. Recentemente, as descobertas de microfísica e da microbiologia colocaram em evidência que na relação entre fenômeno e tamanho não se transferem leis de um tamanho a outro sem problemas, e isto é válido para qualquer disciplina.

A solução cartográfica, amplamente utilizada na geografia, está longe de esgotar as possibilidades do conceito. Reduzir escala a tamanho é um truísmo que pressupõe o problema imediato de representar, que pode ir, teoricamente, da escala 1:1 do conto de Jorge Luís Borges até uma redução que permite colocar o mundo numa pequena ilustração de um canto de página. O empirismo geográfico satisfez-se, durante muito tempo, com a objetividade geométrica associando a escala geográfica à cartográfica, integrando analiticamente, com base nesta associação, problemas independentes como níveis de análise, níveis de conceituação, níveis de intervenção e níveis de realidade à noção da escala. Tudo reduzia-se e solucionava-se nas diferentes representações cartográficas, confundindo-se a escala fração com a escala extensão, tomando-se o mapa pelo terreno. Para BRUNET *et al.* (1993), por causa desta confusão, o geógrafo tem dificuldade em se fazer entender quando utiliza os termos "grande" e "pequena" escala para designar superfícies de tamanho inverso a estes qualificativos. Referir-se ao local como grande escala e ao mundo como pequena escala é utilizar a fração como base descritiva e analítica, quando ela é apenas um instrumental.

Trata-se na realidade de um termo polissêmico que significa na geografia tanto a fração de divisão de uma superfície representada, como também um indicador do tamanho do espaço considerado, neste caso uma classificação das ordens de grandeza; em algumas disciplinas específicas, muitas outras significações remetem ao sentido de medida do fenômeno. Esta última acepção, de forte valor empírico, assim como a escala cartográfica, supõe uma progressão linear de aproximação, uma régua de valores crescentes e proporcionais, como num termômetro, num barômetro, etc. Embora estas acepções sejam necessárias e adequadas aos problemas aos quais elas se propõem mensurar, a complexidade do espaço geográfico e as diferentes dimensões e medidas dos fenômenos sócio-espaciais exigem maior nível de abstração. É o que nos propomos demonstrar.

A discussão que se segue está dividida em três partes: a primeria apresenta, a partir da própria geografia, as dificuldades que o raciocínio analógico entre as escalas cartográfica e geográfica estabeleceram na utilização do conceito para abordar a complexidade dos fenômenos espaciais e as tentativas de ir além dessas limitações. Apesar da pouca discussão do tema na disciplina, há tentativas importantes que devem ser analisadas.

O segundo trata da escala como um problema metodológico essencial para a compreensão do sentido e da visibilidade dos fenômenos numa perspectiva espacial. A escala como questão introduz a necessidade de coerência entre o percebido e o concebido, pois cada escala só faz indicar o campo da referência no qual existe a pertinência de um fenômeno (BOUDON, 1991). O problema central nesta perspectiva é a exigência tanto de um nível de abstração como de alguma forma de mensuração, inerentes à representação dos fenômenos. Nesse sentido, a escala permite tratar a questão da pertinência da medida em relação a um espaço de referência, constituindo um modo de aproximação do real, uma maneira de contemplar o mundo e de torná-lo visível, indicando propriedades métricas, ou "escaláveis", das imagens fundadas na emergência dos fenômenos (MOLES, 1995).

A terceira, conclusiva, propõe discutir a escala como uma estratégia de apreensão da realidade, que define o campo empírico da pesquisa, ou seja, os fenômenos que dão sentido ao recorte espacial objetivado. Embora este seja passível de representação cartográfica, os níveis de abstração para a representação que confere visibilidade ao real são completamente diferentes da objetividade da representação gráfica — mapa — deste mesmo real, que pode ser o lugar, a região, o território nacional, o mundo.

O problema da escala na geografia

A análise geográfica dos fenômenos requer objetivar os espaços na escala em que eles são percebidos. Este pode ser um enunciado ou um ponto de partida para considerar, de modo explícito ou subsumido, que o fenômeno observado, articulado a uma determinada escala, ganha um sentido particular. Esta consideração poderia ser absolutamente banal se a prática geográfica não tratasse a escala a partir de um raciocínio analógico com a cartografia, cuja representação de um real reduzido se faz a partir de um raciocínio matemático. Este, que possibilita a operação, através da qual a escala dá visibilidade ao espaço mediante sua representação, muitas vezes se impõe, substituindo o próprio fenômeno. É verdade que para os geógrafos as perspectivas da grande e da pequena escala ainda se fazem por analogia àquelas dos mapas, fruto da confusão entre os raciocínios espacial e matemático, ou como afirma BRUNET (1992), tomando o mapa pelo território.

O problema do tamanho é, na realidade, intrínseco à análise espacial e os recortes escolhidos são aqueles dos fenômenos que são privilegiados por ela. Na geografia humana os recortes utilizados têm sido o lugar (e seus diversos desdobramentos — cidade, bairro, rua, aldeia etc.), a região, a nação e o mundo. Na geografia física os recortes não são necessariamente estes. Na geomorfologia, por exemplo, são aqueles das ordens de grandeza espaço-temporal diferenciadas para os fenômenos a serem estudados, na climatologia a escala pertinente é basicamente continental ou planetária. Portanto, tão importante como saber que as coisas mudam com o tamanho, é saber exatamente o que muda e como.

É preciso ser justo. A escala enquanto problema epistemológico e metodológico tem sido tema de reflexão de alguns geógrafos, embora em número menor do que seria esperado, tendo em vista sua importância para a compreensão da essência de algumas questões com as quais se defrontam os estudiosos da organização espacial.

Discutindo a escala como um problema crucial na geografia, LACOSTE (1976) explicitou que diferenças de tamanho da superfície implicavam em diferenças quantitativas e qualitativas dos fenômenos. Para ele, a complexidade das configurações do espaço terrestre decorre das múltiplas interseções entre as configurações precisas destes diferentes fenômenos e que a sua visibilidade depende da escala cartográfica de representação adequada. Pois "*a realidade aparece diferente de acordo com a escala dos mapas, de acordo com os níveis de análise*" (LACOSTE, 1976, p. 61).

Algumas expressões importantes são introduzidas pelo autor em sua discussão: *conjuntos espaciais*, "definidos por elementos e suas relações, mas também pelo traçado preciso de seus contornos cartográficos particulares, (que) fornecem um conhecimento extremamente parcial da realidade"; *ordem de grandeza* que significa dimensão, tamanho; *nível de análise*, que significa o recorte sob investigação; *espaço de concepção*, que seria o recorte — nível de análise — no qual se define o problema a ser investigado, ou seja, o *nível de concepção*. Na realidade, trata-se de tentar buscar o espaço de visibilidade dos fenômenos escolhidos a partir da perspectiva de que "à mudança de escala corresponde uma mudança do nível de análise e deveria corresponder uma mudança no nível de concepção" (LACOSTE, 1976, p. 62).

O problema metodológico levantado é, sem dúvida, pertinente, embora sua solução não tenha ido além do estabelecimento de sete ordens de grandeza, que segundo ele "*classificam as diferentes categorias de conjuntos espaciais, não em função das escalas de representação, mas em função de seus diferentes tamanhos na realidade*" (LACOSTE, 1976, p. 68), ou seja, são estabelecidos, empiricamente, espaços prévios de análise e de concepção, mapeáveis segundo critérios amplamente conhecidos e recortados a partir de fenômenos tradicionalmente estudados na geografia. Além disso, ao tentar separar as acepções de escala, nível de análise e espaços de concepção, indicando o "delicado problema" que cada uma representa, o autor voltou ao ponto de partida, isto é, à idéia fundamental de que a escala é uma medida de superfície. O problema é realmente delicado e a tentativa de separar conceitualmente o que metodologicamente é integrado tornou o problema não apenas delicado como insolúvel, como ficou demonstrado com as sete ordens de grandeza definidas.

Há outras dificuldades na proposta de Lacoste, embora ressaltando que a escala é um dos problemas epistemológicos primordiais da geografia, o uso do termo escala apenas como medida de proporção entre a realidade e sua representação, indica um raciocínio fortemente analógico com a escala cartográfica, e o paralelismo estabelecido entre níveis de análise e recortes espaciais limita o conceito de escala às medidas de representação cartográfica. A idéia de nível de análise como definidora de escala nos parece aqui problemática. O termo nível possui um outro complicador particular por que ele subsume um sentido de hierarquia, que, como veremos mais adiante, foi profundamente danoso para as diversas abordagens do espaço geográfico. Se o "nível de análise", supõe como, aliás, a palavra indica, aprofundamento maior ou menor do conhecimento, este pode ser variável, independente da escala.

A escala é, na realidade, a medida que confere visibilidade ao fenômeno. Ela não define, portanto, o nível de análise, nem pode ser confundida com ele, estas são noções independentes conceitual e empiricamente. Em síntese, a escala só é um problema epistemológico enquanto definidora de espaços de pertinência da medida dos fenômenos, porque enquanto medida de proporção ela é um problema matemático. Ao definir *a priori* as ordens de grandeza significativas para análise, Lacoste aprisionou o conceito de escala e transformou-o numa fórmula prévia, aliás já bastante utilizada, para recortar o espaço geográfico. Sua reflexão sobre a escala, apesar de oportuna e importante, introduziu um truísmo, ou seja, o tamanho na relação entre o território e a sua representação cartográfica.

Buscando ir além da prisão da representação no conceito da escala, GRATALOUP (1979) discute o que ele chama de "escala geográfica tradicional" e de "escala conceitual". Na primeira ele ressalta o conteúdo empírico e as dificuldades de traçar os limites entre as escalas, problema que a solução cartográfica não foi capaz de resolver; na segunda ele explicita sua proposta para a questão. Seu objeto real de investigação é o espaço social, ou seja, o modo de existência espacial das sociedades, que ele considera uma hierarquia de níveis, cada um correspondendo a uma estrutura precisa no sistema do espaço social estudado. Em sua análise só a lógica dos fenômenos estudados deve contar, trata-se aqui de uma "escala lógica" que ele contrapõe à escala espacial, estabelecendo como questão-chave da geografia a articulação entre ambas.

Na tentativa de libertar a noção de escala da cartografia o autor procura colocar o mapa no seu devido lugar, apontando o fato de que todo mapeamento é sempre empírico e que o mapa não passa por um estágio conceitual, ou seja, "*todo mapa (e então toda a leitura de mapa) não é estritamente geográfica, refere-se ao mapeamento de fenômenos apenas para localizá-los*" e a geografia não se reduz ao estudo das localizações (GRATALOUP, 1979, p. 77). Por trás da idéia de escala lógica *versus* escala espacial encontra-se o problema das duas abordagens da geografia atual: a perspectiva das ciências sociais e o recorte empírico do espaço. "*A resolução da relação passa pela elaboração de um sistema explicativo do espaço de uma sociedade, de uma escala espacial social, de uma verdadeira escala geográfica*" (GRATALOUP, 1979 p. 77).

Na realidade, este autor define a escala geográfica como uma hierarquia de níveis de análise do espaço social, que pode ser concebido como um encaixamento de estruturas, esclarecendo, porém, que nem toda área é uma estrutura. O conceito é criado a partir da crítica à empiria cartográfica e aos supostos fenomenológicos da "escala subjetiva" da geografia humanista, buscando articular a necessidade empírica dos recortes espaciais com a fidelidade ao paradigma do materialismo histórico, ou seja, das relações sociais de produção. Aqui temos um problema. A acepção de nível como estrutura e a sua afirmação de que nem toda área é uma estrutura permitiram-lhe afirmar que áreas homogêneas não constituem um nível de análise, ou seja, "*nada se explica à escala homogênea, por exemplo, à escala regional...*" Como ele indica desde o início uma hierarquia de níveis, o próprio estado nacional pode ser percebido como um nível homogêneo, numa perspectiva planetária, ou seja, nesta escala este seria o regional. Ele apontou a contradição mas não a solucionou, sua prisão original do paradigma totalizante do materialismo histórico foi mais forte.

Em seu objetivo, não de definir toda a escala do espaço social, mas de precisar os preâmbulos teóricos necessários a esta elaboração, o autor aponta para a necessidade de não querer ir além das reais possibilidades da escala cartográfica e para a ambigüidade das palavras *nível* e *escala*. Ou seja, as contradições e paradoxos com os quais ele se defronta ao longo de sua argumentação não são solucionados com seus supostos conceituais, mas têm o mérito de sacudir o uso acomodado de determinados termos. No entanto, em sua perspectiva a escala geográfica continuou sendo percebida como um nível de análise de fenômenos sociais, cuja referência analítica não é nessariamente o espaço, o que não confere significância, em sua lógica de ocorrência, a quaisquer recortes espaciais; além do problema de deixar de fora do escopo analítico da geografia segmentos importantes do espaço, como os espaços regionais ou mesmo os espaços do cotidiano da geografia humanista, que, se não cabem em algumas estruturas conceituais, impõem-se a partir da realidade da sua existência.

Outros autores como RACINE, RAFFESTIN e RUFFY (1983) também destacam a inconveniência da analogia entre as escalas cartográfica e geográfica. Para eles este problema existe porque a geografia não dispõe de um conceito próprio de escala e adotou o conceito cartográfico, embora não seja evidente que este lhe seja apropriado, pois a escala cartográfica exprime a representação do espaço como forma geométrica, enquanto a escala geográfica exprime a representação das relações que as sociedades mantêm com esta forma geométrica. Os autores apontam algumas fontes de ambigüidades importantes, ligadas à confusão entre escalas geográfica e cartográficas e à falta de um conceito próprio de escala na geografia.

O primeiro problema crucial apontado refere-se à distribuição dos fenômenos, cuja natureza se altera de acordo com as escalas de observação, tanto cartográfica como geográfica, sendo a conseqüência mais importante a tendência ao crescimento da homogeneidade na razão inversa da escala. Os autores apontam a questão da previsibilidade das modificações na natureza ou nas medidas de dispersão quando se passa de uma escala a outra. Como resposta eles ressaltam a tendência à homogeneidade dos fenômenos observados na pequena escala e a heterogeneidade dos fenômenos na grande escala, além da dificuldade analítica e conceitual dos geógrafos quando não consideram esta diferença. Exemplificando, eles declaram que "*cada um a seu jeito, os geógrafos behavioristas e os marxistas baseiam seus estudos dos processos na escolha de escalas geográficas diferentes, sem que infelizmente seja explicitada, pelo menos na maioria dos casos, essa distinção fundamental entre escala cartográfica e geográfica*" (RACINE *et al.*, 1983, p. 125). A conseqüência mais flagrante do privilégio de uma escala de concepção em detrimento de outras é o aprisionamento do espaço da empiria a uma estrutura conceitual que nem sempre lhe é adequada. Um exemplo da pertinência desta crítica é o trabalho analisado acima. Voltaremos a este ponto na terceira parte deste texto.

Outra reflexão dos autores refere-se ao papel da escala como mediadora da pertinência da ligação entre a unidade de observação e o atributo a ela associado, muitas vezes ignorada pelos geógrafos. Estes adquiriram o hábito de postular que todos os comportamentos que eles estudam, todas as ocorrências que observam, medem e correlacionam, se manisfestam praticamente numa só escala.

Para os autores, ao contrário, há variação de atributos dos fenômenos da grande e pequena escala. Assim, a informação factual, os dados individuais ou desagregados, os fenômenos manifestos, a tendência à heterogeneidade, a valorização do vivido são abributos dos fenômenos observados na grande escala, enquanto a informação estruturante, os dados agregados, os fenômenos latentes, a tendência à homogeneização e valorização do organizado são atributos dos fenômenos observados na pequena escala. Homogeneidade e heterogeneidade resultam da perspectiva de observação, fruto de uma escolha, que deve ser consciente e explicitada.

Em função das especificidades dos fenômenos em relação às escalas de observação e de conceituação há o problema, também apontado pelos autores, de inferências que se tornam falaciosas quando transferem situações de uma escala à outra, pois eles consideram que as coordenadas necessárias à localização dos eventos modificam-se de acordo com a escala em que são analisados.

Partindo do princípio de que a escala é uma problemática geográfica específica e deve ser pensada enquanto tal, como aliás fizeram os arquitetos para a arquitetura, que analisaremos na segunda parte, os autores trouxeram ainda outra contribuição importante ao demonstrar que a escala é um "processo de esquecimento coerente" — idéia semelhante à de BOUDON (1991) quando afirma ser a escala uma estratégia de apreensão da realidade — pela impossibilidade de apreendê-la *in totum*. Neste ponto eles acrescentam uma noção fundamental sobre a escala enquanto mediadora entre intenção e ação, o que aponta o componente de poder no domínio da escala, especialmente nas decisões do estado sobre o território. Porém, quando os autores se propõem a ir mais longe nesta reflexão associando o conceito de escala ao conceito de dimensão de um fenômeno, reduzem o fenômeno à medida, resolvendo o problema fenomenal no dimensional. Na realidade, todo fenômeno tem uma dimensão de ocorrência, de observação e de análise mais apropriada. A escala é também uma medida, mas não necessariamente do fenômeno, mas aquela escolhida para melhor observá-lo, dimensioná-lo e mensurá-lo. Não é possível, portanto, confundir a escala, medida arbitrária, com a dimensão do que é observado.

Discutindo questões metodológicas da geografia, ISNARD, RACINE e REYMOND (1981) retomam a idéia de mediação entre intenção e ação, como componente de poder no domínio da escala, e vão além dos autores anteriores quando ressaltam a sua importância para a compreensão dos papéis desempenhados pelos diferentes agentes de produção do espaço como "*as classes, frações e grupos de classe*". Sua discussão chama atenção para os rebatimentos espaciais específicos das ideologias e das ações de atores públicos e privados, além de colocarem a questão das escalas dos impactos ideológicos desses autores. A contribuição de sua análise está, entre outras, em trazer para a agenda geográfica as diferentes escalas de possibilidades de conseqüências do processo decisório. Ou seja, para os autores, em qualquer abordagem, quando se trata de estudar a distribuição de poder entre os diversos grupos da sociedade, impõe-se o recurso a uma problemática do poder, de influência e de análise dos processos de tomada de decisão nas escalas adequadas. Sua contribuição é evidente, pois indica a espacialidade do processo decisório em diferentes escalas, não sendo possível, portanto, inferir o domínio sobre fatos de uma escala para outra. Esta perspectiva tem conseqüências imediatas quando o objeto do estudo é a territorialidade do poder e aponta a necessidade de diferenciar as suas características em escalas diferentes, ou seja, a pertinência da medida deve ser, mais que nunca, considerada.

Os autores explicitam, também, as dificuldades que envolvem a escala como problema metodológico, aliás uma posição recorrente para os que se propõem a enfrentar a questão da escala na geografia:

> "Aprender a lidar com as escalas é uma ambição louvável. Ainda será preciso fazer um enorme esforço de concepção que permita de uma parte definir os diferentes níveis escalares no seio dos quais as atividades que nos interessam se inscrevem, e que, por outro lado, permita traduzir atitudes em uma escala, explicitando

ao mesmo tempo sua contrapartida em uma outra escala" (ISNARD *et al.*, p. 154).

Em suas conclusões os autores apontam o problema da "*fraqueza dos meios operatórios da geografia, quando se trata de ultrapassar a concepção de uma problemática para apreender o mundo da empiria*", sendo esta uma dificuldade de base para definir um conceito operatório de escala. Ou seja, esta é ainda uma questão sem resposta satisfatória.

A discussão acima não esgota, longe disso, as referências à escala na geografia, porém reuniu as preocupações conceituais e metodológicas mais consistentes sobre o tema. Algumas questões recorrentes surgiram: a escassez bibliográfica sobre o assunto; a geografia não dispõe de um conceito próprio de escala; há poucos autores que se preocupam com a escala como um problema metodológico essencial; a escala como problema metodológico na geografia é difícil e requer ainda grande esforço de reflexão e de abstração.

A escala como problema epistemológico

A palavra *escala* é freqüentemente utilizada para designar uma relação de proporção entre objetos (ou superfícies) e sua representação em mapas, maquetes e desenhos, e indica o conjunto infinito de possibilidades de representação do real, complexo, multifacetado e multidimensional, constituindo um modo necessário para abordá-lo. A prática de selecionar partes do real é tão banalizada que oculta a complexidade conceitual que esta mesma prática apresenta. Como não se trata apenas de tamanho ou de representação gráfica, é preciso ultrapassar estes limites para enfrentar o desafio epistemológico que o termo escala e a abordagem necessariamente fragmentada do real colocam.

Como proposições iniciais então é preciso, primeiro, ultrapassar a idéia de que escala se esgota como projeção gráfica, segundo, pensar a escala como uma aproximação do real, com todas as dificuldades que esta proposição contém.

A noção de escala inclui tanto a relação como a inseparabilidade entre tamanho e fenômeno. Os experimentos científicos, obrigados a lidar com objetos, fenômenos e efeitos em escalas cada vez mais micro e cada vez mais macro, conduzem a reflexões sobre as possibilidades e limites de leis que regem fenômenos observados numa mesma escala para fenômenos em outra escala (ULLMO, 1969). Esta constatação aponta para uma conseqüência mais ampla, que é a dificuldade hoje de se aceitar uma lei geral e imutável explicativa do universo. O microcosmo subverteu o bem estruturado edifício newtoniano, apoiado no cosmos e no seu movimento imutável, atemporal, previsível, ou seja, preciso como uma máquina perfeita (MORIN, 1990).

Os avanços da ciência moderna, portanto, especialmente a partir das descobertas dos microfenômenos na física, na termodinâmica e na biologia, permitiram algumas constatações fundamentais à escala como questão metodológica.

É cada vez mais evidente que a escala é um problema não apenas dimensional, mas também, e profundamente, fenomenal, o que implica importantes conseqüências no desenvolvimento mesmo da ciência moderna. PRIGOGINE e STENGERS (1986) discutindo os limites do paradigma clássico da ciência newtoniana afirmam que, depois da idade clássica, o universo físico aberto às pesquisas explodiu em suas dimensões, sendo possível hoje estudar tanto as partículas elementares como os sinais vindos do universo. O conhecimento, na verdade cheio de lacunas, abrange fenômenos cujos extremos estão separados por uma diferença de escala da ordem de quarenta potências de 10. A extensão dos limites do universo trouxe outras conseqüências. Primeiro, a estabilidade do movimento dos astros, a observação e o cálculo do seu retorno periódico sempre ao mesmo lugar, que foi uma das mais antigas fontes de inspiração da ciência clássica, passou a ser confrontada pelas partículas elementares que se transformam, que colidem, que se decompõem e nascem. Segundo, o tempo, uma referência da biologia, geologia, ciência sociais, penetrou também no nível fundamental e cosmológico, de onde ele era excluído a favor de uma lei eterna. Em síntese, a lei universal de Newton não consegue explicar tudo neste universo ampliado porque seu mecanismo de base não é transferível da escala macroscópica àquela microscópica.

A escala é, portanto, um problema colocado para o pensamento científico moderno. Para ULLMO "*a hierarquia dos seres científicos confere todo o sentido à noção de escala dos fenômenos, noção corrente que temos utilizado sem defini-la precisamente, mas que merece atenção*" (1969, p. 72). Para ele, a escala se define tanto quando são selecionados os instrumentos utilizados nas experiências de fenômenos microscópicos, como nos sentidos do observador de fenômenos macroscópicos. Um mesmo fenômeno, observado por instrumentos e escalas diferentes, mostrará aspectos diferenciados em cada uma. "*Colocar-se numa determinada escala é (...) renunciar e perceber tudo que se passa na escala inferior*"(*Op. cit.*, p. 73).

O autor contribui ainda com a noção de "ordem de grandeza" dos fenômenos (tomada posteriormente por Lacoste para definir os recortes espaciais da geografia) como ponto de partida operatório adequado às diferenças de escala, acrescentando a proposição de que a escala de observação cria o fenômeno. Na realidade, o que é visível no fenômeno e que possibilita sua mensuração, análise e explicação depende da escala de observação.

Também LEVY-LEBLOND (1991), respondendo a questões sobre mecânica quântica, afirma que com o desenvolvimento da física atômica, tomou-se consciência de que os objetos à escala atômica (os elétrons, os prótons, os núcleos) tinham um comportamento muito diferenciado daquele dos objetos que nós experimentamos na escala macroscópica.

A discussão da escala como problema metodológico não se limita às ciências "duras". Em sendo também um problema epistemológico, a reflexão sobre a escala pode ser encontrada na filosofia, com Merleau-Ponty, na arquitetura, cuja perspectiva incorpora o problema da escala, além de, "*espace oblige*", na geografia.

Refletindo sobre as dificuldades de aproximação do real, MERLEAU-PONTY (1964) indica que há nesta aproximação uma fragmentação apenas perceptiva, na qual cada objeto percebido possui o mesmo valor, porque cada um faz parte do conjunto do qual ele se destaca, apenas como uma projeção particular. Sua noção de escala remete ao real e à sua representação, que se faz, necessariamente, a partir de relações de grandezas visíveis de uma mesma realidade. Assim, para o filósofo, a escala é uma noção que supõe projetividade, ou seja, um conjunto de configurações, uma sendo projeção da outra, mas que conservam suas relações harmônicas. Nas suas palavras, imaginamos um ser em si que aparece transportado de acordo com uma relação de grandeza, de modo que suas representações em diferentes escalas são diversos quadros visuais do mesmo em si.

A importância da sua noção de projetividade está em indicar que não há hierarquia entre macro e microfenômenos. Estes não são projeções mais ou menos aumentadas de um real em si, pois o real está projetado em cada um deles. "*O conteúdo de minha percepção, microfenômeno, e a vista à grande escala dos fenômenos-envelope não são duas projeções do em si: o ser é seu alicerce comum*" (MERLEAU-PONTY, 1964, p. 280).

Até aqui, três pressupostos podem então ser estabelecidos: 1) não há escala mais ou menos válida, a realidade está contida em todas elas; 2) a escala da percepção é sempre ao nível do fenômeno percebido e concebido. Para a filosofia este seria o macrofenômeno, aquele que dispensa instrumentos; 3) a escala não fragmenta o real, apenas permite a sua apreensão.

A questão da escala remete tanto à percepção do real nos diversos "tableaux visuels" de Merleau-Ponty, como também ao significado da escolha e do conteúdo de cada "tableau". Aqui entramos numa problemática cara às ciências do espaço — geografia, arquitetura — e as que estudam os processos físicos e biológicos no espaço. As projeções do real e o conteúdo de cada uma ultrapassam, portanto, as possibilidades explicativas e a simplicidade operacional da escala gráfica. A questão que se coloca refere-se ao significado próprio do que se torna visível a uma determinada escala, e o seu significado em relação ao que permanece invisível (também as noções de visível e invisível aqui subsumidas devem ser remetidas a Merleau-Ponty). Neste sentido, o que importa é a percepção resultante, na qual o real é presente. A escala é portanto o artifício analítico que dá visibilidade ao real.

Na arquitetura a escala tem sido a questão epistemológica por excelência para BOUDON (1991, p. 186) que, bastante radical na sua conceituação, afirma que a

> "escala não existe ...Como pertinência da medida ela recobre uma infinita variedade de possibilidades. Ela é por natureza multiplicidade, e como tal irredutível a um princípio único, a menos que um tal princípio seja arbitrariamente colocado".

Para ele a escala em si não existe, e é por isto que ela constitui um problema.

Como já foi indicado acima na referência a Merleau-Ponty, a escala é uma projeção do real, mas a realidade continua sendo sua base de constituição, continua nela. Como o real só pode ser apreendido por representação e por fragmentação, a escala constitui uma prática, embora intuitiva e não refletida, de observação e elaboração do mundo. Não espanta a polissemia do termo, sua utilização com significado específico em diferentes áreas do conhecimento.

O significado mais usual, e mais simples, de escala é o de medi-ade de representação gráfica (com redução ou ampliação) de área. Esta simplicidade matemática esconde a enorme complexidade do termo quando se trata de recortar a realidade espacial. Este recorde supõe, consciente ou inconscientemente, uma concepção que informa uma percepção do espaço total e do "fragmento" escolhido. Em outras palavras, "*a utilização de uma escala exprime uma intenção deliberada do sujeito de observar seu objeto*" (*Op. cit.*, p. 123).

As diversas escalas supõem, portanto, campos de representação a partir dos quais é estabelecida a pertinência do objeto, mas cada escala apenas indica o espaço de referência no qual se pensa a pertinência, mais geralmente a pertinência do sentido atribuído ao objeto definido pelo campo de representação, ou o "tableau visuel" de Merleau-Ponty.

A seleção da escala pode prosseguir, em teoria, até o infinito dos pontos de vista possíveis sobre uma realidade percebida ou sobre uma realidade em projeto. Em todos os casos o resultado é aquele de um recorte da realidade percebida/concebida de acordo com o ponto de vista, com a escolha do nível de percepção/concepção. Portanto, a concepção de uma entidade espacial estabelecida como ponto de partida tem conseqüências fundamentais para a continuidade da percepção.

A complexidade e o encadeamento da realidade obrigam a considerar a pertinência dos seus diferentes níveis, não impondo arbitrariamente as diferentes escalas cartográficas como níveis hierárquicos por algum postulado inicial, tornando inadequado recorrer a ela como paradigma único. Em outras palavras, mudanças de escala não é uma questão de recorte métrico, mas implica transformações qualitativas não hierárquicas que precisam ser explicitadas.

Neste ponto passamos ao problema concreto do recorte espacial/concepção. A pergunta que surge de imediato é: que porção do espaço deve ser considerada? No entanto, a idéia de recorte aqui corresponde à escolha de partes de igual valor. Cada recorte implicando, de fato, na constituição de "unidades de concepção", que não têm necessariamente o mesmo tamanho ou a mesma dimensão, mas que colocam em evidência relações, fenômenos, fatos que em outro recorte não teriam a mesma visibilidade. Da mesma forma, o ponto de vista da escala simbólica, que atribui significado à parte representada do real, coloca sobre um mesmo nível de concepção todos os particularismos dos espaços, ou seja, o que os diferencia uns dos outros e permite destacá-los (SCHATZ e FISZER, 1991).

Buscando uma acepção do termo escala que condense o sentido do que esta noção tem de mais importante, BOUDON (1991) propõe considerar escala como "pertinência da medida" na relação a algum espaço de referência. Para ele, como em geral os elefantes são representados menores que a realidade e as pulgas maiores, "*não é pertinente aumentar os elefantes nem diminuir as pulgas*" (*Op. cit.*, p. 13). Ou seja, como primeira lição de uma reflexão sobre a escala impõe-se a idéia fundamental de que a medida não é objetiva.

Na realidade, a escala é um problema operacional fundamental, não apenas para a geografia, para a arquitetura, como também para qualquer experimento científico. A idéia de operacionalização existe porque a questão da escala surge no processo operativo de pesquisa, ou seja, no desenrolar das diferentes etapas que constituem a experimentação, a análise e a síntese em diferentes campos científicos.

LE MOIGNE (1991) destaca o significado heurístico da escala, que aponta a complexidade e a multiplicidade de medidas de um fenômeno, deixando de ser o único operador de correspondência com o real para ser também percepção, concepção e um operador de complexidade.

Em síntese, podemos partir da suposição de que a escala possui quatro campos fundadores: o referente, a percepção, a concepção e a representação. Estes campos definem, pois, uma figuração do espaço que não é somente uma caracterização de um espaço em relação a um referencial, mas uma figuração de um espaço mais amplo do que aquele que pode ser apreendido em sua globalidade, ou seja, é a imagem que substitui o território que ela representa. Neste sentido, a escala é a escolha de uma forma de dividir o espaço, definindo uma realidade percebida/concebida, é uma forma de dar-lhe uma figuração, uma representação, um ponto de vista que modifica a percepção mesma da natureza deste espaço, e, finalmente, um conjunto de representações coerentes e lógicas que substituem o espaço observado. As escalas, portanto, definem modelos espaciais de totalidades sucessivas e classificadoras e não uma progressão linear de medidas de aproximação sucessivas.

A escala como estratégia de apreensão da realidade como representação

A idéia contida no título desta terceira parte parece banal e introduz duas complicações: a primeira, que obriga a colocar a escala cartográfica no seu devido lugar, pois a realidade é sempre apreendida por representação, mas não necessariamente cartográfica; a segunda, que nos desafia a trabalhar empiricamente com um conceito de escala liberto da analogia cartográfica, embora não abandonando a cartografia como instrumento importante para a análise espacial.

HARVEY (1973) ao trabalhar com a noção de escalas de urbanização, observou o fenômeno urbanização em suas múltiplas dimensões e expressões espaciais; cada escada representando uma face particular do processo, um conjunto de características intrínsecas. A escala foi objetivada mediante a visibilidade de partes do real, que representam estruturas que se diferenciam de acordo com o ponto de vista do observador. A importância operatória da noção por ele utilizada está em observar a urbanização como um fenômeno que adquire características particulares com a mudança da escala. Sua proposta operatória foi utilizada por DAVIDOVICH (1978), que produziu um esquema geral do sistema urbano brasileiro, analisando a complexidade das escalas de urbanização do país.

A tradição dos estudos urbanos, seja através de redes urbanas, sistemas urbanos, polarização, centralidade, tem fornecido uma rica massa de informações sobre esta forma, cada vez mais ubíqua, de organização sócio-espacial. No entanto, a contribuições dos autores acima para a problemática operacional da escala na geografia está na sua libertação de um ponto de vista fortemente cartográfico e na observação da urbanização não apenas como uma forma de organização do espaço, mas também como um fenômeno social complexo, cujas escalas de observação/concepção apontam para mudanças de conteúdo e de sentido do próprio fenômeno. Ou seja, como já foi indicado no início, quando o tamanho muda, as coisas mudam, o que não é pouco, pois tão importante quanto saber que as coisas mudam com o tamanho, é saber como elas mudam, quais os novos conteúdos nas novas dimensões. Esta é, afinal, uma problemática geográfica essencial.

Outro trabalho que utiliza a escala como um operador de complexidade é o de LEPETIT (1990) sobre a escala da França. Analisando o debate sobre os limites departamentais antigos e os propostos logo após a revolução de 1789, o autor apontou a contradição entre um modo de pensar universalista e generalizador e um conjunto de interesses particulares, ambos representando duas escalas espaciais diferentes, aquela da visibilidade do nacional e a da província. As disputas para definir os novos limites político-administrativos do território francês tinham como argumentação o "determinismo territorial" da antiga distribuição de equipamentos e da organização real dos fluxos que estruturam o espaço provincial justificando as ambições rivais; *"eis aqui reintroduzi-*

das as solidariedades espaciais esquecidas..." (*Op. cit.*, p. 435).

O autor, um historiador, nos dá um bela contribuição ao tema. Para ele, a figura geométrica dos quadrados uniformes utilizados nos Estados Unidos em 1785, na divisão do território para fins administrativos, não foi possível na França, que não era um país novo ao fim do Antigo Regime. "*Uma geografia humana, da qual temos consciência em outra escala, se opõe à neutralidade do espaço, que se acreditou durante longo tempo.*" LEPETIT acrescenta ainda que,

> "*a incapacidade dos Constituintes (de 1789) de se dotar de uma imagem clara dos desnivelamentos do conjunto do espaço francês nos alerta. Na geografia humana (...) a pertinência das escalas de análise deve ser feita constantemente*" (*Op. cit.*, p. 442).

Voltando a uma perspectiva conceitual, podemos afirmar que a escala introduz o problema da polimorfia do espaço, sendo o jogo de escalas um jogo de relações entre fenômenos de amplitude e natureza diversas. A flexibilidade espacial institui, portanto, uma dupla questão: a da pertinência das relações como sendo também definida pela pertinência da medida na sua relação com o seu espaço de referência. Este é um problema fundamental na busca de compreensão da articulação de fenômenos em diferentes escalas; além disso, como os fatos sociais são necessariamente relacionais, a questão acima é pertinente.

Para finalizar, voltamos à contribuição específica da discussão acima para a pesquisa na geografia, sugerindo a necessidade de considerar a dualidade implícita no objeto de trabalho do geógrafo: o fenômeno e o recorte espacial ao qual ele dá sentido. Portanto, para o campo de pesquisa da geografia não há recortes territoriais sem significado explicativo, o que há, muitas vezes, são construtos teóricos que privilegiam a explicação de fenômenos pertinentes a determinadas escalas territoriais. A recente reinvenção do lugar na geografia e a sempre atual discussão sobre a região (como nos aponta COSTA COMES em outro artigo deste livro), nos obriga a refletir sobre a adequação permanente de nossa estrutura conceitual às possibilidades heurísticas de todas as escalas.

BIBLIOGRAFIA

BOUDON, Philippe. Avant-propos. Pourquoi l' échelle? In: *De l'architecture à l'épisthémologie.* La question de l'échelle. Paris, PUF, 1991, pp.1-24.

_____. L' échelle comme phénomène: différences d'échelles. In: *De l'architecture à l'épistémologie.* Paris, PUF, 1991, pp. 68-97.

_____. De la question de l' échelle à l' échelle comme question. In: *De l' architecture à l' épistémologie.* Paris, PUF, 1991, pp. 174-194.

BRUNET, Roger. *Le territoire dans les turbulences.* Montpellier. Reclus, 1990.

_____. R., FERRAS, R., THERY, H. *Les mots de la géographie.* Dictionnaire critique. Montpellier, Reclus/La Documentation Française, 1993.

DAVIDOVICH, Fanny. Escalas de Urbanização: uma perspectiva geográfica do sistema urbano brasileiro. *Revista Brasileira de Geografia.* Rio de Janeiro, 40 (1): 51-82, jan./mar, 1978.

GRATALOUP, Christien, Démarches des échelles. *Espaces Temps.* Cachan: 10-11: 72-79, 1979.

HARVEY, David. *Social justice and the city.* London, The Johns Hopkins University Press, 1973.

ISNARD, H., RACINE, J.-B., REYMOND, H. *Problématique de la géographie.* Paris, PUF, 1981.

KHUN, Thomas. *La structure des révolutions scientifiques.* Paris, Flammarion, 1983.

LACOSTE, Yves. *La géographie, Ca sert d' abord, pour faire la guerre.*

Paris, 3 e/d., La Découverte, 1985, 1ed, 1976.

LE MOIGNE, Jean-Louis. L' échelle, cette correction capitale. In: *De l' architecture à l'épistémologie*. Paris, PUF, 1991, pp. 231-248.

LEPETIT, Bernard. L' échelle de la France. *Annales ESC*. Paris, 45 (2): 433-443, 1990.

LEVY-LEBLOND, Jean Marc. Hasard et mécanique quantique. In: *Le hasard — aujourd' hui*. Paris, Seuil, 1991. Cap. 13, pp. 181-193.

MERLEAU-PONTY, M. *Le visible et l'invisible*. Notes de travail. Paris, Galimard, 1964.

MOLES, Abraham. *As ciências do impreciso*. Rio de Janeiro, Civilização Brasileira, 1995.

MORIN, Edgard. *Science avec conscience*. Paris, Fayard, 1982.

_____. *Introduction à la pensée complexe*. ESS Editeur. Col. Communication et Complexité. Paris, 1990.

PRIGOGINE, Ilya & STENGERS, Isabelle. *La nouvelle alliance*. Métamorphose de la science. Paris, Gallimard, 1979/1986.

RACINE, J.B., RAFFESTIN, C., RUFFY, V. Escala e ação, contribuição para uma interpretação do mecanismo de escala na prática da Geografia. *Revista Brasileira de Geografia*. Rio de Janeiro, 45 (1): 123-135, jan./mar. 1983.

SCHATZ, Françoise & FISZER, Stanislas. La référence a l'espace: histoires et mesures de projets. In: *De l'architecture à l'épistémologie*. Paris, PUF, 1991, pp. 253-287.

ULLMO, Jean. *La pensée scientifique moderne*. Paris, Flammarion, 1969.

REDES: EMERGÊNCIA E ORGANIZAÇÃO[1]

Leila Christina Dias
Professora do Departamento de Geociências, UFSC

INTRODUÇÃO

Toda a história das redes técnicas é a história de inovações que, umas após as outras, surgiram em respostas a uma demanda social antes localizada do que uniformemente distribuída. Com a ferrovia, a rodovia, a telegrafia, a telefonia e finalmente a teleinformática, a redução do lapso de tempo permitiu instalar uma ponte entre lugares distantes: doravante eles serão virtualmente aproximados.

Uma leitura da história das técnicas nos mostra o quanto as inovações nos transportes e nas comunicações redesenharam o

[1] Este trabalho se inscreve num projeto de pesquisa em curso, com apoio do CNPq, sobre as implicações das redes de informação sobre a organização territorial brasileira. A redação do texto foi enriquecida pelas reações de meus estudantes do Curso de Pós-Graduação em Geografia da UFSC, em particular de Eliane da V. Pacheco e de Rogério L. da Silveira.

mapa do mundo no século 19. Tratava-se de um período caracterizado pela consolidação e sistematização de inovações realizadas anteriormente. As trilhas e os caminhos foram progressivamente substituídos pelas estradas de ferro no transporte de bens e mercadorias; com o advento do telégrafo e em seguida do telefone, a circulação das ordens e das novidades já dispensava a figura do mensageiro. Todas estas inovações, fundamentais na história do capitalismo mundial, se inscreveram e modificaram os espaços nacionais, doravante sulcados por linhas e redes técnicas que permitiram maior velocidade na circulação de bens, de pessoas e de informações.

A habilidade das classes burguesas no século 19 em influenciar a organização do espaço via investimentos em infra-estruturas era, na verdade, mundial. No Brasil, a participação dos plantadores de café nas sociedades de estradas de ferro demonstra o poder social conquistado pela burguesia paulista que, decidindo sobre a configuração espacial da rede ferroviária e assim sobre a circulação, comandava de uma forma quase completa o processo produtivo. O título 'Regiões ou Redes' que P. MONBEIG (1952) deu ao último capítulo de sua tese sobre os pioneiros e plantadores de São Paulo é revelador do papel que as redes férreas cumpriram sobre a organização espacial.

Nossa época conhece uma aceleração do ritmo da inovação em vários campos: 1) avanços na engenharia de sistemas elétricos já permitem a transmissão de grandes blocos de energia a longas distâncias; 2) graças à associação das técnicas de telecomunicações às de tratamento de dados, as redes de telecomunicações adquirem uma potência muito maior — as distâncias se contraem e se anulam pelo fato da instantaneidade das transmissões, e as informações produzidas a cada segundo são tratadas e encaminhadas num tempo cada vez mais reduzido — tal é o sentido dos bits, kilobits e megabits.

Desde a década de setenta, as inovações técnicas deram

lugar a uma vasta literatura sobre o papel das redes na organização territorial. É importante ressaltar que esta temática está inscrita num debate mais amplo, sobre a técnica e sua capacidade virtual de criar condições sociais inéditas, de modificar a ordem econômica mundial e de transformar os territórios. Na tentativa de responder a estas interrogações em toda a sua complexidade, muitos trabalhos resultaram em discursos freqüentemente prospectivos, em especulações, sobre os pretensos efeitos da inovação — segundo o pressuposto de uma causalidade linear entre o desenvolvimento técnico e as transformações espaciais, sociais ou econômicas. É neste contexto que se difundiu, em larga escala, a retórica do "impacto", do "efeito" das redes técnicas na organização do território.

A pesquisa que vimos realizando, nos últimos anos, sobre as implicações das redes de telecomunicações sobre a organização territorial brasileira, nos permite, hoje, participar deste debate. Para tanto, partiremos do conceito de rede. Pensamos que "*o conteúdo do conceito é a sua história*" (PINTO, 1979:91). Na mesma direção, pensamos que a apreensão do conteúdo do conceito exige o conhecimento de seu desenrolar no movimento mais recente do pensamento, e portanto da realidade. Por isso, a segunda parte do trabalho constitui uma análise de relação entre os fluxos de informação e a dinâmica territorial brasileira. Na última parte, passaremos à discussão de algumas teses, de erros mesmo de interpretação no estudo das redes de telecomunicações e suas implicações territoriais.

O CONCEITO DE REDE

O termo rede não é recente, tampouco a preocupação em compreender seus efeitos sobre a organização do território. Contudo, apresentar aqui as primeiras contribuições sob a ótica do presente, a ótica de final do século 20, corresponderia ao uso de lentes profundamente deformadoras. A pergunta central é: que relação ou quais as relações que podemos encontrar entre as concepções dos diferentes autores daqueles primeiros trabalhos consagrados a este tema na primeira metade do século 19?

Uma revisão da literatura mostra que o termo rede aparece como um conceito-chave e privilegiado do pensamento de Saint-Simon.[2] Na linha de um socialismo planificador e tecnocrático, o filósofo e economista francês defendeu a criação de um Estado organizado racionalmente por cientistas e industriais. Na obra póstuma "*Le nouveau Christianisme*", ele formulou a moral desta nova sociedade desenvolvendo temas que davam sustentação à escola socialista fundada por seus discípulos (economistas, engenheiros, industriais e banqueiros). Num artigo publicado em 1832, o economista e engenheiro Michel CHEVALIER, adepto ativo do sansimonismo, utilizou o termo rede para evocar a relação entre as comunicações e o crédito. Segundo ele, "*A indústria se compõe de centros de produção unidos entre eles por um laço relativamente material, ou seja, pelas vias de transporte, e por um laço relativamente espiritual, ou seja, pelos bancos... Existem relações tão estreitas entre a rede de bancos e a rede de linhas de transportes, que um dos dois estando traçado, com a figura mais conveniente à melhor exploração do globo, o outro se encontra paralelamente determinado nos seus elementos essenciais*" (CHEVALIER *apud* RIBEILL, 1988:52). No mesmo ano, quatro engenheiros[3] publicaram o trabalho "*Vues politiques et pratiques sur les travaux publics en France*", indo de encontro às teses liberais da época, que refutavam toda iniciativa estatal na con-

[2] Esta idéia é defendida por G. RIBEILL (1988). Segundo o autor, o termo rede, de uso pouco corrente até a primeira metade do século 19, ausente no *Dictionnaire Technologique* (1828) e no *Dictionnaire des Arts et Manufactures*, aparece com clareza nas obras dos discípulos do Conde de Saint-Simon ou Claude Henri de Rouvroy (1760-1825).

[3] Lamé, Clapeyron e os irmãos Stéphane e Eugène Flachat.

cepção e execução de um sistema de comunicações. Apontavam que "*os trabalhos públicos estão, na França, cada vez mais abandonados pelo interesse privado, pelos capitais, pelo talento; nossos rios são pouco navegáveis, nossos canais permanecem inacabados, as estradas de ferro são projetadas e não são construídas*" (LAMÉ *et al. apud* RIBEILL, 1988:53). É assim que, progressivamente, toma forma um sistema geral de comunicações, combinando estradas de ferro e canais, hierarquizado em dois níveis de tráfego: redes de primeira ordem e redes secundárias. Introduzindo a propriedade da conexidade à noção de rede, o projeto compartilhado pela escola de Saint-Simon objetivava o estabelecimento de um sistema geral de comunicações. Quando falamos em projeto comum não estamos absolutamente falando em consenso. O projeto dava a unidade, mas as formas de atingi-lo refletiam propostas, vias bastante diversas — se por exemplo todos se referiam à importância das estradas de ferro, alguns insistiam sobre a necessidade de articulá-la aos canais fluviais. Em 1863, um engenheiro desenvolveu um esforço de teorização buscando encontrar as leis que presidiam à configuração das redes de estradas de ferro. Leon Lallane apresentou na Academia de Ciências um trabalho que, segundo os historiadores, constituiu o primeiro ensaio teórico consagrado às redes (RIBEILL, 1988).

Em suma, o projeto comum era um projeto de integração territorial, integração de mercados regionais, pela quebra de barreiras físicas, obstáculos à circulação de mercadorias, de matérias-primas, mas também de capitais. Os capitais vão reaparecer, mais tarde, no século 20, anos cinqüenta, na tese clássica do geógrafo Jean LABASSE (1955), intitulada "Os capitais e a região". No seu trabalho, LABASSE mostra que pouco depois da febre ferroviária, instalou-se na França uma febre bancária, mostra como ambas foram conduzidas pelos mesmos meios sociais e constituíram os dois principais fatores de unificação do mundo material daquele período. Na mesma época, Pierre MONBEIG, na sua tese sobre os Pioneiros e Plantadores de São Paulo, publicada em 1952, intitula seu último capítulo de "Regiões ou Redes", revelando o papel das redes ferroviárias sobre a organização espacial. Mostrava a participação dos capitais dos plantadores de café na formação das Companhias de Estrada de Ferro e como a toponimia das zonas de produção retomava os nomes das Companhias de Estrada de Ferro: Alta Araraquara, Sorocabana.

Após os trabalhos de Monbeig e de Labasse, assistimos a um relativo silêncio sobre o crescimento, sobre a multiplicação das redes, que vinham aprisionando o mundo em tramas cada vez mais fechadas, exceção feita aos inúmeros trabalhos sobre rede urbana. O que explica o silêncio de trinta anos e ao mesmo tempo a retomada tão voraz, que faz com que para onde olhemos hoje nos defrontemos com o termo rede, seja enquanto conceito teórico, utilizado em diversos campos disciplinares, seja enquanto noção empregada pelos atores sociais:[4] redes estratégicas, redes de solidariedade, redes de ONGs, redes de Universidades, redes de energia, redes de informação — BITNET, INTERNET —, uma concepção de organização sob forma de redes.

G. DUPUY (1988:12) sugere que a resposta estaria ligada aos procedimentos de planejamento territorial em vigor nos últimos trinta anos e a evolução da pesquisa neste campo. Aponta duas características fundamentais deste período: "*um planejamento urbano principalmente fundiário e um planejamento dos equipamentos coletivos essencialmente setorial, implicando assim quadro pouco propício a uma reflexão transversal sobre as redes e sua territorialidade*".

Os estudos em andamento nos permitem avançar mais uma

[4] Em trabalho recente, I. SCHERER-WARREN apresenta os vários significados atribuídos ao termo rede nos diversos campos disciplinares e seu uso pelos autores coletivos e pelos movimentos sociais. *Metodologia de redes no estudo das ações coletivas e movimentos sociais.* VI Colóquio sobre poder local, 1994.

hipótese: as qualidades de instantaneidade e de simultaneidade das redes de informação emergiram mediante a produção de novas complexidades no processo histórico. Muitas são as complexidades produzidas ao longo do século 20 que redesenharam o mapa do mundo, do países e das regiões. Processos de múltiplas ordens: de integração produtiva, de integração de mercados, de integração financeira, de integração da informação. Mas processos igualmente de desintegração, de exclusão de vastas superfícies do globo — pensamos que o exemplo mais perverso seja o do continente africano. Todos estes processos para serem viabilizados implicaram estratégias, principalmente estratégias de circulação e de comunicação, duas faces da mobilidade que pressupõem a existência de redes, uma forma singular de organização. A densificação das redes — internas a uma organização ou compartilhadas entre diferentes parceiros — regionais, nacionais ou internacionais, surge como condição que se impõe à circulação crescente de tecnologia, de capitais e de matérias-primas. Em outras palavras, a rede aparece como o instrumento que viabiliza exatamente essas duas estratégias: circular e comunicar. C. RAFFESTIN mostra como as redes se adaptam às variações do espaço e às mudanças que advêm no tempo, como elas são móveis e inacabadas, num movimento que está longe de ser concluído. "*A rede faz e desfaz as prisões do espaço tornado território: tanto libera como aprisiona. É porque ela é 'instrumento', por excelência, do poder*" (1980:185). Esta noção é muito importante e podemos encontrá-la em outros autores: 1) H. LEFÉBVRE, por exemplo, aponta o mecanismo de passagem do espaço ao território: — "*A produção de um espaço, o território nacional, espaço físico, balizado, modificado, transformado pelas redes, circuitos e fluxos que aí se instalam: rodovias, canais, estradas de ferro, circuitos comerciais e bancários, auto-estradas e rotas aéreas, etc*" (LEFÉBVRE *apud* RAFFESTIN, 1980:129); 2). P. CLAVAL ilustra o papel da rede como instrumento do poder: "*Os poderes centrais se dedicam, agora, mais à mobilidade das idéias e das ordens do que àquela das pessoas. Quando Jaruselski pretendeu paralisar Solidariedade, na Polônia, em 13 de dezembro de 1981, ele desconectou as centrais telefônicas em todo o país...*" (1989:14).

Os fluxos, de todo tipo — das mercadorias às informações pressupõem a existência das redes. A primeira propriedade das redes é a conexidade — qualidade de conexo —, que tem ou em que há conexão, ligação. Os nós das redes são assim lugares de conexões, lugares de poder e de referência, como sugere RAFFESTIN. É antes de tudo pela conexidade que a rede solidariza os elementos. Mas ao mesmo tempo em que tem o potencial de solidarizar, de conectar, também tem de excluir: "*Os organismos de gestão da rede, quer se trate de gestão técnica, econômica ou jurídica não são neutros, eles colocam em jogo relações sociais entre os elementos solidarizados e aqueles que permanecem marginalizados*" (DUPUY, 1984:241). Em outras palavras, nunca lidamos com uma rede máxima, definida pela totalidade de relações mais diretas, mas com a rede resultante da manifestação das coações técnicas, econômicas, políticas e sociais.

O quadro teórico privilegiado por grande parte dos autores interessados no estudo das redes integra a noção de sistema. Assim, "*a teoria dos sistemas permite especificar as interações entre subsistemas e postularia que a rede de relações é também rede de organização*" (DUPUY, 1984:233). Rede de ligação e rede de organização constituiriam uma espécie de 'par perfeito' nestes estudos. O estudo dos sistemas vem, nas últimas duas décadas, passando por importantes mudanças. A principal contribuição das novas propostas para o estudo dos sistemas foi o rompimento com a noção tradicional de considerar os sistemas dinâmicos como um encadeamento determinista de causa e efeito, rompimento possível pela introdução da idéia de bifurcação — ponto de decisão onde surgiriam novas estruturas que se comportariam, durante um tempo não previsível, novamente de maneira determinista (PRIGOGINE e STENGERS, 1979). Em algumas fases, sugerem estes autores, os elementos do sistema comportam-se de uma maneira determinista e em outras fases — próximo das bifurcações —, de um modo não-determinista. Um outro físico-matemático, D. RUELLE, sugere que os exemplos de caos em Física ensinam-nos que "*certas situações dinâmicas, em vez de levar a um equilíbrio, provocam uma evolução temporal caótica e imprevisível*". Decisões, que supostamente produziriam um melhor equilíbrio, podem produzir "*de fato oscilações violentas e imprevisíveis, com efeitos talvez desastrosos*" (1993:118).

Este percurso histórico constitui um bom exemplo de como uma questão de uma disciplina passa para outra num novo contexto teórico. Esta idéia não é nova, podemos encontrá-la nos estudos do físico-químico Ilya PRIGOGINE e da pesquisadora na área de filosofia e epistemologia Isabelle STENGERS. O que parece importante é a perspectiva que ela integra, a perspectiva da comunicação interdisciplinar e o reconhecimento de que nas interações entre as disciplinas, na convergência entre vias de abordagem distintas reaparecem, sob uma forma renovada, antigas questões; o reconhecimento, portanto, de que as descobertas ou as novas questões não constituem revelações surgidas de repente de um único campo disciplinar. Os múltiplos exemplos no campo da história das idéias, das ciências, revelam na verdade uma história de tensões, de conflitos de ordem social, política e cultural.

A questão das redes reapareceu de outra forma, renovada pelas grandes mudanças deste final de século, renovada pelas descobertas e avanços em outros campos disciplinares e na própria Geografia. Neste novo contexto teórico, a análise das redes implica abordagem que, no lugar de tratá-la isoladamente, procure suas relações com a urbanização, com a divisão territorial do trabalho e com a diferenciação crescente que esta introduziu entre as cidades. Trata-se, assim, de instrumento valioso para a compreensão da dinâmica territorial brasileira.

FLUXOS DE INFORMAÇÃO E DINÂMICA TERRITORIAL

A história da constituição da rede urbana brasileira é marcada pela associação entre processo de urbanização e processo de integração do mercado nacional. A eliminação de barreiras de todas as ordens constituía a condição primordial para integrar o mercado interno, pois esta integração pressupunha a elevação do grau de complementaridade econômica entre as diferentes regiões brasileiras. À presença inicial das ferrovias e das rodovias, que irrigavam o país em matérias-primas e mão-de-obra, se superpõem, na atualidade, os fluxos de informação — eixos invisíveis e imateriais certo —, mas que se tornaram uma condição necessária a todo movimento de elementos materiais entre as cidades que eles solidarizam.

As qualidades de instantaneidade e de simultaneidade das quais são dotadas as redes de telecomunicações deram livre curso a todo um jogo de novas interações. Os bancos são doravante um elemento-chave de integração do território e de articulação deste mesmo território à economia internacional. As organizações não financeiras ganham em mobilidade enquanto introduzem novos métodos de gestão, quer se trate de departamentos técnicos, financeiros ou de pessoal. Ao contrário de uma posição muito divulgada, o espaço não se tornou uma noção em desuso ou desprovida de sentido, tampouco qualquer coisa de indiferenciado ou homogêneo. A comunicação entre parceiros econômicos — à montante e à jusante —, graças às novas redes é acompanhada de uma seletividade espacial. A importância estratégica da localização geográfica foi, de fato, ampliada.

A pesquisa que vimos realizando revela que os fluxos de informação comandados pela Região Metropolitana de São Paulo não tem equivalência no Brasil: entre 1983 e 1988 a participação da metrópole na principal rede de transmissão de dados do país cresceu de 30 para 45%. A RMSP vem se impondo como o principal nó da rede, seguida pela Região Metropolitana do Rio de Janeiro, cuja capacidade de produzir, coletar, armazenar e distribuir as informações representa apenas um terço da metrópole paulista. A identificação dos principais parceiros de São Paulo é também rica de significados: ela mostra a complexidade de transformações na rede urbana. Assim, a grandeza do vetor que liga São Paulo e Salvador revela uma diferenciação crescente, ao longo dos últimos anos, entre esta última e Recife. As ligações com Campinas e São José dos Campos — lugares eleitos pela indústria de alta tecnologia — testemunha o surgimento de um novo poder fundado sobre o binômio ciência e tecnologia.

Os estudos em andamento apontam também para uma tendência que vai de encontro a uma concepção de equilíbrio do território. De fato, a imagem piramidal e hierárquica tradicionalmente associada ao território, na qual os efeitos de proximidade têm supremacia sobre os efeitos de interdependência a longa distância, é cada vez menos verdadeira. Os processos em curso, próprios à uma economia globalizada, engendram uma outra representação, na qual a posição da cidade/nó numa rede de relações à grande escala, interage às economias locais e aos efeitos de proximidade (VELTZ, 1994). No quadro de uma economia global, a utilização que os diferentes setores econômicos fazem das redes não tem a mesma amplitude — o setor financeiro é, de longe, o maior usuário.

Neste processo de valorização diferencial das cidades, o capital financeiro vem tirando proveito de sua flexibilidade e de sua rapidez. De fato, o banco — de atividade a princípio regional, a seguir nacional, e hoje mundial[5] — opera no mercado internacio-

---

[5] Em trabalho anterior, analisamos este processo através da história do Banco Brasileiro de Descontos S. A. — BRADESCO. L. C. DIAS. O sistema financeiro: aceleração dos ritmos econômicos e integração territorial. *Anuário de Geociências*, vol. 15, U.F.R.J., 1992.

nal de moedas, de crédito e de capitais. R. FOSSAERT (1991) mostra que são cada vez mais raros os países que impõem limites — número de bancos admitidos, categorias de operações autorizadas ou regras de segurança — à presença de bancos estrangeiros.

De fato, na década de noventa, o governo brasileiro vem tomando medidas econômicas e jurídicas para atrair o capital estrangeiro: abandono de proteções alfandegárias, estabelecimento de um vasto programa de privatizações e eliminação de barreiras ao investimento estrangeiro sobre os mercados de capitais. Não há dúvida de que este período correspondeu à chegada de grandes bancos estrangeiros: Goldman Sachs, Bear Stearns, Morgan Stanley e Nomura. Tampouco há dúvida de que a localização destes bancos fortaleceu ainda mais a concentração financeira em São Paulo — de um total de 187 bancos estrangeiros que operavam no Brasil em 1994, 70% estavam localizados em São Paulo, contra 52% em 1988. Da mesma forma, a participação da metrópole na principal rede internacional de transmissão de dados representava, em 1994, 62% do volume total de ligações com o exterior.

Estes dados revelam o fortalecimento do papel nacional e internacional de uma metrópole que conta, atualmente, mais de quinze milhões de habitantes. Contudo, o fortalecimento do papel de São Paulo teve como paralelo mudanças igualmente importantes no conjunto da rede urbana brasileira.

O exemplo da Amazônia é, neste sentido, bastante impressionante. A ligação direta e instantânea de certas localidades da Amazônia com os principais centros econômicos do país tornou, em parte, desnecessária a mediação anteriormente realizada pelos degraus inferiores da hierarquia urbana. Novas redes em relação com novas formas organizacionais de produção marginalizaram centros urbanos que tiravam sua força dos laços de proximidade geográfica. Ao mesmo tempo, a implantação de grandes projetos de exploração mineral, fortemente dotados de redes de transporte, de energia e de telecomunicações, introduziu uma nova ordem econômico-social que, alterando a ordem pré-existente, representou o crescimento e a extensão da desordem. A pesquisa apontou ainda para um outro dado, que sugerimos como hipótese: as redes de telecomunicações veiculam também a ordem da ilegalidade. Sem dúvida, a Amazônia ocidental é bem conhecida como cenário de múltiplas atividades ilegais: contrabando de materiais eletrônicos e de ouro, refinamento e tráfico de drogas. A análise da repartição dos fluxos de informação confirma a existência de alguns centros urbanos — que servem como nós da rede — (por exemplo, Tefé e Tabatinga), fortemente articulados por vias aérea e fluvial à Colômbia e ao Peru. Contudo, essas cidades não comportam atividades econômicas legais que justifiquem o aluguel de circuitos de transmissão de dados (que operam 24 horas por dia). Estes elementos nos conduziram, assim, à hipótese da presença de fluxos de informação, fruto de transações ilegais.

A metrópole passa também por grandes mudanças e designa, hoje em dia, um campo mais vasto do que os setores organizados do capital e do trabalho. Segundo L. MACHADO, "*a sociedade urbana... está constituída por uma população crescente não produtora de mais-valia, ou seja, marginalizada dos circuitos de acumulação, cada vez maior consumidora dos serviços sociais, e obrigada ao sobretrabalho para poder sobreviver*" (1993:87). Apesar da ausência de consenso sobre as estatísticas, as pesquisas vêm assinalando que cerca de 40% das famílias metropolitanas apresentam rendas inferiores a um salário mínimo.

Não é excessivo afimar que exclusão social e modernização econômica com seus novos arranjos espaciais vêm caminhando juntas; constituem as duas faces do modelo seguido pelo Brasil. Assim, os investimentos maciços no setor de telecomunicações vieram satisfazer, antes de tudo, às exigências das mais poderosas organizações nacionais e internacionais.

Mais do que nunca o Estado deve enfrentar múltiplos conflitos ampliados pelo processo de desigualdade sócio-espacial. A tendência se afirma no sentido de uma divisão territorial do trabalho acentuada e de uma diferenciação da localização. Ambas são fundadas sobre a mobilidade crescente dos capitais, que leva à reorganização do sistema urbano e favorece a concentração espacialmente seletiva dos potenciais de crescimento. A transformação da metrópole num centro financeiro competitivo no plano internacional, sede de numerosas organizações econômicas, centro cultural e espaço de consumo para as classes dominantes da sociedade capitalista moderna engendra uma polarização do mercado de trabalho, um crescimento paralelo do número de empregos qualificados ligados às atividades de direção, concepção e gestão e do número de empregos mal remunerados e sua própria heterogeneização graças aos processos de segregação.

Concluímos esta parte do trabalho com uma hipótese: a intensificação da circulação interagindo com as novas formas de organização da produção imprime simultaneamente ordem e desordem numa perspectiva essencialmente geográfica. À escala planetária ou nacional, as redes são portadoras de ordem — através delas as grandes corporações se articulam, reduzindo o tempo de circulação em todas as escalas nas quais elas operam; o ponto crucial é a busca de um ritmo, mundial ou nacional, beneficiando-se de escalas gerais de produtividade, de circulação e de trocas. Na escala local, estas mesmas redes são muitas vezes portadoras de desordem — numa velocidade sem precedentes engendram processos de exclusão social, marginalizam centros urbanos que tirava sua força dos laços de proximidade geográfica e alteram mercados de trabalho.[6] Numa espécie de visão 'calei-

[6] Segundo M. SANTOS "*as redes são vetores de modernidade e também de entropia... A informação especializada serve à afirmação local dos atores hegemônicos*". Os espaços da globalização, *Anais do 3º Simpósio Nacional de Geografia Urbana*, IBGE, 1993, p. 36.

doscópica' modelos espaciais se sucedem de forma rápida e móvel.

OS LIMITES DAS TESES

É consenso o fato de que estamos, hoje, frente a um fenômeno de espetacular redução das barreiras espaciais, denominado por D. HARVEY (1989) de uma nova rodada na compressão tempo-espaço. Nova, sugere o autor, porque outras rodadas já tiveram lugar em outros momentos da História. As novas redes de telecomunicações — como no passado o telégrafo e o telefone — constituiriam, assim, a resposta contemporânea à necessidade de acelerar a velocidade de circulação dos dados e do saber.

A história recente do desenvolvimento das técnicas de informação e de comunicação no interior das organizações econômicas ilustra o ritmo acelerado das mudanças e pode ser dividida em três fases. A primeira fase começa nos anos sessenta e se estende ao longo da década de setenta. Neste estágio, como ressalta o relatório NORA-MINC (1978:19): "*...a informática tinha um estatuto particular no interior das grandes organizações: isolada porque ela se apoiava em máquinas reunidas num mesmo lugar; centralizada pois ela trazia de volta todas as informações dos usuários; traumatizante, enfim, pois ela fornecia um produto acabado após uma operação que tinha todas as aparências da alquimia*". A segunda fase tem início nos anos setenta e adquire sua especificidade pela introdução dos microcomputadores e pela utilização das redes em tempo real: "*A unidade central e os arquivos se situam no interior de um complexo sistema cujos pontos de acesso se multiplicam e onde os terminais cada vez mais numerosos dialogam entre si e com os computadores centrais*" (idem: 19). Como cada estágio tecnológico abre novas possibilidades para o acesso à informação, bem como o seu controle, nossa pesquisa vem acompanhando o surgimento de uma terceira fase, inaugurada nos anos oitenta e definida pelo aumento na capacidade de análise instantânea dos dados. Isso significa que cada vez mais dados são transformados em informações, tornando-se essenciais à gestão de grandes organizações econômicas. É verdade que um fator econômico deu origem a esta evolução, a saber a fortíssima redução dos custos no setor da eletrônica em curso nos últimos anos.[7] Ao mesmo tempo, os critérios capitalistas de organização da produção, a busca da diminuição no tempo da circulação estão na origem de um duplo processo de seletividade: econômica e espacial, que as novas técnicas de informação e de comunicação só farão aumentar.

O encontro entre informática e telecomunicações encontra-se no centro de debates pluridisciplinares que deram lugar à difusão de algumas teses que giram em torno de sua capacidade virtual de anular o espaço e de transfomar o território (VIRILIO, 1977; BRESSAND e DISTLER, 1985). Na contramão desta tendência, outros autores mostram como um certo 'delírio analítico' impregnou a reflexão sobre as incidências das redes sobre o espaço (CURIEN e GENSOLLEN, 1985; HARVEY, 1989; BEGAG, CLAISSE e MOREAU, 1990; DIAS, 1991).

Em primeiro lugar, consideramos importante contestar a tese de que "*a contração das distâncias se tornou uma realidade estratégica de conseqüências econômicas incalculáveis, pois ela corresponde à negação do espaço... a localização geográfica parece ter definitivamente perdido seu valor estratégico...*" (VIRILIO, 1977:131 e 133). É claro que a aceleração dos ritmos econômicos pela eliminação do 'tempo morto', graças às novas técnicas de informação, diminui as barreiras espaciais. Contudo, asso-

[7] Um microprocessador vendido por 20 dólares em 1975 já possuía a mesma capacidade de cálculo de um computador IBM comercializado por 1 milhão de dólares no início dos anos cinqüenta. A. BRESSAND e C. DISTLER. *Le prochain monde — réseaupolis*, p. 37.

ciar contração das distâncias à negação do espaço revela uma perspectiva analítica reducionista — uma redução do espaço à noção de distância. A análise do caso brasileiro vai de encontro a esta visão de um espaço indiferenciado, reduzido à única noção de distância. Observamos um espaço que se ordena em função de uma nova diferenciação que poderíamos caracterizar como a diferença entre o virtual e o real — a integração de todos os pontos do território pelas novas redes de telecomunicações, sem consideração de distância, só se materializa em função de decisões e de estratégias.[8] Ao contrário da visão 'Viriliana', a localização geográfica torna-se portadora de um valor estratégico ainda mais seletivo. As vantagens locacionais são fortalecidas e os lugares passam a ser cada vez mais diferenciados pelo seu conteúdo — recursos naturais, mão-de-obra, redes de transporte, energia ou telecomunicação. Neste sentido, concordamos com a tese defendida por D. HARVEY (1989:293-294): "*Quanto menos importante as barreiras espaciais, tanto maior a sensibilidade do capital às variações do lugar dentro do espaço e tanto maior o incentivo para que os lugares se diferenciem de maneiras atrativas para o capital*".

Uma segunda redução analítica, presente nos debates, é relativa ao tempo. "*Desde o momento em que se reduz o tempo à noção de tempo real, os efeitos das novas tecnologias sobre o espaço serão instantâneos, e essas tecnologias se desenvolverão num espaço cuja história (o tempo passado) e a organização atual (o tempo presente) serão escotomizados*"[9] (BEGAG, CLAISSE e MOREAU, 1990:190). Neste sentido, as redes não vêm arrancar territórios "virgens" de sua letargia, mas se instalam sobre uma

[8] As análises desenvolvidas na França vão na mesma direção; ver: A. BEGAG, G. CLAISSE e P. MOREAU. L'espace des bits: utopies et réalités. *Communications et Territoires*. La Documentation Française, 1990; P. VELTZ. *Des territoires pour apprendre et innover*. De l'Aube, 1994.

[9] Do francês '*scotomiser*', que significa uma exclusão inconsciente de uma realidade exterior do campo da consciência.

realidade complexa que elas vão certamente transformar, mas onde elas vão igualmente receber a marca. A introdução da teleinformática põe em movimento todo um jogo de interações a partir do qual não é fácil prever as conseqüências. A comunicação através das novas redes de parceiros econômicos — à montante e à jusante — se acompanha de uma seletividade espacial. Integrando os agentes mais importantes, as redes integram desigualmente os territórios, seguindo o peso das atividades econômicas preexistentes. No lugar de abrir os ferrolhos, ela pode favorecer a rigidez e o peso de antigas solidariedades.

CONSIDERAÇÕES FINAIS

As teses aqui discutidas apontam para um conjunto de interrogações que formam, na atualidade, um campo pluridisciplinar de pesquisa, no qual pesquisadores de horizontes disciplinares diversos buscam desenvolver um quadro conceitual capaz de melhor apreender a significação e o papel histórico das redes.

Gostaríamos de insistir no fato de que o conceito de rede vem se constituindo, nos anos recentes, numa agenda de pesquisa que reúne propostas, significados e abordagens disciplinares diversas. Entre as várias contribuições, I. SCHERER-WARREN trabalha a idéia de rede de interações entre diferentes atores sociais e propõe que "*a análise em termos de redes de movimentos implica buscar as formas de articulação entre o local e o global, entre o particular e o universal, entre o uno e o diverso, nas interconexões das identidades dos atores com o pluralismo. Enfim, trata-se de buscar os significados dos movimentos sociais num mundo que se apresenta cada vez mais como interdependente, intercomunicativo, no qual surge um número cada vez maior de movimentos de caráter transnacional, como os de direitos humanos, pela paz, ecologistas, feministas, étnicos e outros*" (1993:10). A relação entre as mudanças qualitativas na realidade sócio-econômica mundial e as novas redes estratégicas entre as empresas vem sendo estudada por R. RANDOLPH. Novas, afirma o autor, porque "*rompem com sistemas tradicionais; transcendem estruturas até então consolidadas e arrasam com a convencional separação entre hierarquia (intra-empresa) e mercado (entre agentes sociais)*" (1993:172). A temática da apropriação social das redes de telecomunicações no Brasil é enfocada por T. BENAKOUCHE, para quem, "*...se houve um grande interesse e um investimento sustentado na expansão e na modernização das redes, isto não se refletiu — pelo menos até agora — num desenvolvimento equivalente de novos serviços e menos ainda na sua apropriação pela sociedade brasileira*" (1995:231).

O conjunto de contribuições apresentado ao longo deste trabalho aponta, de fato, em direção a um programa de pesquisa interdisciplinar — o estudo das redes passa obrigatoriamente por um trabalho que se desenvolve na fronteira com as outras disciplinas, seja com a Engenharia, a Sociologia, a Física, a Economia ou a História. Trata-se de buscar o significado das redes; não numa perspectiva de linearidade entre o desenvolvimento técnico e as transformações espaciais, sociais ou econômicas, mas sim numa realidade pluridimensional, na qual emerjam as estratégias antagônicas de uma multiplicidade de atores. Neste sentido, a história das redes técnicas é, sem dúvida, um processo complexo, no qual coexistem eventos determinados por interações locais e projetos definidos por concepções globais sobre o papel das técnicas de informação e de comunicação.

BIBLIOGRAFIA

BAKIS, H. Télécommunication et organisation spatiale des entreprises. *Révue Géographique de l'Est*, nº 1: 33-46, 1985.

BEGAG, A. CLAISSE, G. e MOREAU, P. L'espace des bits: utopies et réalités. In: Bakis, H (ed.). *Communication et territoires*. Paris, La Documentation Française, 1990, pp. 187-217.

BENAKOUCHE, T. *Du téléphone aux nouvelles technologies: implications sociales et spatiales des réseaux de télécommunication au Brésil*. Paris, Tese de Doutorado, Université Paris XII, 1989, 254 p.

BENAKOUCHE, T. Redes de comunicação eletrônica e desigualdades regionais. In: Gonçalves, M. F. (org). *O novo Brasil urbano, impasses, dilemas, perspectivas*. Porto Alegre, Mercado aberto, 1995, pp. 227-237.

BENAKOUCHE, T. e DIAS, L. Télécommunications et dynamique spatiale: le cas du Brésil. In: Bakis, H. (ed). *Communication et territoire*. Paris, La Documentation Française, 1990, pp. 177-186.

BRESSAND, A e DISTLER, C. *Le prochain monde — réseaupolis*. Paris, Seuil, 1985, 318 p.

CLAVAL, P. Réseaux territoriaux et enracinement. In: DUPUY, G. (dir.) *Réseaux territoriaux*. Caen, Paradigme, 1988, pp. 147-161.

CLAVAL, P. *Quelques variations sur le thème 'Etat, Nation, Territoire'*. Paris, Sorbonne, Colloque "L'Etat et les stratégies du territoire, hier et aujourd'hui", mimeog., 1989, 14 p.

CORDEIRO, H. K. As telecomunicações e as redes urbanas no Brasil: pesquisas em desenvolvimento. *Boletim de Geografia Teorética*, 20 (39): 89-93, 1990.

CORDEIRO, H. K. e BOVO, D. A. A modernidade do espaço brasileiro através da Rede Nacional de telex. *Revista Brasileira de Geografia*, 52 (1): 107-155, 1990.

CORRÊA, R. L. *A rede urbana*. São Paulo, Ática, 1989, 96 p.

CORRÊA, R. L. Redes, fluxos, territórios: uma introdução. Rio de Janeiro, *Anais do 3º Simpósio Nacional de Geografia Urbana*, 1993, pp. 31-32.

CURIEN, N. e GENSOLLEN, M. Réseaux de télécommunications et aménagement de l'espace. *Révue Géographique de l'Est*, nº 1: 47-56, 1985.

DIAS, L. C. *Les réseaux de télécommunication et l'organisation territoriale et urbaine au Brésil*. Paris, Tese de Doutorado, Université Paris IV, 1991, 304 p.

DIAS, L. C. O sistema financeiro: aceleração dos ritmos econômicos e integração territorial. *Anuário de Geociências*, U.F.R.J., vol. 15: 43-53, 1992.

DUPUY, G. Villes, systèmes et réseaux — le rôle historique des techniques urbaines. *Les Annales de la Recherche Urbaine*, n.os 23-24: 231-241, 1984.

DUPUY, G. Préface. In: DUPUY, G. (dir.) *Réseaux territoriaux*. Caen, Paradigme, 1988, pp. 11-18.

DUPUY, J. P. *Ordres et désordres — enquête sur un nouveau paradigme*. Paris, Seuil, 1982, 278 p.

FOSSAERT, R. Le monde au 21e siècle — Une théorie des systèmes mondiaux. Paris, Fayard, 1991, 515 p.

GURVITCH, G. *La multiplicité de temps sociaux*. Paris, Centre de Documentation Historique, Le cours de la Sorbonne, 1958, 129 p.

HARVEY, D. *The condition of postmodernity*. Oxford, Basil Blackwell, 1989, 378 p.

HUGHES, T. P. *Networks of power. Electrification in Western Society*, 1880-1930. Baltimore, The Johns Hopkins University Press, 1983, 474 p.

LABASSE, J. *Les capitaux et la région*. Paris, Armand Colin, 1955, 532 p.

MACHADO, L. O. Sociedade urbana, inovação tecnológica e a nova geopolítica. *Boletim de Geografia Teorética*, 22 (43-44): 398-403, 1992.

MACHADO, L. O. A geopolítica do governo local: proposta de abordagem aos novos territórios urbanos da Amazônia. Rio de Janeiro, *Anais do 3.º Simpósio Nacional de Geografia Urbana*, 1993, pp. 83-88.

MONBEIG, P. *Pionniers et planteurs de São Paulo*. Paris, Armand Colin, 1952, 376 p.

MUNFORD, L. *Technique et civilisation*. Paris, Seuill, 1950, 415 p.

MOSS, M. L. Telecommunications, world cities and urban policy. *Urban Studies*, 24: 534-546, 1987.

NICOL, L. Communications technology: economic and spatial impacts. In: Castells, M. (ed.) *High technology, space and society*. Beverly Hills, Sage Publications, Urban Affairs Annual Reviews, vol. 28, 1985, pp. 191-209.

NORA, S. e MINC, A. *L'informatisation de la société*. Paris, La Documentation Française, 1978, 162 p.

PAVLIC, B. e HAMELINK, C. J. *Le nouvel ordre économique international: économie et communication*. Paris UNESCO, 1985, 86 p.

PEITER, P. C. *O desenvolvimento das redes elétricas de transmissão no Brasil: dos sistemas locais aos sistemas interligados regionais*. Rio de Janeiro, Tese de Mestrado, Programa de Pós-Graduação em Geografia, U.F.R.J., 1994, 215 p.

PINTO, A. V. *Ciência e existência — Problemas filosóficos da pesquisa científica*. Rio de Janeiro, Paz e Terra, 1979, 537 p.

PRIGOGINE, I. e STENGERS, I. *La nouvelle aliance*. Paris, Gallimard, 1979, 439 p.

RAFFESTIN, C. *Pour une géographie du pouvoir*. Paris, LITEC, 1980, 249 p.

RANDOLPH, R. Novas redes e novas territorialidades. Rio de Janeiro, *Anais do 3º Simpósio Nacional de Geografia Urbana*, 1993, p. 171-172.

RANDOLPH, R. *Novos agentes, novas fronteiras e novas espacialidades — Umas reflexões sobre a sociedade brasileira contemporânea*. Workshop "Avaliação do Planejamento Urbano e Regional: Propostas para o Brasil Urbano no Final do Século". Gramado (RS), ANPUR, mimeo., 1994, 26 p.

RIBEILL, G. Au temps de la révolution ferroviaire: l'utopique réseau. In: DUPUY, G. (dir.) *Réseaux territoriaux*. Caen, Paradigme, 1988, pp. 51-66.

RUELLE, D. Acaso e caos. São Paulo, UNESP, 1993, 224 p.

SANTOS, M. Modernidade, meio técnico-científico e urbanização no Brasil. *Cadernos IPPUR/UFRJ*, VI (1): 9-22, 1992.

SANTOS, M. *A urbanização brasileira*. São Paulo, HUCITEC, 1993, 157 p.

SANTOS, M. Os espaços da globalização. *Anais do 3º Simpósio Nacional de Geografia Urbana*, 1993, pp. 33-37.

SCARDIGLI, V. *Les sens de la technique*. Paris, PUF, 1992, 275 p.

SCHERER-WARREN, I. *Redes de movimentos sociais*. São Paulo, Loyola, 1993, 11 p.

SCHERER-WARREN, I. *Metodologia de redes no estudo das organizações e processos locais*. VI Colóquio sobre poder local, UFBa, mimeo., 1994, 13 p.

VELTZ, P. *Des territoires pour apprendre et innover*. Le Château, De L'Aube, 1994, pp. 95.

VIRILIO, P. *Vitesse et politique*. Paris, Galilée, 1977, 151 p.

WARF, B. Telecommunications and the globalisation of financial services. *Professional Geographer*, 41 (3): 257-271, 1989.

PARTE II

TEMAS

DESTERRITORIALIZAÇÃO: ENTRE AS REDES E OS AGLOMERADOS DE EXCLUSÃO*

Rogério Haesbaert
Professor do Departamento de Geografia da UFF

É bem conhecida a expressão "a forma segue a função", difundida pela arquitetura modernista norte-americana do início deste século. Para muitos ela sintetiza o auge de uma modernidade instrumental-funcionalista que defende a plena identidade entre forma e função. Mesmo Le Corbusier mergulhou neste mito que difundiu, utilizando suas próprias palavras, "máquinas de morar": o mito industrialista e tecnicista dessa modernidade levado às suas últimas conseqüências.

Numa outra escala, mais ampla que as do arquiteto e do urbanista, podemos dizer que parcelas cada vez mais expressivas do espaço têm sido moldadas visando esse padrão "ótimo" de funcio-

* A partir de trabalho apresentado no 3º Simpósio Nacional de Geografia Urbana (Rio de Janeiro, 13 a 17.09.1993). Agradeço ao amigo Marcelo Lopes de Souza pela leitura crítica da versão original.

nalidade e utilitarismo (especialmente para os capitalistas em busca da máxima lucratividade). Vastos espaços no mundo contemporâneo, especialmente nas chamadas novas (e talvez derradeiras) "fronteiras" de ocupação, exibem com incrível nitidez os efeitos dessa "modernização arrasadora" que impõe sua geometria regular sobre todos os espaços: estradas que parecem retas sem fim, gigantescos quadriláteros de novos loteamentos e conjuntos habitacionais padronizados, imensos círculos das áreas irrigadas pelo sistema de pivôs centrais...

Tratam-se de espaços que, "arrasados" e padronizados à feição do modelo dominante, muitos preferem considerar espaços sem história, sem identidade. Neles, a velocidade atroz das novas tecnologias transforma num ritmo alucinante a paisagem e incorpora áreas imensas numa mesma rede hierarquizada de fluxos alinhavada em escalas que vão muito além dos níveis local e "regional".

Mas este mesmo processo que, por um lado, produz redes que conectam os capitalistas com as bolsas mais importantes do mundo e aceleram a circulação da elite planetária, por outro gera uma massa de despossuídos sem as menores condições de acesso a essas redes e sem a menor autonomia para definir seus "circuitos de vida". Essa massa "estrutural" de miseráveis, fruto em parte do novo padrão tecnológico imposto pelo capitalismo, fica totalmente marginalizada do processo de produção, formando assim verdadeiros amontoados humanos — daí sugerirmos o termo *aglomerados* de exclusão para os espaços ocupados por esses grupos — que muitas vezes, como indica KURZ (1992), não podem ser vistos nem mesmo na acepção marxista de exército industrial de reserva.

Muitos autores, e não apenas geógrafos (LATOUCHE, 1990; IANNI, 1992 e ORTIZ, 1994, por exemplo), se reportam a essa dinâmica como um processo de "desterritorialização", o qual seria, se não a marca fundamental do nosso tempo, uma de suas marcas fundamentais. VIRILIO (1982), citando Deleuze em sua afirmação de que "tecnologia é desterritorialização", chega mesmo a considerar a desterritorialização "a questão deste final de século" (p. 133).

Na verdade, diante das posições muito controversas que envolvem a interpretação da "nova desordem mundial", podemos afirmar que o mundo vive atualmente um de seus períodos mais contraditórios e complexos, em que se mesclam os mais diversos níveis de des-territorialização. Enquanto uns simplificam os conflitos dentro do binômio globalização/regionalização econômica, outros (como HUNTINGTON, 1994) defendem que a fonte básica dos conflitos virá agora do "choque de civilizações". Na verdade, podemos encontrar lado a lado a globalização econômica estimulada por redes tecnológicas cada vez mais sofisticadas, movimentos neoterritorialistas de (re)enraizamento, que muitas vezes promovem a (re)construção de identidades tradicionais, e a exclusão sócio-econômica e cultural mais violenta, "sem identidade".

Uma das razões dessa complexidade é que, na chamada nova desordem mundial, passamos de uma dinâmica de relações internacionais política e ideológica (e também, parcialmente, econômica) bipolar para uma dinâmica de globalização econômica não acompanhada por um comando político e uma ideologia (um sentido/um conjunto de valores/um projeto coletivo) igualmente globais, seccionando assim a ordenação do espaço mundial a partir do descompasso entre essas dimensões. LAIDI (1994) faz uma análise muito instigante sobre o *gap* existente entre a potência (cada vez mais forte) e a produção de sentido (cada vez mais frágil) na nova desordem mundial.

Temos hoje, ao mesmo tempo, uma unipolaridade (no que se refere à hegemonia irrestrita do capitalismo como único modelo econômico a ser seguido e no sentido político-militar de uma superpotência sem rivais diretos, os Estados Unidos), uma tripolaridade (se considerarmos a disputa entre os três grandes centros do capitalismo: os EUA, a União Européia e o Japão) e uma apolaridade (pelo menos no sentido ideológico-cultural, diante do "vazio de sentido" com que o mundo cada vez mais se depara).

Outro motivo é o padrão tecnológico que rege a estrutura

econômica do chamado pós-fordismo ou capitalismo de acumulação flexível, onde a desterritorialização é ao mesmo tempo uma decorrência do acesso extremamente desigual às novas tecnologias e à informação, da velocidade cada vez maior dos transportes e das comunicações (que leva a propostas polêmicas como a da superação do espaço pelo tempo e a mudança de uma geo para uma cronopolítica [VIRILIO, 1977]) e de seu caráter excludente e fragmentador em termos da força de trabalho (propagando cada vez mais o desemprego, a terceirização e o trabalho temporário).

A des-territorialização deve ser tratada sobretudo no que se refere à dimensão espacial da sociedade que, para LÉVY (1992), corresponde à "luta dos homens contra a distância", distância que ao mesmo tempo *separa* as sociedades e é um *princípio de organização* de sua vida interior (p. 17). Isto, no meu entender, permite uma das definições possíveis dos processos de desterritorialização: a superação constante das distâncias, a tentativa de superar os entraves espaciais pela velocidade, de tornar-se "liberto" em relação aos constrangimentos (ou "rugosidades", como se refere Milton Santos) geográficos.

Mas, como veremos no decorrer deste trabalho, trata-se de uma definição que se relaciona a uma visão parcial do que se entende por território. Se tomarmos a abordagem que eu denominaria de "funcional-estratégica" de território, temos este como um espaço sobre o qual se exerce um domínio político e, como tal, um controle do acesso. O controle da acessibilidade através de fronteiras é, justamente, para SACK (1986), uma das características básicas na definição de território.

Entretanto, se ampliarmos essa definição, incorporando à dominação política uma apropriação simbólico-cultural, veremos que a desterritorialização não deve ser vista apenas como desenraizamento no sentido de uma destruição física de fronteiras e um aumento da mobilidade, em sentido concreto. Dentro de uma dinâmica de territorialização é muito importante diferenciar aquilo que LEFÈBVRE (1986) e HARVEY (1992) denominam *domínio* e *apropriação* do espaço.

Segundo Harvey, "o domínio do espaço reflete o modo como indivíduos ou grupos poderosos dominam a organização e a produção do espaço mediante recursos legais ou extralegais, a fim de exercerem um maior grau de controle (...)" (1992:202). Já para Lefèbvre, em que Harvey se inspira, "o espaço dominado é geralmente fechado, esterilizado, esvaziado. Seu conceito não adquire seu sentido a não ser por oposição ao conceito inseparável de apropriação" (1986:191). "Sobre um espaço natural modificado para servir às necessidades e às possibilidades de um grupo, pode-se dizer que este grupo *se apropria*. (...) Um espaço *apropriado* aproxima-se de uma obra de arte sem que ele seja seu simulacro" (p. 192). Relacionada ao espaço de vivência cotidiana, "a apropriação não pode ser compreendida sem o tempo, os ritmos de vida (p. 193)".

Assim, quando nos reportarmos à des-territorialização, precisamos deixar claro se estamos nos referindo à imbricação de suas dimensões: uma política, mais concreta, e outra cultural, de caráter mais simbólico, ou privilegiando uma delas, mesmo porque muitas vezes se tratam de processos não-coincidentes. Embora fronteiras de domínio político possam corroborar e mesmo criar uma identidade cultural, como foi o caso de muitos Estados-nações, nem toda fronteira de apropriação territorial no sentido cultural coincide com e/ou proporciona uma fronteira política concreta. Muitos processos de desterritorialização contemporâneos, como no caso dos refugiados de Ruanda e dos palestinos, decorrem, pelo menos em parte, dessa desconexão entre territórios no sentido de domínio político e territórios no sentido de apropriação simbólico-cultural.

É importante enfatizar que a produção do espaço envolve sempre, concomitantemente, a desterritorialização e a re-territorialização. Como já propunha, em termos mais amplos, Yves Barel:

> (...) seria interessante se representar a mudança social (e seu contrário, o bloqueio) sob a forma de uma *dinâmica territorial*, pois a mudança social é em parte esta: a vida e a morte dos territórios. Estes territórios têm uma *história*. A mudança social é vista aqui como um movimento de territorialização-desterritorialização-reterritorialização. Bem entendido, a história territorial da transformação social resta inteira por escrever. (...) De uma certa maneira, pode-se representar a modernidade como o lento aparecimento de códigos desterritorializantes que engendram seu contrário, isto é, a necessidade de novos territórios (BAREL, 1986:139).

Em HAESBAERT (1993) propus uma tríade conceitual para compreender esse processo concomitante de desreterritorialização (ou "T-D-R"), como sintetiza RAFFESTIN [1988, 1993]): território, rede e aglomerados de exclusão. Tríade que nada mais é do que um recurso analítico para apreender distinções dentro de um amplo *continuum* que se estende desde a territorialização mais fechada e enraizada dos *territorialismos*, como predominava entre as sociedades tradicionais (e muitas vezes reaparece no chamado neotribalismo contemporâneo), até a desterritorialização mais extrema (aqui denominada de *aglomerados de exclusão*), em que os indivíduos perdem seus laços com o território e passam a viver numa mobilidade e insegurança atrozes, como em muitos acampamentos de refugiados e grupos de sem-teto.

DESTERRITORIALIZAÇÃO EM UMA PERSPECTIVA DIACRÔNICA

Antes de analisar a desterritorialização contemporânea, é importante verificar que padrões é possível delinear analisando a manifestação desses processos ao longo da História. Para isso recorreremos a dois autores, RAFFESTIN (1988), que identifica três grandes tipos de civilização em função das "invariantes territoriais" (malhas, redes e nós) que cada uma delas prioriza, e LÉVY (1992), que propõe quatro padrões, ao mesmo tempo sincrônicos (válidos em conjunto para um dado momento da História) e diacrônicos (sucedendo-se no tempo).

Ao contrário de Lévy, que distingue território de rede, RAFFESTIN (1988) afirma que "a produção territorial combina sempre malhas, nós e redes" (p. 266), tomados como "invariantes territoriais", privilegiados diferentemente conforme a sociedade que estivermos analisando.

Simplificando, Raffestin distingue três grandes tipos de sociedades (quadro I):

a. CIVILIZAÇÕES TRADICIONAIS:

1. Predadoras, nômades ou seminômades — mais do que nós e redes, nelas se privilegiam as malhas, "o território percorrido", "a dimensão horizontal" onde são os homens que se movimentam, passando de uma "reserva renovável" a outra.

2. Civilizações tradicionais produtoras — onde a passagem da coleta à agricultura e ao pastoreio, sedentarizando os indivíduos como função da estocagem de recursos (ou produção de excedente), continua privilegiando as malhas, especialmente as áreas agrícolas, embora já apareçam importantes nós, as cidades primitivas.

b. CIVILIZAÇÕES TRADICIONALISTAS E RACIONALISTAS: nesse contexto de mutação, as cidades, enquanto nós, começam a se tornar hegemônicas sobre a organização do território, tentando estender sua influência e gerando conflitos com as "malhas" rurais.

c. CIVILIZAÇÕES RACIONAIS: no mundo moderno "a integração dos sistemas urbanos vai privilegiar a terceira invariante territorial", as redes (p. 271), tanto de comunicação quanto de circulação, sobre as quais se disputa o controle político; hoje "o acesso ou o não-acesso à informação [transformada numa mercadoria e num "recurso de base"] (é que) comanda o processo de territorialização, desterritorialização" (p. 272).

Quadro 1. Importância relativa das invariantes territoriais de acordo com os tipos de civilização (fonte: Raffestin, 1988:274)

Invariantes territoriais / Grandes tipos de civilizações	Malhas	Nós	Redes
Civilizações tradicionais			
Civilizações tradicionalistas e racionalistas			
Civilizações racionais			

A partir da desterritorialização como uma "crise de limites" e uma "crise de relações" no interior da territorialidade anteriormente existente (1988:275), RAFFESTIN inscreve o ciclo T-D-R num segundo ciclo, o da informação, que compreende três fases: inovação, difusão e obsolescência (IDO). O sucesso da difusão de uma inovação gera a desterritorialização e o prosseguimento da difusão "conduz a uma reterritorialização e assim a uma nova territorialidade e a um novo conjunto de relações frente à exterioridade e à alteridade. Até a realização de uma nova inovação a nova territorialização permanecerá relativamente estável" (p. 275).

Nessa abordagem, a territorialidade é definida a partir da convergência relacional entre "dois processos, um territorial (TDR) e outro informacional (IDO)". A territorialidade "aparece como a interação entre dois sistemas, um espacial e o outro informacional, na perspectiva de assegurar a autonomia de uma coletividade através do tempo" (p. 276).

Como é cada vez mais difícil a construção da autonomia dos grupos sociais, ainda que relativa, pois redes cada vez mais globais amarram a vida cotidiana numa trama de (des)controles em múltiplas escalas, a reterritorialização dominante nos nossos dias é um processo complexo e geralmente vinculado apenas ao caráter funcional do território, territórios que propomos denominar territórios-rede, pois acabam sempre direcionando fluxos ou definindo escalas de ação entre redes que, muitas vezes, extrapolam em muito as suas fronteiras.

LÉVY (1992) propõe o surgimento do que ele denomina "sociedade-mundo", analisada a partir de um "ponto de vista federativo" que é o *espaço*. Este unificaria/sintetizaria os três "modelos" que conformam a sociedade-mundo: o modelo da dominação geopolítica, o da economia-mundo e o da distância cultural.

Os quatro padrões identificados por Lévy são:

1. *O mundo como conjunto de mundos* — o "primeiro", historicamente falando, mas que, apesar das evidências, não desapareceu. Ele configura as "áreas culturais" definidas pelos particularismos de diversas ordens, em especial os religiosos e lingüísticos, que dão uma *identidade*, estabelecem uma *diferença* ou *exterioridade* profunda (holística, nos termos de DUMONT, 1985) aos grupos sociais.

2. *O mundo como campo de forças* — trata-se do "modelo geopolítico", que pode ao mesmo tempo legitimar a coalescência social e bloqueá-la, pois compreende "o conjunto dos processos que têm por meta a existência e a integridade territorial dos Estados" (1992:19).

3. *O mundo como rede hierarquizada* — aplica-se à "economia-mundo" (Braudel, Wallerstein) que começou a se estruturar há cinco séculos e define uma hierarquia de centros e periferias (exploradas, abandonadas e integradas). Sua universalidade (econômica) "se acomoda à existência das áreas culturais (modelo 1) e dos Estados (modelo 2)", tratando-se sobretudo de uma *rede* cujo fundamento não é o de "ocupar áreas, mas de ativar pontos (os 'vértices') e as linhas (as 'arestas') — ou de criar novos" (p. 21). A *desterritorialização* é um elemento fundamental para a compreensão desse sistema.

4. *O mundo como sociedade* — concebido como uma combinação dos três modelos anteriores: "a comunidade cultural, a identidade política e a integração econômica, estruturadas à escala mundial" (p. 22), Lévy defende a hipótese, polêmica, de que se trata de um modelo que, embora ainda em gestação, encontra-se em vias de se concretizar, através do que ele denomina o "enjeu" (a contenda) atual: "uma cultura unificada, um Estado mundial e uma sociedade-mundo" (p. 27).

Uma questão séria é a propensão que essas colocações têm de nos levar a reconhecer a história/a sociedade como um processo linear/evolutivo (ou etapista), onde, apesar de diferenciadamente imbricados, esses modelos se sucederiam em termos de dominância do mais *desterritorializante* em cada período histórico (podendo levar também à conclusão de que um mundo totalmente em *rede* é inexorável).

Lévy faz muitas ressalvas a essa "evolução *standard*", mas é impossível negar que uma interpretação desse tipo pode ocorrer, especialmente quando nos deparamos com o "esquema teórico de evolução" de cada modelo (cf. LÉVY, 1992:28). À parte essas implicações, contudo, a síntese espacial que o autor propõe para a identificação de cada modelo ou sistema oferece inúmeras perspectivas.

Quadro 2. Os modelos ou sistemas sociais propostos por J. Lévy (esquema revisto e ampliado a partir de Lévy *et al.*, 1992:18)

Áreas (e fronteiras) Fluxos (e pólos)

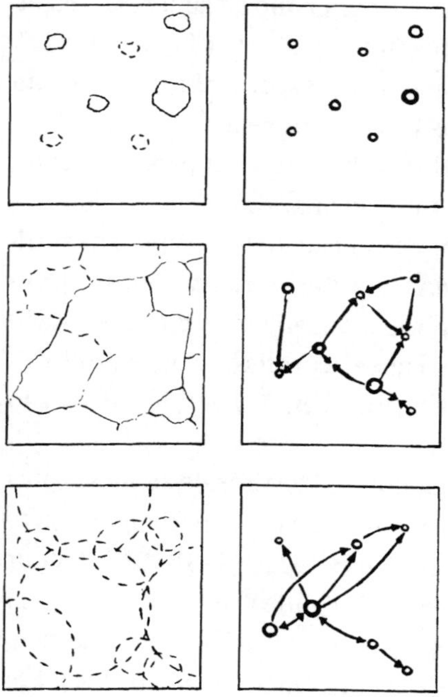

1. *Conjunto de mundos*
— territorialização "tradicional", radical (alteridade máxima) geograficamente descontínua
— "Tribalismo"

2. *Campo de forças*
— territorialização "moderna", geograficamente contínua/ contígua.
— Nacionalismo

3. *Rede hierarquizada*
— desterritorialização/ hierarquização dominante superposição geográfica
— Globalização

Fica claro na proposta em pauta que a desterritorialização é a noção básica para entender o sistema em rede que corresponde à "economia-mundo". Lévy contrapõe a noção de rede à noção de território, associando este ao "modo agrícola de ocupação do solo" (que ocupa de forma contínua uma determinada superfície) e ao espaço etático (o "Estado procede ele também a uma ocupação em superfície até limites claramente definidos", p. 24). Assim, enquanto o *território* assume um papel mais delimitador e centrífugo, "introvertido", definindo o espaço a partir de sua superfície (ou área), a *rede* traduz um caráter mais de extroversão, de abertura e relação entre espaços, através de sua topologia básica, que são pontos e linhas.

Complexificando e definindo melhor o esquema de "sistemas" proposto por Lévy, pode-se criar uma diagramação complementar ou paralela (à esquerda, na representação gráfica do quadro 2). Trata-se sobretudo de incluir uma outra "dimensão" espacial relativa a áreas/superfícies (e fronteiras), ou seja, "territorial", nos esquemas bidimensionais que o autor apresenta e que tomam por base apenas pontos e linhas (ou seja, as redes).

Embora Raffestin considere a rede um simples elemento, uma "invariante" do território, optamos por diferenciá-la do território na medida em que nem sempre ela aparece em apoio da territorialização, pois pode estimular a desterritorialização, colocando-se acima ou além dos territórios, dependendo da intensidade da mobilidade e do tipo de fluxo que ela promove. Outros autores que propõem uma leitura semelhante, além de Lévy, já citado, são LATOUR (1991) e BERQUE (1982).

Sem reduzir as redes ao global e os territórios ao local (pois "local e global são conceitos bem adaptados às superfícies e à geometria, mas muito mal às redes e à topologia" [1991:161]), Latour defende a diferença entre "redes alongadas" e "territórios" (p. 162), recusando o território dos "pré-modernos" e ao mesmo tempo preservando as redes alongadas dos "modernos" (p. 184). Ele se questiona também se a Antropologia não "estaria reduzida para sempre aos territórios, sem poder seguir as redes" (p. 158). Sua definição de redes técnicas envolve "redes jogadas sobre os espaços que retêm somente alguns raros elementos. São linhas conectadas e não superfícies" (p. 160).

BERQUE também parte da distinção entre um espaço linear,

que "se organizaria pela definição de um certo número de pontos de referência e pela junção destes pontos em rede", e um espaço areolar, que, ao contrário, "se organizaria sem referência prévia, cada lugar no seu contexto sendo em si mesmo sua razão de ser". O primeiro privilegiaria "a circulação", o segundo "a habitação", "o espaço linear seria sobretudo extrínseco, o espaço areolar sobretudo intrínseco" (1982:118-119). Esta perspectiva de Berque foi utilizada pelo sociólogo MAFFESOLI (1986) em apoio a sua polêmica análise do novo tribalismo planetário.

Em outro trabalho, onde aparece uma análise bem mais aprofundada das concepções de território e rede (HAESBAERT, 1995), sugeri definir a modernidade a partir dos processos de territorialização e desterritorialização, cujas características gerais, reavaliadas depois ao longo da pesquisa, sintetizamos inicialmente da seguinte forma:

	TERRITORIALIZAÇÃO	*DESTERRITORIALIZAÇÃO*
Dimensões sociais fundamentais	*política e cultural*	*econômica e política*
Dimensões/ elementos espaciais	*horizontal: área/superfície limite/fronteira TERRITÓRIO (Lévy, Baudrillard, Guattari)*	*vertical: pontos e linhas, pólos e fluxos. Limiar/hierarquia REDE (Lévy)*
Noções correlatas	*lugar (Augé) paisagem (Berque)*	*espaço (Baudrillard, Guattari), meio (Berque), não-lugar (Augé)*
Tendências gerais	*qualifica, distingue, identifica: DIFERENÇA/ALTERIDADE identidade/enraizamento controle*	*quantifica, homogeneiza, classifica:DES-IGUALDADE indistinção/perda de identidade, mobilidade*
Dilemas principais	*segregação sócio-espacial fechamento, conservadorismo*	*exploração, desintegração instabilidade*

Observa-se que, ao lado de algumas simplificações puramente analíticas (como as que distinguem qualificação/quantificação e estabilidade/instabilidade), surgem propriedades que realçam as especificidades de território e rede, territorialização e desterritorialização, especialmente aquelas diretamente relacionadas à dimensão espacial, como superfície/fronteira e hierarquia/pólos e fluxos (embora existam também redes não-hierárquicas, complementares). Ao lado das noções de território e rede, apresentei outras propostas análogas, como a distinção feita por GUATTARI (1985) e BAUDRILLARD (1991), entre espaço e território, e as noções de lugar e não-lugar propostas pelo antropólogo Marc AUGÉ (1992).

Ainda que se concorde com a maioria dos autores que associam a modernidade com a mobilidade e a desterritorialização, não é possível concordar com aqueles que definem a desterritorialização de um ponto de vista estritamente econômico, como sugere STORPER (1994) ao se referir aos pesquisadores que associam internacionalização e desterritorialização "no sentido de enfraquecimento da atividade econômica específica de um local e menor dependência dessa atividade em relação a locais específicos" (p. 14).

A associação da territorialização com as dimensões política e cultural e a desterritorialização com a dimensão econômica é uma simples questão de priorizar a dinâmica *predominante*. Sabe-se o quanto é difícil e mesmo imprudente separar essas esferas. Entretanto, se a territorialização é sobretudo enraizadora, promovendo a coesão por seu caráter mais intrínseco e introvertido, é claro que ela vai estar ligada muito mais às iniciativas político-culturais de apropriação e domínio do que à dinâmica do capital, cujo caráter é intrinsecamente desterritorializador e "sem pátria".

Daí o peso das chamadas inovações (ou "revoluções") tecnológicas na aceleração do processo desterritorializador, mais marcante ainda no atual meio técnico-científico (SANTOS, 1985) ou da "Terceira Revolução Industrial" — especialmente após os anos 60, quando o avanço das tecnologias da informação permitiram a flexibilização da produção (ou sua "deslocalização") e a agilização do ciclo dos produtos, além de ampliar enormemente o setor de serviços (especialmente aqueles ligados a atividades "móveis" como as comunicações e o turismo) e agilizar de uma maneira brutal a circulação do capital financeiro.

Por isso muitos autores associam intimamente os processos de globalização e desterritorialização. Como IANNI (1992), para quem "a globalização tende a desenraizar as coisas, as gentes e as idéias (...). Assim se desenvolve o novo e surpreendente processo de *desterritorialização*, uma característica essencial da sociedade global em formação" (p. 92-93). ORTIZ (1994), fazendo referência a GIDDENS (1990), reconhece a desterritorialização como uma marca essencial da própria modernidade em seu conjunto, onde "as relações sociais são deslocadas dos contextos territoriais de interação e se reestruturam por meio de extensões indefinidas de espaço-tempo (...) favorecendo uma organização racional" da vida humana, mudança esta só viabilizada por um sistema técnico que "permite um controle do espaço e do tempo" (p. 45).

Fabricados "em pedaços e em vários lugares", os produtos também se desenraízam, não sendo mais "determinados pela sua territorialidade", o que viabiliza uma administração globalizada (p. 151) e contribuindo para o surgimento de uma "cultura internacional-popular", já que "não só os objetos, mas também as referências culturais que o compõem, devem se desenraizar" (p. 111). A partir de exemplos como a difusão dos *westerns* e do *jeans*, Ortiz oferece um excelente quadro das relações entre o capitalismo flexível (que alia fragmentação espacial e da força de trabalho com concentração gerencial e financeira) e a desterritorialização no âmbito dos valores e da cultura em seu conjunto.

Embora às vezes um pouco seduzido pela circulação e pela desterritorialização globalizadas, vinculadas especialmente aos espaços que podem ser tratados como redes técnico-funcionais,

Ortiz reconhece que elas também promovem ou são envolvidas por determinadas reterritorializações, com base na "tradição da modernidade" marcada pela tecnologia e que secreta uma "memória internacional-popular" capaz de "enraizar os homens na sua mobilidade" (p. 213). E ainda, podemos acrescentar, pelo fato de que a globalização pode gerar como produto novos localismos, principalmente na medida em que promove a mobilidade planetária de grupos culturais muito distintos e que reativa identidades como forma de resistir ao "sem sentido" da mercantilização e do consumismo.

REDES E DESTERRITORIALIZAÇÃO

Em geral as redes, ao estimularem os fluxos e a extroversão, encontram-se a serviço da desterritorialização, principalmente no que se refere à sua articulação com os circuitos de "fluidez" do capital internacional. Mas elas acabam quase sempre integradas também, em outras escalas, a uma dinâmica reterritorializante. Considerando a distinção de RANDOLPH (1993) entre redes estratégicas (ou técnico-funcionais), moldadas por uma "razão instrumental" (ou pelo "agir-racional-com-respeito-a-fins" de Habermas) e redes de solidariedade, moldadas dentro de uma "razão comunicativa", as primeiras seriam mais desterritorializantes, as segundas mais territorializantes. Para efeitos desta abordagem, contudo, enfatizaremos o caráter ou pelo menos o potencial desterritorializante presente nas redes, especialmente nas redes globais do capitalismo contemporâneo, sem com isso ignorar seu imenso potencial reterritorializador, principalmente no que concerne às redes de solidariedade.

Talvez a característica mais difundida da modernidade seja a da mutação, seu caráter inovador, que levou ROSENBERG (1974) a afirmar que "sua tradição é o novo". Dois dos grandes mitos da era moderna, o do progresso e o da revolução, demonstram bem essa "vocação para o novo" e a desterritorialização que a acompanha: o mito do domínio irrestrito sobre a natureza (dessacralizada) pelo avanço da técnica e o mito da ruptura radical com o passado, rumo à "sociedade ideal" (onde todos os conflitos fossem definitivamente resolvidos). DELEUZE e GUATTARI (1991) chegam mesmo a afirmar que "a revolução é a desterritorialização absoluta no próprio ponto onde esta apela à nova terra, ao novo povo" (p. 97).

É evidente, assim, que tecnologias cada vez mais ágeis na aceleração das transformações do espaço social levam a uma destruição daquilo que é uma característica dos territórios: a definição de fronteiras e, por conseqüência, a manutenção de uma (sempre relativa) estabilidade. Embora convivendo com uma multiplicidade de tempos, o espaço neste final de século incorpora esse elemento novo, "revolucionário" em termos de percepção do espaço-tempo: a simultaneidade. Ela só é possível por um processo de desterritorialização em que redes mundiais instantaneamente ativadas (ditas técnicas ou informacionais, não obrigatoriamente espacializadas) dominam uma espécie de organização "extraterritorial" do espaço.

Um processo de desterritorialização, como já ressaltamos, pode ser tanto simbólico, com a destruição de símbolos, marcos históricos, identidades, quanto concreto, material — político e/ou econômico, pela destruição de antigos laços/fronteiras econômico-políticas de integração. É muito importante também distinguir as escalas de difusão da desterritorialização, tanto espaciais quanto temporais (longa, média ou de curta duração, nos termos de Braudel), pois pode ocorrer concomitantemente desterritorialização numa escala (regional/local) e reterritorialização em outra (nacional e mundial, por exemplo).

Nos processos de desterritorialização promovidos pelas redes é importante distinguir também suas diferenças de intensidade conforme o elemento da rede a que estivermos nos referindo.

Assim, nem tudo que é válido para as "linhas" e os fluxos o é para os "pontos" ou nós. Além disso, muitas redes, geograficamente falando, não só atuam como vetores de desterritorialização como são em si mesmas mais desterritorializadas, num sentido físico, pois só necessitam de "antenas" ("pontos") para realizarem suas conexões (é o caso das transmissões via satélite), enquanto para outras são imprescindíveis os "dutos" materiais (caso dos cabos telefônicos submarinos).

DEMATTEIS (1992) define a cidade como "um conjunto de nós pertencente a diferentes redes", "um conjunto de sujeitos fisicamente coexistentes, mas que pertencem a redes de organização diferentes, e cujos interesses podem divergir à escala local, ou seja, não fazer 'sistema' à escala em questão. Assim, o espaço físico de cada cidade seria a sede de vários 'nós' pertencendo a sistemas diferentes, cada um com formas de enraizamento local (relações 'verticais') distintas" (p. 2).

Para o autor, isso envolve uma séria mudança na forma de pensar o espaço, pois o mais próximo nem sempre é o mais semelhante e o de maior impacto, assim como o mais distante não é o mais distinto e o que provoca menos impacto. Apesar de tudo, Dematteis considera que para algumas questões a abordagem tradicional ainda é válida. A cidade ainda permanece um mercado unitário de trabalho e de habitação, por exemplo, mas só pode ser considerada como "sujeito coletivo unitário" do ponto de vista jurídico-formal. Isso leva à definição de *nó* como "unidade físico-espacial", "um sistema ambiental local dotado de sua própria coesão interna, graças à qual ele é capaz de participar de uma coesão mais ampla em rede" (p. 3).

É como se este nó fosse o elemento mais territorializado e, por isso mesmo, "controlado" da rede. Dependendo da escala com que percebemos o espaço, o que era território, com uma superfície e fronteiras razoavelmente definidas, pode se transformar em ponto ou nó e tornar-se, assim, um elemento da rede. "A complexidade das redes de cidades", afirma Dematteis, "se deve ao fato de que elas são constituídas de nós compostos de redes de sujeitos locais e de diversas combinações de sujeitos pertencentes a redes supralocais" (p. 21).

Simplificando, podemos dizer que as redes se tornam tanto mais desterritorializantes quanto mais elas são:

— instrumentais e vinculadas à lógica padronizadora da economia de mercado, uma lógica contábil que tudo classifica e quantifica, retirando todo conteúdo simbólico e qualitativo;

— técnico-informacionais e imateriais, incorporando níveis tecnológicos que permitem a simultaneidade da informação e, portanto, a superação do constrangimento "distância" e da necessidade de contato direto nas relações sociais;

— globais e hierárquicas, impondo a (inter)dependência a nível planetário (embora neste sentido também possam articular um "território-mundo").

— ilegais ou clandestinas, pois neste sentido encontram-se à margem dos controles politicamente deminantes, podendo acentuar a insegurança e a violência (embora também possam promover reterritorializações com um controle estrito sobre seus territórios de ação).

Muitas vezes articulando máfias à escala mundial, as redes ilegais podem ser vistas ao mesmo tempo como produtos — à margem do sistema "legal", impondo-se como forma de sobrevivência de grupos excluídos; e como produtoras da desterritorialização — ao promoverem a instabilidade e a violência. Como exemplo dessas redes ilegais, informais e/ou clandestinas, que proliferam de forma crescente, paralelamente ao aumento da exclusão e da falta de controle dos fluxos internacionais, temos:

— as redes das drogas, que se vinculam com as redes capitalistas "oficiais" principalmente nos paraísos financeiros internacionais; as formas com que elas se integram ao circuito da economia legal exigem a extraterritorialidade dos paraísos financeiros, onde a lavagem do dinheiro, proveniente não só da rede da droga, faz com que o "território" de uma empresa muitas vezes se reduza a uma caixa postal numa agência de correio, como ocorre com milhares de firmas nas Ilhas Caymán.

— as redes do crime organizado (e suas várias "máfias"), hoje em franca expansão nos países de legislação e fiscalização insipientes, como os do antigo bloco soviético, e que envolvem o contrabando, o jogo, as informações "secretas" (militares ou de *know-how*) e o terrorismo (vide recente descoberta de uma rede mundial de seqüestros);

— as redes do tráfico humano, relacionadas ao comércio de bebês, de órgãos, à prostituição e especialmente à migração clandestina, geralmente vinculada à rede econômica legal, como no recente caso dos chineses levados praticamente como mão-de-obra escrava para fábricas dos Estados Unidos.

O enfraquecimento crescente do Estado como agente de intervenção diante do processo avassalador e "sem fronteiras" de mercantilização da sociedade leva muitas dessas redes ilegais a promover (re)territorializações próprias, muitas vezes como modo de substituir o Estado, como ocorre com o narcotráfico nas favelas latino-americanas. Por outro lado, sua "clandestinidade" acaba alimentando a insegurança, a violência e a exclusão frente aos circuitos ditos legais da economia e da política. Muitos, mergulhados na confusão de redes e territórios ou totalmente deles excluídos, acabam por partilhar da desterritorialização mais radical, a dos "aglomerados" de exclusão.

DESTERRITORIALIZAÇÃO E AGLOMERADOS DE EXCLUSÃO

> *"Aglomeração — ação ou efeito de aglomerar(-se); ajuntamento, agrupamento, amontoamento"; "Aglomerar — 1. juntar, reunir, acumular. 2. ajuntar-se, reunir-se, amontoar-se"; Aglomerado — Adj. 1. junto, reunido; acumulação, amontoado. S.m. 2. conjunto, reunião, aglomeração"* (Novo Dicionário Aurélio da Língua Portuguesa).

O termo aglomerado, como se percebe, serve tanto para definir "conjuntos, agrupamentos" em geral (daí a concepção generalizada de "aglomeração humana", "urbana" etc.) quanto "amontoamento", um tipo de reunião onde os elementos estão "ajuntados confusamente" que é como propomos, aqui, a noção de aglomerado. Aglomerado humano de exclusão se associa então ao "não regulado/ordenado", onde a imprevisibilidade é uma condição essencial e fica difícil conviver ("racionalmente", pelo menos) com a lógica da geografia das redes e territórios.

Aglomerado aproxima-se da concepção de *massa* no sentido de forma indefinida, ou, como aponta o *Dicionário Aurélio*, de "turba", "multidão em desordem", simples "quantidade, volume" que ocupa uma área de fronteiras móveis. Num sentido mais abstrato e genérico (porque na realidade ele pode estar imbricado a territórios e redes), o aglomerado compreenderia os grupos marginais no sentido de exclusão social de fato, o que significa a própria exclusão do circuito capitalista explorador, típica da desterritorialização que as redes das classes sociais hegemônicas promovem no espaço dos miseráveis.

Apesar da distinção analítica aqui enfatizada, é preciso reconhecer que na realidade o processo efetivo consiste sempre na *associação* entre aglomerados, redes e territórios BAUDRILLARD

(1985), por exemplo, ao definir *massa*, afirma que ela nunca é "de trabalhadores" ou de "camponeses", pois "só se comportam como massa aqueles que estão liberados de suas obrigações simbólicas, 'anulados' (presos nas infinitas 'redes')" (p. 12), desintegrados, "resíduos estatísticos".

Assim, podemos afirmar que o aglomerado, mais do que um espaço "à parte", excluído e amorfo, deve sua desordem principalmente ao fato de que nele se cruzam uma multiplicidade de redes e territórios que não permitem definições ou identidades claras. É como se o "vazio de sentido" contemporânea reproduzido no sentido sociológico pela polêmica noção de "massa" tivesse sua contrapartida geográfica na noção de aglomerados humanos de exclusão.

Baudrillard critica o conceito de massa, que para ele "não é um conceito. *Leitmotiv* da demagogia política, é uma noção fluida, viscosa, *lumpen*-analítica. (...) Querer especificar o termo massa é justamente um contra-senso — é procurar um sentido no que não o tem" (p. 11). "Na massa desaparece a polaridade do um e do outro". Baudrillard muitas vezes parece delirar na fluidez retórica de suas in-definições e criar um "tipo ideal" de massa que na prática parece não existir. De tão nula, indistinta e indefinível, nem ele próprio parece às vezes encontrá-la...

Num mundo tão complexo, de imbricações e superposições, onde às vezes tudo parece estar em todas as escalas, definir espacialmente os aglomerados é sempre difícil, imbricados que estão na avalanche que joga em nosso cotidiano todas as escalas e quase todos os sentidos possíveis. A influência dos aglomerados se daria basicamente através do "caos" e da desorganização, pelo volume e o crescimento desordenado que eles envolvem — sua força advém de "sua própria desestruturação e inércia", na expressão utilizada por Baudrillard para as massas. Enquanto isso, as redes e territórios pressupõem sempre um certo ordenamento — dentro ou fora da ordem hegemônica — embora imponham mais a desordem quando se confrontam redes e/ou territórios de tendências e ritmos distintos.

Talvez os aglomerados mais comuns sejam aqueles que resultam de uma malha de múltiplos territórios e redes que se sobrepõem, ou que simplesmente os transpassam, como no emaranhado de disputas territoriais em que ocasionalmente se inserem o narcotráfico, os bicheiros, a polícia, os grupos funk e/ou as igrejas pentecostais nas favelas do Rio de Janeiro. A insegurança, nestes casos, é o que domina. No caso da chacina de Vigário Geral, no Rio, em agosto de 1993, por exemplo, palavras como "descontrole", "barbárie", "poder paralelo", "anarquia" e "degradação" (exageradas, é verdade), foram usadas indiscriminadamente pela imprensa para definir o massacre, numa nítida alusão à confusa malha de redes e territórios que envolve muitas vezes as disputas dentro das favelas cariocas.

Há momentos, entretanto, que a reterritorialização "marginal" (= à margem da territorialização legal ou dominante) se impõe de tal forma que o que era um aglomerado passa a conformar nítidos territórios, segregados porém internamente coesos e "seguros" para quem partilha de suas regras e valores. A disputa entre grupos traficantes rivais nas favelas do Rio de Janeiro, por exemplo, alterna períodos de insegurança e desterritorialização (a desordem que põe em jogo suas fronteiras de atuação), quando o espaço social adquire feições mais claras de *aglomerado humano*, e períodos de consolidação de uma territorialidade rígida e de uma ordem autoritariamente imposta.

Muitos autores, especialmente sociólogos contemporâneos, constatam esse aumento da miséria, "da insegurança, da violência desorganizada e organizada e da anomia defensiva", especialmente em países em crise econômica muito grave, como os da América Latina, onde a "massa" se constitui "num agregado inorgânico de individualidades e manifestações atomizadas" (SCHERER-WARREN, 1993:20), que podem ser associadas ao "desmovimento (seja desmobilização, imobilismo ou antimovimento)" (p. 21).

A proliferação avassaladora de aglomerados miseráveis no

mundo contemporâneo não é, entretanto, um privilégio do Terceiro Mundo excluído, com suas multidões de despossuídos e de "deslocados". Através das migrações maciças de trabalhadores do chamado Terceiro Mundo e do desemprego estrutural que afeta hoje toda a sociedade nos núcleos do sistema, também no "Primeiro" mundo começam a proliferar os aglomerados humanos, bem menos visíveis e compactos espacialmente, é verdade, mas nem por isso pouco expressivos.

Kurz, juntamente com Habermas e Gorz, um partidário da tese do "fim da sociedade do trabalho"[1] , apela para "a diminuição história da substância de 'trabalho abstrato', em conseqüência da alta produtividade ('força produtiva ciência') alcançada pela mediação da concorrência", como a causa básica da crise contemporânea. As máfias das drogas e do mercado negro seriam a "última instância civilizatória do dinheiro" (1992:221) e ele aponta como uma das saídas o terror do Estado.

Segundo Roberto Schwarz, comentando as posições de Kurz, "pela primeira vez o aumento da produtividade está significando dispensa de trabalhadores também em números absolutos, ou seja, o capital começa a perder a faculdade de explorar trabalho" (1992:11), revolucionando assim a teoria econômica que, tradicionalmente, acreditava no aumento do emprego em cada nova fase de acumulação. "A mão-de-obra barata e semiforçada com base na qual o Brasil ou a União Soviética contavam desenvolver uma indústria moderna ficou sem relevância e não tem comprador. Depois de lutar contra a exploração capitalista, os trabalhadores deverão se debater contra a falta dela, que pode não ser melhor" (p. 11). No comentário de Schwarz, para Kurz a derrota, a crise, não afeta apenas as empresas, mas também regiões e países: "A vitória de uma empresa não é só a derrota da vizinha, mas pode ser a con-

[1] A propósito, ver as críticas de Leo Maar a esses três autores, com base em Oscar Negt, em "Fim da sociedade do trabalho ou emancipação crítica do trabalho social?" (Seminário Internacional Socialismo e Capitalismo, novos e velhos paradigmas, Marília, abril de 1993, datil.).

denação e desativação econômica de um território inteiro noutro continente" (p. 13).

Kurz denomina "sociedades pós-catastróficas" aquelas do Terceiro Mundo após o ápice do colapso econômico atual, onde se vive na extrema miséria, numa ligação "à circulação sangüínea global do dinheiro" apenas "por algumas poucas veias muito finas" (p. 167). A "desindustrialização endividada" na América Latina fez com que suas economias fossem em grande parte "expelidas da circulação global", através de uma concorrência mundial (pela geração de novas tecnologias) que exclui ou "desativa" as antigas "vantagens comparativas" do Terceiro Mundo, como recursos naturais e mão-de-obra abundante. Assim, "a massa da população passa a depender de organizações internacionais de auxílio, transformando-se em casos de assistência social em escala planetária. Droga, máfia, fundamentalismo e nacionalismo representam outros modos pós-catástrofe de reinserção no contexto modernizado" (p. 13).

Às vezes radicalizando, em afirmações sem um respaldo empírico consistente, KURZ (1992) chega a afirmar que a "a maioria da população mundial já consiste hoje... em sujeitos-dinheiro sem dinheiro, em pessoas que não se encaixam em nenhuma forma de organização social, nem na pré-capitalista nem na capitalista, e muito menos na pós-capitalista, sendo forçadas a viver num leprosário social que já compreende a maior parte do planeta" (p. 195).

Para Samir Amin (In LÉVY *et al.*, 1992), enquanto o Leste europeu ingressa numa "fase de capitalismo selvagem" como "uma das principais manifestações da polarização capitalista a surgir", a África negra "já está quarto-mundializada, no sentido de que ela *não tem uma verdadeira função* no mundo atual" (p. 107, grifo nosso). Mas nada impede que, num outro momento, as posições mudem. Amin lembra o caso das Antilhas e do Nordeste brasileiro, que eram "centros da periferia" na época mercantilista, "antes de ser quarto-mundializados a partir da revolução industrial".

Kurz e Amin, mantendo uma mesma base de interpretação, marxista, embora em diferentes perspectivas críticas, se reportam ao caráter concomitantemente construtor e destruidor do capitalismo e reconhecem a possibilidade de, ao não ser contido o agravamento a que tendem hoje os conflitos locais/nacionais, retornarmos à "barbárie". VIRILIO (1994), referindo-se à realidade européia, afirma que, "depois da oposição campo-cidade do século 19 e a oposição centro-periferia do século 20, assistiremos dentro em breve, se não nos prevenirmos, à oposição entre aqueles que contam com um domicílio e um emprego permanente e os que vivem à deriva, à procura de uma subsistência precária e de um alojamento provisório" (p. 6-3).

Produto desse abandono pelos circuitos globais de integração à sociedade capitalista, seja em relação ao trabalho, ao consumo ou à cidadania (no caso dos aglomerados, praticamente a todos eles ao mesmo tempo), a intensificação das migrações dessa população "supérflua" se torna um grande dilema e provoca reações autoritárias e segregadoras nas áreas centrais do sistema, que revigoram sua territorialidade através do reforço do controle sobre as fronteiras e da difusão de sentimentos xenófobos e neonacionalistas.

Como se pode deduzir, os aglomerados se situam no nível mais agudo desse complexo processo de exclusão. Um dos exemplos mais contundentes é o dos acampamentos de refugiados, esses "novos nômades" cada vez mais numerosos, onde efetivamente só resta como alento a uma mínima organização, em meio à total insegurança e fragilidade, a luta pela sobrevivência física cotidiana. Um dos casos mais graves é o dos refugiados somalis, expulsos da guerra civil e da fome para países vizinhos como o Quênia e a Etiópia, estendendo suas tendas por terrenos estéreis onde milhares de pessoas sofrem de desnutrição aguda e agonizam em meio à aridez.

No total, o mundo possui hoje em torno de 23 milhões de refugiados e cerca de 70 milhões de imigrantes ("refugiados econômicos"), uma massa que cresce a cada dia, produto sobretudo da crescente desigualdade de condições entre o Norte e o Sul do planeta. Segundo o Alto Comissariado das Nações Unidas para os Refugiados (HCR, 1993), havia 18,2 milhões de refugiados no planeta em 1992. A progressão crescente teria elevado este número para 23 milhões em 1994 (*O Globo*, 14.08.1994), a maioria de Ruanda, Afeganistão, Bósnia e Moçambique. Em 1980 eram 8,2 milhões de refugiados — refugiados "de território", diga-se, expulsos por motivos políticos-culturais, sem contar os refugiados por exclusão da rede econômica dominante, "fugitivos do caos econômico". Somente do Afeganistão para o Irã contam-se hoje quase 3 milhões de refugiados.

Aparentemente, o termo "acampamento" poderia ser tomado como sinônimo de aglomerado, mas são muito distintos os níveis sociais e de organização dos grupos que eles envolvem, desde os "nômades tradicionais", cujos acampamentos são parte de sua cultura (ciganos, alguns mongóis e tibetanos) até os grupos expropriados cujos acampamentos, circunstanciais, fazem parte de sua estratégia de resistência, como é o caso dos acampamentos, às vezes altamente organizados, dos sem-terra e dos sem-teto.

À situação de penúria e insegurança vivida nos acampamentos de refugiados deve-se acrescentar a dos "lumpen" urbanos, também cada vez mais numerosos, tanto na "velha" Índia como na "nova" Rússia (recentemente foram recenseados 11.500 sem-teto só em São Petersburgo) e nos Estados Unidos. Seria uma espécie de *aglomerado* flutuante, disperso, que mergulha nos dutos das redes legais (literalmente, no caso dos que habitam as redes de esgotos) e se aloja no limiar dos territórios altamente controlados em que foram transformados os bairros das elites.

Caberia retomar a idéia de "lumpenproletariado" que Marx, de forma às vezes moralista, desenvolve no *18 Brumário de Luís Bonaparte* como "o lixo de todas as classes", "uma massa desinte grada" que reúne "indivíduos arruinados e aventureiros egressos da burguesia, vagabundos, soldados desmobilizados, malfeitores recém-saídos da cadeia (...), batedores de carteira, rufiões, mendigos etc." (*apud* BOTTOMORE, 1988:223).

Na tradução brasileira da obra de Marx (revista por Leandro Konder), encontramos: "A pretexto de fundar uma sociedade beneficente o *lumpen-proletariado* de Paris fora organizado em facções secretas, dirigidas por agentes bonapartistas e sob a chefia geral de um general bonapartista. Lado a lado com *roués* decadentes, de fortuna duvidosa e de origem duvidosa, lado a lado com arruinados e aventureiros rebentos da burguesia, havia vagabundos, soldados desligados do exército, presidiários libertos, forçados foragidos das galés, chantagistas, saltimbancos, *lazzarani*, punguistas, trapaceiros, jogadores, *maquereaus* [alcoviteiros], donos de bordéis, carregadores, *literati*, tocadores de realejo, trapeiros, amoladores de facas, soldadores, mendigos — em suma, toda essa massa indefinida e desintegrada, atirada de ceca em meca, que os franceses chamam *la bohème*". Logo adiante Marx fala do lumpen como "essa escória, esse refugo, esse rebotamento de todas as classes" (MARX, 1978 [1852], pp. 70-71).

BOTTOMORE (1988) afirma que o fundamental, mais do que identificar "a escória e o refugo" desprezíveis como o fez Marx, é reconhecer o "fato de que, em condições extremas de crise e de desintegração social em uma sociedade capitalista, grande número de pessoas pode separar-se de sua classe e vir a formar uma massa 'desgovernada', particularmente vulnerável às ideologias e aos movimentos reacionários" (p. 223).

Bottomore cita também Otto Bauer e sua noção de *déclassés*, os "desclassificados". "Sem classe" é um termo que cabe muito bem para definir a situação de exclusão vivida nos aglomerados: qualquer tentativa de incorporá-los numa "classe", ou seja, numa classificação de conjunto, seria equivocada ou simplificadora. Excluídos totalmente do sistema, onde são desprezíveis tanto como trabalhadores (diante do desemprego estrutural) quanto como consumidores (dado o seu nível extremo de pobreza), acabam "não tendo função", como disse Samir Amin, ou tendo um papel disfuncional na medida em que podem abalar o sistema por representarem, pelo menos, uma "massa" potencialmente incontrolável.

Não é à toa que as "questões demográficas" voltam à tona com toda a sua força — a massa de miseráveis do planeta só preocupa, no fundo, por sua reprodução biológica que, apesar da indigência e das epidemias, não cessa de crescer, podendo mesmo abalar a "saúde" (ecológica...) do planeta. Na outra face da questão aparecem, como enfatiza Kurz, as novas bases (tecnológicas) da acumulação capitalista, responsáveis em grande parte por esta exclusão social mundializada.

Aglomerados de exclusão seriam marcados então pela desterritorialização extrema, uma certa fluidez marcada pela instabilidade e a insegurança constantes, principalmente em termos de condições materiais de sobrevivência, pela violência freqüente e pela mobilidade destruidora de identidades. Tratam-se, em síntese, de espaços sobre os quais os grupos sociais dispõem de menor controle e segurança, material e simbólica. A desterritorialização arrasadora dos aglomerados excludentes produz assim o anonimato, a anulação de identidades e a ausência praticamente total de autonomia de seus habitantes. Como diz Baudrillard, "todas as tentativas para fazer [da massa] um sujeito (real ou mítico) deparam com uma espantosa impossibilidade de tomada de consciência autônoma" (1985:29).

Por isso neles podem ser geradas, com relativa facilidade, reterritorializações de caráter reacionário, muito conservador, gerando mesmo o extremo oposto da desterritorialização dos aglomerados: os *territorialismos*, vulneráveis que são a mobilizações sociais extremamente reacionárias. BRUNET *et al.* (1993) afirmam que o territorialismo é o "mau uso da territorialidade, derivação pela qual se sobrevaloriza um território de pertencimento, ao ponto de pretender excluir toda pessoa considerada como estrangeira". Daí sua associação "com o terrorismo" e com "uma visão animal do território", que se torna naturalizado, em detrimento de sua historicidade (p. 481).

Esses territorialismos são uma conseqüência não só da exclusão econômica mas também cultural, diante do "vazio de significado" dominante, que se presta tanto à violência indiscriminada e "sem sentido" quanto ao aparecimento dos fundamentalismos, onde "os extremos podem se encontrar": a desterritorialização mais radical se depara, subitamente, com os dogmas mais fechados que tentam, num processo que inicialmente pode ser caótico, reterritorializar os grupos sociais em verdadeiros "territórios-clausura", como foi o caso do Irã xiita de Khomeini, do Khmer Vermelho do Pol Pot e como ocorreu em certas regiões do Peru com a verdadeira seita de inspiração maoísta Sendero Luminoso.

Em meio aos *aglomerados* africanos aparecem talvez os melhores exemplos de novas territorializações, instáveis e que promovem ao mesmo tempo a ordem e a desordem. Os antigos territórios, tradicionais, fechados, transformaram-se muitas vezes em espaços "caóticos" diante da (não) inserção nos territórios-rede (Estados-nações, por exemplo) da modernidade, num processo que LE GOFF (1988) denominou "modernização conflitiva". A complexa e instável disputa pelo poder (e por territórios) entre os diversos clãs que dividem entre si o poder político na Somália, na Libéria ou no interior da Etiópia e do Sudão são os melhores exemplos.

Em muitos países da ex-União Soviética, na Índia e no interior da África, é a reterritorialização autoritária de grupos étnico-religiosos integristas que, tentando não entrar na condição de *aglomerados*, resultantes de uma exclusão econômica, cultural e política (no caso do "socialismo real", com a retirada das amarras do Estado-patrão), obrigam muitas vezes aqueles que são identificados como "os outros" a comporem novos aglomerados.

Devemos distinguir os aglomerados considerando: o nível da desterritorialização e seu caráter conjuntural ou estrutural; os grupos sociais e culturais e o contexto econômico dentro dos quais emergem; suas formas de articulação como territórios e redes e as escalas geográficas em que ocorrem. Propomos assim pelo menos três tipos gerais de *aglomerados*, do mais radicalmente desterritorializado ao mais envolvido por redes e territórios:

— os aglomerados "radicais", extremamente precários e instáveis, cuja manifestação espacial mais típica se dá sob a forma de acampamentos, como os dos refugiados e "deslocados" em áreas do Terceiro Mundo, onde a sobrevivência só pode ser garantida via assistencialismo internacional e as relações sociedade-território são as mais frágeis, podendo mergulhar os indivíduos na mais completa desterritorialização onde praticamente o único objetivo é a sobrevivência biológica cotidiana;

— o aglomerado "tradicional", vinculado a situações endêmicas de exclusão social e fome, geralmente via uma segregação que confina grupos sociais em áreas ecologicamente frágeis e/ou isoladas, como ocorre no interior do vale do Jequitinhonha ou em partes do sertão nordestino brasileiro; apesar de tudo, como não são propriamente "deslocados", muitas vezes mantêm importantes laços de identidade com o território;

— o aglomerado "transitório" ou conjuntural que, por se encontrar atravessado por múltiplas redes e territórios, recompõe constantemente seu espaço, reinserindo seus membros numa desordem dominada pela violência e pelo medo, geralmente de caráter ilegal ou clandestino, como ocorre algumas vezes nas favelas brasileiras subordinadas ao circuito do narcotráfico.

Como são muito importantes as diferentes escalas em que ocorrem, é imprescindível acrescentar, imbricada a esses três tipos gerais, a distinção entre aglomerados "atomizados", quando envolvem grupos muito pequenos (ou mesmo indivíduos e famílias isoladas, caso em que o uso do termo se torna problemático), e aglomerados efetivamente "de massa", como no caso dos grandes fluxos de refugiados.

Devemos ter muito cuidado, assim, para não fazer com que sucumba, em meio à uniformidade que a concepção parece indicar, a diversidade e a desigualdade internas aos aglomerados, muito distintos em termos de duração, distribuição espacial e imbricação com territórios e redes em cada local em que ocorrem.

Talvez a maior contribuição que a concepção de "aglomerados de exclusão" pode nos dar é a de questionar e complexificar a relação rede — território que vem dominando nas análises geográficas, enfatizando que tão fundamentais quanto os processos relativamente ordenados manifestados pelo espaço geográfico através de territórios e as redes, são os processos mais propriamente "desordenados" e aparentemente sem lógica, produto da crescente exclusão econômica, política e cultural do mundo contemporâneo.

CONSIDERAÇÕES FINAIS

Como se trata de um tema polêmico e cuja discussão está apenas começando, não iremos estruturar propriamente uma conclusão, mas deixar algumas "provocações" para debate. A principal questão se refere ao papel da desterritorialização no mundo contemporâneo. A afirmação de Paul Virilio de que a desterritorialização seria a grande questão deste final de século parece um tanto exagerada diante do que foi possível observar. Criou-se uma espécie de mito da desterritorialização, outra palavra da moda que, ao ser banalizada (como aconteceu com a concepção de região e está acontecendo com a noção de rede), pode perder todo o seu sentido e poder de apreender a realidade.

Talvez pudéssemos mesmo defender a tese inversa, e é esta

uma indagação que formulo: em meio aos conflitos dos processos de desreterritorialização, envolvendo múltiplas velocidades, o grande dilema deste final de século poderia ser mesmo o da reterritorialização — tanto no sentido do acirramento dos neonacionalismos e neofundamentalismos quanto da efetivação de um "território-mundo", fonte ou de um controle mais rígido, que parta do topo (lembrando o Grande Irmão orwelliano), ou de uma autonomia mais universalizante baseada numa cidadania cada vez mais ampla (como na perspectiva otimista da "sociedade-mundo" a que alude Jacques Lévy).

O que este artigo mostrou é que a própria desterritorialização tem múltiplas faces, não só econômicas, políticas e culturais, mas também e sobretudo em termos das categorias sociais que envolve, pois é necessário distinguir e enfatizar o significado praticamente oposto que adquire a desterritorialização "tecnológica" da elite que partilha das redes da globalização informacional e a desterritorialização "radical" dos totalmente excluídos cuja existência se tornou praticamente supérflua para o sistema.

Assim como a desterritorialização não é um processo exclusivo em termos geográficos, mas apenas dominante dependendo do espaço analisado, também os indivíduos, classes e grupos sociais incorporam sempre, embora em níveis diferentes, uma perspectiva desterritorializada/desterritorializante. Um exemplo muito interessante é o do processo de desterritorialização que não se refere aos dois extremos (a elite capitalista e os excluídos), mas às camadas médias, que participam hoje dos circuitos do trabalho temporário, deslocando-se de cidade em cidade em função de sua inserção no mercado de trabalho.

É muito importante, então, não perceber a distinção entre territorialização e desterritorialização de uma forma dicotômica, pois mesmo no atual período técnico-científico, onde o "espaço desterritorializado", esvaziado de "seus conteúdos particulares", perde seu conteúdo relacional e identitário, transformando-se numa rede funcional ou "espaço abstrato, racional, deslocalizador" (ORTIZ, 1994: 105/107), também há margem para importantes processos de reterritorialização.

Assim como a modernidade não pode ser definida sem sua contraface, o tradicional, a desterritorialização está indissociavelmente ligada com a (re)territorialização, pois na prática proliferam as interseções e as ambigüidades. Podemos afirmar que o que caracteriza o espaço moderno é, tomando por empréstimo o termo de LATOUR (1991) num contexto um pouco diferente, a *hibridização* e os ritmos acelerados que transpassam territorialização e desterritorialização.

Um exemplo dessa ambigüidade pode ser dado pelo território moderno por excelência, o Estado-nação. Paradoxalmente, ele pode ser ao mesmo tempo um território dotado de certo poder de auto-organização e estruturado sobre um espaço e uma memória coletivos, e estar amplamente vinculado à lógica técnico-funcional das redes desterritorializantes e globalizadoras.

DUMONT (1985), após caracterizar a ideologia moderna como individualista, afirma que nem por isso devemos opor individualismo e nacionalismo: "na realidade, a nação, no sentido preciso e moderno do termo, e o nacionalismo — distinto do simples patriotismo — estão historicamente vinculados ao individualismo enquanto valor. (...)" Corroborando a interdependência entre nação e indivíduo, "pode-se dizer que a nação é a sociedade global composta de pessoas que se consideram como indivíduos" (p. 21).

ORTIZ (1994), ao nosso ver numa perspectiva um tanto unilateral, vê a formação da nação no mundo moderno como "um processo de desenraizamento", "liberando os indivíduos do peso das tradições regionais geograficamente enraizadas" e favorecendo assim "uma organização racional de suas vidas", pois "nas sociedades modernas as relações sociais são deslocadas dos contextos territoriais de interação e se reestruturam por meio de extensões indefinidas de tempo-espaço" (p. 45). Na verdade, recorrendo ao "solo" e ao "sangue", as identidades nacionais podem cair no territorialismo segregador; vinculadas à noção universal de cidadania, essas mesmas identidades podem se abrir para redes desreterritorializadoras.

Finalizamos então reformulando o quadro inicialmente proposto, incorporando na dialética da desreterritorialização os aglomerados de exclusão:

Desterritorialização quantifica, massifica (na rede: desigualdade/hierarquia) extroversão, desenraizamento		**(Re)Territorialização** qualifica, identifica, distingue (diferença/alteridade) introversão, enraizamento
Aglomerado massa/subclasse (deslocados e desclassificados)	**Rede** indivíduo, classe	**Território** comunidade, "tribo", nação
a ou disfuncional	funcional e simbólica	simbólico e funcional
sem identidade ou identidade fluida	identidade individual e/ou "global"	identidades "regionais"
superfícies, pontos e linhas (limites difusos)	pontos e linhas (limiar/hierarquia)	superfícies (fronteiras)
mobilidade "de massa"	mobilidade "técnica"	estabilidade relativa
conjuntural estrutural	*legal/ilegal, tradicional/ moderno*	

Fica evidente que as redes podem atuar tanto no sentido da territorialização, quando voltadas mais para a articulação interna do território (tornando-se então seu elemento), quanto da desterritorialização, quando seus fluxos desentruturam territórios/fronteiras anteriormente estabelecidos (e territórios "locais" podem se transformar em elementos ou nós das redes).

A distinção entre territorialização e desterritorialização, como se percebe, não permite, como foi proposto inicialmente, uma associação direta, respectivamente, com territórios e redes. Isto porque a rede pode tanto se transformar num "elemento" do território, quando se encontra subordinada às suas fronteiras, como o território pode se transformar em um elemento da rede — quando, como vimos para a "rede regional gaúcha" (HAESBAERT, 1995), ele se transforma em um ponto na articulação de fluxos:

> "É como se os processos sociais que compõem essa dinâmica se manifestassem mais sob a forma de rede à escala regional-nacional e de território à escala local. Nesse sentido, poderíamos afirmar que muitas vezes a distinção entre rede e território é uma simples (nada simples...) questão de escala (...). O que se manifestava como rede em uma escala pode se manifestar como território em outra, este como elemento daquela" (HAESBAERT, 1995: 324).

Os territórios, especialmente quando incorporam territorialismos, e os aglomerados seriam uma espécie de "tipo ideal" representando respectivamente a territorialização (mais introvertida) e a desterritorialização (mais extrovertida) em seus extremos. Entre eles ocorreriam inúmeras outras variantes, como os "territórios-clausura" e os "territórios-rede" ou "suporte" (das redes) (HAESBAERT, 1995). É imprescindível lembrar mais uma vez que, muito mais do que espaços estanques, territórios, redes e aglomerados representam faces de um mesmo processo onde todos eles aparecem sempre, em diferentes níveis, amalgamados.

De acordo com o elenco de características acima apresentado, pode-se fazer uma leitura tanto sincrônica (os dois processos e os três "elementes" atuando concomitantemente) quanto diacrônica, no sentido de que a formação de territórios seria uma condição dominante (mas não exclusiva) nas sociedades tradicionais, a formação de redes (gradativamente mais globalizadoras) caracterizaria a modernidade, e os aglomerados, no que o processo atual permite de especulação, seriam um componente muito importante da (para alguns "pós") modernidade contemporânea, onde o "caos" e a "barbárie" não estão descartados.

O mundo atual, que sugere tanto a emergência do que muitos denominam um "sistema" ou "sociedade-mundo" quanto a ampliação dos processos de fragmentação, se estrutura assim em torno de um sistema complexo, onde, apesar de sua hegemonia, nem tudo pode ser atribuído à dinâmica das redes e da globalização. Como produto ou reação a esta, como vimos, surgem "fragmentações" que podem ir da exclusão extrema, atomizadora, aos territorialismos mais segregadores.

Assim como devemos evitar os neoterritorialismos que podem culminar numa espécie de "nova Idade Média", cada grupo tentando defender seus microespaços, o fascínio exercido pela desterritorialização pretensamente moderna via redes técnico-informacionais também deve ser evitado. Como nos advertiu Guattari: "Ao invés de vivê-la [a desterritorialização] como uma dimensão — imprescindível — da criação de territórios, nós a tomamos como uma finalidade em si mesma. E inteiramente desprovidos de territórios, nos fragilizamos até desmanchar irremediavelmente" (GUATTARI e ROLNIK, 1986: 284).

A territorialização não pode ser vista num sentido puramente instrumental, no sentido da realização dos interesses político-econômicos dominantes (como sugere hoje a necessidade de controle dos fluxos das redes técnico-informacionais que criam "territórios virtuais"), nem basicamente identitário ou simbólico, no sentido cultural, alimentando neoterritorialismos de fronteiras estanques que impedem o diálogo com o Outro.

Enquanto na massa humana dos aglomerados a desterritorialização pode banalizar e esvaziar de significado o contato (cada vez mais promíscuo) com o Outro, inserido numa luta desmedida pela sobrevivência, nos chamados territórios virtuais do "ciberespaço" as redes técnico-informacionais promovem uma des-territorialização onde o contato com o Outro também se esvazia, não pela (quase) redução do indivíduo a um ente biológico, mas por sua (quase) redução a uma máquina. Aí, a impessoalidade e a insensibilidade são fruto de relações às vezes totalmente mediadas pela técnica, que prescinde não só da presença do Outro como de qualquer relação com o território e, nele, menos ainda, com a natureza. Diz ROBIN (1995):

> "Quanto ao espaço e ao território, eles tendem a ser escamoteados: a mundialização operada pela multimídia e as infovias apagam nossas referências espaciais. O espaço público vivido, aquele da rua, da cidade (...), desaparece. Ora, o território é o lugar privilegiado da construção social, o laço maior de articulação entre o social e o econômico; é aí também que se constata a alteridade e se opera o confronto com os outros. De fato, não existe político que não se inscreva sobre um território" (p. 16).

Devemos combater esses extremos da desterritorialização não em nome de uma territorialização que prega o domínio/controle exclusivo sobre nossos territórios cotidianos (reificando a propriedade privada ou as identidades étnicas, por exemplo), mas aquela que, mesmo respeitando fronteiras (e com elas as diferenças culturais), torna-se muito mais maleável para o constante diálogo e a promoção da solidariedade e da maior igualdade com o Outro. A emergência de novas relações sociais através desses territórios (sempre abertos a novas des-reterritorializações) deve incluir também a busca de uma nova relação com a própria natureza, vista não só num sentido instrumental, vinculada ao campo dos "interesses" e das "necessidades" (hoje cada vez mais artificialmente ampliados), mas também como inspiração para uma nova relação simbólica e identitária com o mundo.

BIBLIOGRAFIA

AUGÉ, M. 1992. *Non-lieux: introduction à une anthropologie de la surmodernité.* Paris, Le Seuil (edição brasileira: *Não-lugares.* Campinas, Papirus).

AURIAC, F. e BRUNET, R. (coord.) 1986. *Espaces, jeux et enjeux.* Paris, Fayard/Diderot.

BAREL, Y. 1986. Le social et ses territoires. In: Auriac, F. e Brunet, R (coord.) *Espaces, jeux et enjeux.* Paris, Fayard/Diderot.

BAUDRILLARD, J. 1985. *À sombra das maiorias silenciosas.* São Paulo, Brasiliense.

_____. 1991. L'Amérique, ou la pensée de l'espace. In: Baudrillard et al. *Citoynneté et urbanité.* Paris, Esprit.

BERQUE, A. 1982. *Vivre l'espace au Japon.* Paris, PUF.

_____. 1990. *Médiance: de milieux en paysages.* Paris, Reclus.

BOTTOMORE, T. (dir.) 1988. *Dicionário do Pensamento Marxista.* Rio de Janeiro, J. Zahar.

BRUNET, R. et al. (1993). *Les mots de la Géographie: dictionnaire critique.* Paris/Montpellier, La Documentation Française/Reclus.

DELEUZE, G. e GUATTARI, F. 1991. *Qu'est-ce que la philosophie?* (cap. 4: Géo-philosophie) Paris, Editions de Minuit (ed. brasileira: *O que é a filosofia?* R. Janeiro, Ed. 34).

DEMATTEIS, G. 1992. Les systèmes urbaines en réseau: temps du développement. *Colóquio Le temps des villes*, Paris, EHESS, abril de 1992 (datil.).

DUMONT, R. 1985 (1982). *O individualismo: uma perspectiva antropológica da ideologia moderna.* Rio de Janeiro, Rocco.

GIDDENS, A. 1990. *The consequences of Modernity.* Cambridge, Polity Press (edição brasileira: *As conseqüências da Modernidade.* São Paulo, Ed. UNESP)

GUATTARI, F. 1985. Espaço e poder: a criação de territórios na cidade. *Espaço & debates* 5(16):109-120.

GUATTARI, F. e ROLNIK, S. 1986. *Micropolítica: cartografias do desejo.* Petrópolis, Vozes.

HAESBAERT, R. 1993. Redes, territórios e aglomerados: da forma = função às (dis)formas sem função. *Anais do 3º Simpósio de Geografia Urbana.* AGB, UFRJ, IBGE e CNPq, Rio de Janeiro, 13 a 17 de setembro.

____. 1995. *"Gaúchos" no Nordeste: modernidade, des-territorialização e identidade.* Tese de Doutorado. São Paulo, USP.

HARVEY, D. 1992. *A condição pós-moderna.* São Paulo, Loyola.

HCR (Haut Commissariat des Nations Unies pour les réfugiés). 1993. *Les réfugiés dans le monde (l'enjeu de la protection).* Paris, La Découverte.

HUNTINGTON, S. 1994. Choque das civilizações? *Política Externa,* Vol. 2, nº 4, São Paulo. Ed. Paz e Terra — NPIC/USP.

IANNI, O. 1992. *Sociedade Global.* Rio de Janeiro, Civilização Brasileira.

KENNEDY, P. 1993. *Preparando para o século XXI.* Rio de Janeiro, Campus.

KURZ, R. 1992. *O colapso da modernização.* Rio de Janeiro, Paz e Terra.

LAÏDI, Z. *et al.* 1992. *L'ordre mondial rêlaché.* Paris, PFNSP/Berg.

____. 1994. *Un monde privé de sens.* Paris, Fayard.

LATOUCHE, S. 1989. *L'Occidentalisation du monde.* Paris, La Découverte (edição brasileira: *A Ocidentalização do Mundo.* Petrópolis, Vozes, 1994.

LATOUR, B. 1991. *Nous n'avons jamais été modernes.* Paris, La Découverte (ed. brasileira: Nunca fomos modernos. Rio de Janeiro, Ed. 34)

LEFÈBVRE, H. 1986 (1974). *La production de l'espace.* Paris, Anthropos.

LE GOFF, J. 1988. *Histoire et mémoire* (item 6.2 Modernization). Paris, Gallimard.

LÉVY, J. *et al.* 1992. *Le monde: espaces et systèmes.* Paris, FNSP/Dalloz.

MAFFESOLI, M. 1986. *O tempo das tribos.* Rio de Janeiro, Forense Universitária.

MARX, K. 1978. O 18 Brumário de Luís Bonaparte. In: *O 18 Brumário e Cartas a Kugelmann.* RJ, Paz e Terra.

MORIN, E. e KERN, A. B. 1993. *Terre-patrie.* Paris, Seuil.

ORTIZ, R. 1994. *Mundialização e cultura.* São Paulo, Brasiliense.

RANDOLPH, R. 1993. *Novas redes e novas territorialidades.* Trabalho apresentado no 3º Sem. Nacional de Geografia Urbana, Rio de Janeiro, AGB-UFRJ, set. (datil.).

RAFFESTIN, C. 1993 (1980). *Por uma Geografia do poder.* S. Paulo, Ática.

____. 1986. Écogénèse territoriale et territorialité. In: Auriac, F. e Brunet, R. (coord.) 1986. *Espaces, jeux et enjeux.* Paris, Fayard/Diderot.

____. 1988. Repères pour une théorie de la territorialité humaine. In: Dupuy, G. (dir.). *Réseaux territoriaux.* Caen, Paradigme.

ROBIN, J. "Les dangers d'une societé de l'information planétaire". *Le monde diplomatique* n.º 491, fev. 1995.

ROSEMBERG, H. 1974. *A tradição do novo*. Rio de Janeiro, Perspectiva

SACK, R. 1986. *Human territoriality: its theory and history*. Cambridge, Cambridge University Press.

SANTOS, M. 1985. *Espaço & Método*. S. Paulo, Nobel.

SCHERER-WARREN, I. 1993. *Redes de movimentos sociais*. São Paulo, Loyola.

STORPER, M. 1994. Territorialização numa economia global. In: Lavinas, L. et al. *Integração, região e regionalismo*. Rio de Janeiro, Bertrand Brasil.

VIRILIO, P. 1977. *Vitesse et politique*. Paris, Galilée.

_____. 1982. *Guerra Pura*. São Paulo, Brasiliense.

_____. 1994. Era pós-industrial cria nômades à procura de trabalho. *Folha de São Paulo*, 21.08.1994, pp. 6-3.

QUESTÃO REGIONAL E GESTÃO DO TERRITÓRIO NO BRASIL

Claudio A. G. Egler*
Professor do Departamento de Geografia da UFRJ

INTRODUÇÃO

A Geografia Econômica foi desgastada pela tradição positivista do primado da natureza e empobrecida pela posterior filiação aos desígnios historicistas das pretensas leis imutáveis da sociedade. Devido a isto, esse ramo particular do conhecimento afeito às dimensões territoriais da atividade econômica perdeu significativamente posição nos currículos acadêmicos das universidades brasileiras.

Entretanto, a Geografia Econômica é a legítima herdeira da visão espacial dos fatos econômicos. Nascida como Geografia Comercial na Inglaterra, ela foi um dos instrumentos descritivos

* Professor de Geografia Econômica do Departamento de Geografia da UFRJ, MSc. em Engenharia de Produção (COPPE-UFRJ), Dr. em Economia (UNICAMP).

fundamentais da riqueza das nações e, desde logo, talvez tenha sido o ramo das ciências geográficas mais preocupado com os problemas do desenvolvimento regional.

Esse trabalho é uma tentativa de resgatar esta vertente, procurando estabelecer uma ponte entre economia e geografia na análise das relações entre a crise e a questão regional no Brasil. É uma contribuição para o debate teórico sobre a dinâmica espacial do capitalismo e um modesto subsídio para a reflexão sobre os impasses que imobilizam a economia brasileira e cuja superação exige uma concepção democrática e participativa de gestão do território nacional.

POLÍTICA ECONÔMICA E QUESTÃO REGIONAL: UMA SÍNTESE

O enfoque a partir da questão regional, como alternativa para explicar as origens das desigualdades territoriais na produção e distribuição da renda nacional, é pouco usual entre os geógrafos econômicos. É comum encontrar referências à divisão, quadro ou estrutura regional, entretanto raramente as disparidades inter-regionais na apropriação da riqueza são tratadas como uma questão territorial, inscrita no espaço desde origens da produção mercantil e constantemente transformada pelo próprio desenvolvimento do capitalismo.

Uma questão significa uma contradição presente no seio da articulação Estado-Sociedade Civil, que no caso da questão regional se expressa historicamente em uma determinada regionalização, enquanto projeção do espaço de atuação do Estado sobre o território, e em diversas formas de regionalismos, enquanto expressão dos ajustes contraditórios — em alguns casos até antagônicos, quando então se configura uma questão nacional — deste espaço projetado com a sociedade civil territorialmente organizada.

Neste aspecto, é necessário concordar com GRAMSCI (1966), que a questão regional é necessariamente uma questão do Estado, na medida que sua resolução passa necessariamente pela composição do bloco no poder e pelas medidas de políticas públicas que afetam a economia nacional e a distribuição territorial da renda. CORAGGIO (1987: 81-2) reafirma esta concepção e mostra como os interesses regionais projetam-se em políticas públicas, cuja forma mais elementar está presente na relação capital-província, cuja existência material só é possível a partir de uma determinada política tributária e de alocação do gasto público no território.

A política tributária é a forma elementar de política econômica do Estado moderno. Como mostra WEBER (1923: 305), "trata-se de um erro admitir-se que os teóricos e estadistas do mercantilismo hajam confundido a posse de metais preciosos com a riqueza de um país. Sabiam muito bem que a capacidade tributária é o manancial desta riqueza, e só por isso se preocupam de reter em suas terras o dinheiro que ameaçava desaparecer com o comércio". A regionalização do território como forma de racionalizar a contabilidade nacional e ampliar a capacidade extrativa do Estado foi um dos mandamentos da política mercantilista desde Colbert e, a partir de então, está aberta uma arena política onde interesses localizados podem se contrapor ou tentar influenciar a "racionale" do Estado, seja ele unitário ou federativo.

No entanto, a política tributária é apenas o substrato do aparato de política econômica à disposição do Estado contemporâneo. Do ponto de vista da questão regional é importante destacar a ampliação de sua capacidade financeira, no sentido schumpeteriano de "avançar" recursos para o desenvolvimento econômico, e a utilização planejada do gasto público, não apenas nas políticas anticíclicas de cunho keynesiano, mas também como promotor do crescimento da economia nacional e de correção das desigualdades sociais e territoriais que dele, inevitavelmente, resultam.

É neste contexto que, em uma das economias ditas mais liberais do planeta: os EUA, o planejamento regional foi inicialmente empregado — no esforço de recuperação da economia norte-americana dos efeitos da crise de 1929 popularizado como "New Deal" — através da criação da Tenessee Valey Authority (TVA). A TVA, devido às resistências dos interesses estaduais que a consideravam uma ingerência da União em suas soberanias, transformou-se em um símbolo do "New Deal" e representou, não apenas a orientação do investimento público para a área deprimida da bacia do Tenessee, mas também um esforço de coordenação das diversas agências de governo em torno de metas comuns em uma região bem delimitada.

Apesar desta experiência pioneira, a conformação do planejamento regional — enquanto instância de ajuste entre políticas públicas e interesses territorializados — só adquire expressão definida no imediato pós-guerra. Seu ambiente de formação é a Europa arrasada pelo conflito e suas metas originais são a reconstrução e o desenvolvimento com um mínimo de eqüidade social e territorial. O *locus* original destas concepções estava na Comissão Econômica da Europa da ONU, nas teses de seu Secretário-Geral Gunnar Myrdal, expressas principalmente no "Estudo Econômico da Europa de 1954" (ECE: 1955), que continha um capítulo especial sobre os problemas de desenvolvimento regional e localização industrial, e em seu clássico texto sobre "Teoria Econômica e Regiões Subdesenvolvidas" (MYRDAL, 1957).

As teses de Myrdal acerca dos efeitos da "causação circular" no crescimento econômico, acentuando as disparidades na distribuição territorial da renda, são bastante conhecidas. Sua importância teórica para o rompimento com o imaginário do "crescimento equilibrado" difundido pelos liberais de então, pode ser avaliada pela excelente revisão crítica das concepções acerca do desenvolvimento regional realizado por HOLLAND (1976), dispensando maiores aprofundamentos neste trabalho. Apenas um aspecto deve ser ressaltado para os limitados objetivos deste texto, que sintetiza sua concepção acerca das relações entre política econômica e questão regional. Em suas palavras:

> "Se as forças do mercado não fossem controladas por uma política intervencionista, a produção industrial, o comércio, os bancos, os seguros, a navegação e, de fato, quase todas as atividades econômicas que, na economia em desenvolvimento, tendem a proporcionar remuneração bem maior do que a média, e, além disso, outras atividades como a ciência, a arte, a literatura, a educação, e a cultura superior se concentrariam em determinadas localidades e regiões, deixando o resto do país de certo modo estagnado" (MYRDAL, 1957: 43).

De um modo geral, esta "política intervencionista" constituiu um instrumento de atuação do Estado em diferentes nações do planeta, com diversos níveis de desenvolvimento econômico e social e distintos sistemas políticos, desde regimes democráticos de cunho social-democrata até militares autoritários. Algumas experiências, como por exemplo a Cassa per il Mezzogiorno, criada no imediato pós-guerra para promover o desenvolvimento do Sul da Itália, foram reproduzidas em várias partes do mundo, servindo de modelo inclusive para a criação da Superintendência de Desenvolvimento do Nordeste (SUDENE) no Brasil (CARVALHO, 1979).

A eficácia desses organismos como instrumento de correção das desigualdades regionais e instância de negociação política com interesses territorializados deve ser avaliada caso a caso. Entretanto, desde logo é importante frisar algumas das observações de HOLLAND (1977), resultantes de sua análise da experiência britânica, acerca da crescente autonomia da grande empresa multilocacional diante das políticas de promoção do desenvolvimento regional.

As relações entre Estado, grande empresa e território encontraram em Perroux um de seus mais importantes analistas, não apenas pela originalidade de suas concepções, mas também pelo efeito que produziram sobre os formuladores de políticas regionais. Mais conhecido através da vulgarização de sua concepção dos "pólos de crescimento" (PERROUX, 1955), ele foi antes de tudo o teórico da economia dominante, cuja definição partia da constatação de que o mundo da concorrência perfeita e do "contrato sem combate" era irreal.

Utilizando a teoria da concorrência imperfeita de CHAMBERLIN (1933) para mostrar que as negociações dependem do "bargainig power" da grande empresa, Perroux estende esta visão à economia nacional, que seria composta de "zonas ativas" e de "zonas passivas", sendo que as primeiras exercem "efeito de dominação" sobre as segundas, resultando em uma "dinâmica da desigualdade", que produz resultados semelhantes às inovações schumpeterianas, no que diz respeito ao rompimento do "circuito estacionário" da economia e de promoção do desenvolvimento. (PERROUX, 1961: 74)

Na lógica da construção perrouxiana, "o espaço da economia nacional não é o território da nação, mas o domínio abrangido pelos planos econômicos do governo e dos indivíduos", submetido a um campo de forças, onde a nação pode se comportar "ou como um lugar de passagem destas forças ou como um conjunto de centros ou pólos de onde emanam ou convergem algumas delas".(PERROUX, 1961: 114). A conclusão que emana destas formulações é uma derivada de fácil solução e suas conseqüências para a política econômica, óbvias. No universo da "economia dominante" cabe ao Estado buscar plasmar, através de "pólos de crescimento" situados no interior do espaço econômico nacional, as forças motrizes que atuam na economia internacional.

A questão regional passa então a ser um aspecto subordinado da questão nacional e, embora Perroux procure relativizar o peso dos nacionalismos, sua teoria fornece um excelente argumento para a utilização do território nacional como instrumento de afirmação do Estado. O melhor exemplo da aplicação prática destas concepções é a criação da *Délégation à l'Aménagement du Ter-*

ritoire et à l'Action Régionale (DATAR) em 1963 e a implementação do V Plano de Desenvolvimento Econômico e Social (1965-70), durante a V República de De Gaulle. Em uma apreciação sumária:

> "O Plano partia do princípio que o *aménagement du territoire* não deveria ser visto somente como uma série de ações compensatórias, permitindo atenuar os efeitos da evolução espontânea, mas ele deveria ter seus objetivos e sua dinâmica própria; ele deveria constituir uma política ativa e não somente corretiva" (LAJUGIE et al., 1979: 378).

Foi o auge da afirmação nacional francesa e da regionalização como forma de tratar a questão regional. A profunda crise econômica que se inicia na década de 70 vai interromper esta trajetória e forçar a emergência de novas formas de tratamento para a questão regional nas economias industrializadas. No caso francês isto significou uma profunda reforma política que aumentou a autonomia político-administrativa e financeira das entidades regionais, dotando-as de capacidade de gestão sobre os principais instrumentos de política econômica que afetam o território sobre sua jurisdição.

Na América Latina, a concepção perrouxiana dos pólos de crescimento encontrou terreno fértil no planejamento do período autoritário posterior à Revolução Cubana. A polarização foi o instrumento preferencial para promover a integração econômica dos mercados nacionais em vários países latino-americanos. Para CORAGGIO (1973: 64) este processo foi inevitável, pois:

> "Nós sustentamos que, dentro da estrutura sócio-política atual, a polarização e a tendência para a unificação dos mercados, longe de ser uma opção que podemos adotar ou não, é uma tendência clara do sistema

capitalista mundial, uma tendência que está influindo sobre os países da América Latina de forma peculiar."

No Brasil, a partir da crise de 1973, a estratégia governamental se tornou mais seletiva, atuando não mais numa escala macrorregional e sim sub-regional, através da implantação de pólos de crescimento. Poucos foram os países do mundo que levaram tão longe as idéias de Perroux como o Brasil. Sob a perspectiva da acumulação capitalista, a ideologia dos pólos de desenvolvimento mostrou-se o modelo mais adequado para a organização do território proposta pelo estado autoritário, uma vez que envolvia a criação de locais privilegiados, capazes de interligar os circuitos nacionais e internacionais de fluxos financeiros e de mercadorias (EGLER, 1988).

Esta inexorabilidade da lógica da polarização afastou o planejamento regional de suas determinações sociais e política privilegiando o papel da regionalização como instrumento de ordenação do território (BOISIER, 1979). O resultado foi o progressivo esvaziamento da região, enquanto categoria de análise e intervenção, em grande parte devido à ausência "de uma teoria explícita do Estado e a falha para distinguir entre relações políticas e econômicas". (MARKUSEN, 1981: 98)

CONCORRÊNCIA, DINÂMICA REGIONAL E INTEGRAÇÃO TERRITORIAL

Uma alternativa para tratar a questão regional é buscá-la definir no quadro da integração territorial, que manifesta a síntese concreta dos processos de divisão técnica e social do trabalho, de concentração produtiva e de centralização financeira no território. Desde logo é importante advertir que o conceito de território é distinto de uma visão puramente espacial, como o fazem os membros da "regional science" de fundamento neoclássico. O conceito de território pressupõe a existência de relações de poder, sejam elas definidas por relações jurídicas, políticas ou econômicas. Nesse sentido é uma mediação lógica distinta do conceito de espaço, que representa um nível elevado de abstração, ou de região, que manifesta uma das formas materiais de expressão da territorialidade, como o é, por exemplo, a nação.

Do ponto de vista da dinâmica regional, vista aqui como motor do processo de integração, é importante ressaltar e discutir dois níveis analíticos fundamentais e interligados. O primeiro é o das relações cidade e campo, que embora sejam tratadas conjuntamente nos fundamentos do pensamento econômico, perderam grande parte de seu poder analítico ao serem divididas em "ramos" distintos do conhecimento, como a economia rural e agrícola e, seu quase reverso, a economia urbana e industrial.

Aqui vale um contraponto: muito tem sido atribuído à geografia acerca da imprecisão do conceito de região, como um ente natural e histórico; entretanto, desde a sua origem, enquanto conceito geográfico, Vidal de la Blache afirmava, no início do século, que "cidades e estradas são as grandes iniciadoras de unidade, elas criam a solidariedade das áreas". Neste sentido, a região é, antes de tudo, um conceito-síntese das relações entre cidade e campo, definindo-as e particularizando-as em um conjunto mais amplo, que pode ser tanto a economia nacional como a internacional.

Admitindo isto, é importante, desde logo, afastar qualquer viés fisiocrata acerca do processo de formação das regiões. No capitalismo, as regiões não se formam a partir da captura do excedente agrícola, como alguns ingênuos podem fazer crer. Novamente a geografia nos ensina que a "região não criou a sua capital, é a cidade que forjou sua região" e "a indústria e o banco, mais do que simples instrumentos desta construção, são o verdadeiro cérebro dela" (KAYSER, 1964: 286). Toda região possui um centro que a estrutura, e a manifestação mais concreta dos níveis de integração territorial em uma determinada região é a consolidação de sua rede urbana. Na verdade, pode-se ir além disso: o próprio estágio de desenvolvimento da rede urbana revela os níveis de integração produtiva e financeira de uma região.

É importante frisar que nesta estrutura não existe nada que leve a um pretenso equilíbrio interno ou externo, como algumas formulações neoclássicas da "regional science" tentam difundir. Embora alguns modelos descritivos e dedutivos tenham sido formulados a partir de situações de equilíbrio, como é o exemplo da célebre "teoria dos lugares centrais" de CHRISTALLER (1933), seu poder explicativo é bastante limitado e estático, sendo incapaz de dar conta das diversas situações no tempo e no espaço.

Estas observações podem ser ampliadas para a maioria das "teorias" de crescimento regional, desde aquelas de fundamento keynesiano, como a "teoria da base de exportação", como também aquelas de viés schumpeteriano como a concepção perrouxiana do "crescimento desequilibrado". Não está entre os objetivos deste trabalho dar conta do debate histórico acerca da dinâmica regional, apenas é importante frisar que boa parte das componentes fundamentais desta dinâmica repousam nas relações que se estabelecem entre cidades e entre elas e o campo. Isto é particularmente importante na análise do processo contemporâneo de reestruturação econômica, onde novos padrões de integração produtiva e financeira estão redefinindo a estrutura das relações cidade e campo e contribuindo para a reelaboração do desenho das redes urbanas regionais nas economias avançadas.

O segundo nível a ser trabalhado é o das relações entre centro e periferia, que neste texto será assumido em suas dimensões originais, isto é, como resultante da divisão territorial do trabalho, da concentração produtiva e da centralização financeira durante o processo de formação do "mercado interno" para o capitalismo. Segundo LENIN (1899: 550), este processo "oferece dois aspectos, a saber: o desenvolvimento do capitalismo em profundidade, quer dizer, um maior crescimento da agricultura capitalista e da indústria capitalista em um território dado, determinado e fechado, e seu desenvolvimento em extensão, quer dizer, a propagação da esfera de domínio do capitalismo a novos territórios". Isto significa, em poucas palavras, que as relações centro-periferia são, desde a origem, um processo dinâmico de aprofundamento vertical e expansão horizontal das forças produtivas e das relações de produção capitalistas.

Isto foi percebido claramente por PREBISCH (1949) em sua análise sincrônica da economia mundial do pós-guerra, onde corretamente pôs ênfase na desigual velocidade de incorporação do progresso técnico nas diversas porções das economias capitalistas, que resultavam em diferentes níveis de produtividade e, conseqüentemente, na deterioração dos termos de intercâmbio entre centro e periferia. É importante, desde logo, afastar as concepções neo-ricardianas da existência de "trocas desiguais" devido às diferentes quantidades ou remunerações do trabalho entre centro e periferia.

AYDALOT (1976) parte da noção de progresso técnico para analisar a dinâmica regional das economias capitalistas. Para ele, "se se considera que as implicações do nível tecnológico são essenciais, mais do que o nível de investimentos, as transferências de excedente aparecerão menos importantes que as escolhas espaciais das técnicas (...). Mais do que isso, sua visão do imperialismo está definida "pela aptidão do capitalismo de impor uma divisão interespacial do trabalho tal que certos espaços tendem a se especializar nos produtos que possuem uma forte dose de conhecimento, enquanto outros se especializarão nas produções que exigem conhecimentos inferiores (...) Assim, a conclusão é simples: "Os espaços não se diferenciam mais sobre a base de seu estoque de capital, mas em função das aptidões produtivas de sua força de trabalho, e de sua aptidão em conceber bens novos e processos técnicos mais avançados".

Em sua forma geral, a concepção de Aydalot assemelha-se à visão do ciclo do produto de VERNON (1966) embora reforce o papel da qualificação da força de trabalho como elemento de diferenciação no espaço econômico. Isto permite com que ponha ênfase na mobilidade do trabalho e na transmissão interespacial das técnicas como elementos fundamentais de integração territorial. Em sua visão, para que haja desenvolvimento, "o trabalho caracterizado de maneira qualitativa e dinâmica (aptidão para a progressão) tornou-se a variável estratégica". Em síntese, a dinâmica regional para este autor pode ser resumida assim:

> "Nas relações entre dois espaços quaisquer, há sempre uma parcela de autonomia e uma parcela de integração. No correr do tempo, ao longo de um processo secular, se produz um alargamento espacial das relações entre os espaços de modo que os espaços anteriormente autônomos se aproximam (redução dos custos das mobilidades, redução das 'distâncias' entre espaços, desenvolvimento das informações, do conhecimento interespacial). Assim, em dinâmica de longo período, dois espaços quaisquer passam, um vis-à-vis o outro, de um estado de autonomia a um estado caracterizado pelas relações cada vez mais intensas, embora os mecanismos da mobilidade continuem os mesmos"(AYDALOT, 1976: 15-20).

Aydalot põe ênfase na "distribuição desigual das técnicas", porém não expõe quais os fatores que a explicam, exceto um desenvolvimento originário, também desigual. Neste sentido, a mobilidade das atividades produtivas seria um fator de homogeneização, a longo prazo, do espaço econômico através da difusão da técnica pelas suas diferentes parcelas. Neste mundo construído pela solidariedade não existe espaço para a concorrência, assim é fácil perceber a raiz de sua crítica aos autores marxistas que analisam o desenvolvimento do capitalismo através de seus padrões de concorrência (mercantil, concorrencial e monopolista), pois para ele "não é o capitalismo que se transforma, mas o quadro espacial que se amplia" (*Op. cit.*, p. 18), o que sem dúvida constitui uma curiosa forma de "determinismo espacial" da dinâmica das economias capitalistas.

Do ponto de vista da concorrencia intercapitalista, uma das sínteses mais elaboradas da dinâmica regional no capitalismo foi aquela realizada por HOLLAND (1976). Partindo da crítica da visão neoclássica de equilíbrio no espaço econômico, argumentando sobre as teorias de crescimento polarizado de Myrdal e Perroux, Holland utiliza a teoria da concorrência oligopólica de SYLOS-LABINI (1964) para ensaiar uma síntese entre os aspectos micro e macro da dinâmica regional através da definição do setor mesoeconômico. Para ele

> "o grau de competição desigual entre grandes e pequenas firmas é tão expressivo nas principais economias capitalistas que desqualifica toda a teoria regional fundada em modelos microeconômicos competitivos e suas sínteses em teorias macroeconômicas. O que emergiu na prática leva a um novo setor mesoeconômico *entre* o nível macro de teoria e política e o nível micro das pequenas firmas competitivas" (HOLLAND 1976: 138).

O efeito regional da concorrência entre firmas meso e microeconômicas depende diretamente da distribuição espacial das firmas e, em teoria, poderia se afirmar que

> "algumas regiões poderiam ganhar, a curto e médio prazos, se elas conseguissem manter tanto a matriz,

como as plantas subsidiárias de uma companhia mesoeconômica que é capaz de proteger ou aumentar sua parcela no mercado nacional através de aumentos de escala, inovações ou táticas de formação de preços interfirmas" (*Op. cit.*, p. 139).

No entanto, Holland parte do exemplo dos EUA para mostrar que as grandes firmas nem sempre contribuem para integrar as regiões de um mesmo mercado doméstico, pois "quando companhia atingem lucros extraordinários devido a uma posição dominante no mercado nacional, elas preferem localizar novas plantas em economias mais desenvolvidas e com mercados que crescem mais rapidamente do que em regiões menos desenvolvidas de sua própria economia" (*Op. cit.*, p. 140). Isto se deve ao fato de que, em outros mercados, o grau de competição oligopólica pode ser mais baixo ou que existem brechas a serem ocupadas, o que pode conferir lucros extraordinários às empresas que atingirem posições pioneiras em outras parcelas do mercado mundial.

A mesoeconomia, enquanto categoria analítica, é uma solução simplificadora para a amplitude da concorrência em sua dimensão territorial. Entretanto, apesar disso e do dualismo que emprega ao discutir seu papel na dinâmica das regiões mais desenvolvidas vis-à-vis às menos desenvolvidas, Holland avança no sentido de territorializar as estruturas de mercado nas economias capitalistas, mostrando como, em um sistema crescentemente internacionalizado, a lógica do investimento privilegia os territórios econômicos que possam garantir vantagens competitivas às grandes empresas que neles se instalam.

No sentido de avançar na compreensão do caráter destes territórios econômicos, que apresentam a capacidade dinâmica de atrair novos investimentos, STORPER (1991: 14) mostra que os complexos territoriais, onde existe aglomeração industrial, "são o modo geográfico pelo qual as economias externas de escala nos sistemas produtivos são realizadas pelas firmas". Para ele existe uma forte relação entre as economias de aglomeração — e também de urbanização — e o surgimento e desenvolvimento de novas indústrias. Citando o exemplo do *Silicon Valley* nos EUA, Storper afirma que "as cidades e regiões industriais emergem quando a divisão social do trabalho se desenvolve no interior do sistema produtivo, e não simplesmente porque estas cidades forneciam insumos e infra-estrutura para as firmas industriais".

Esta é uma questão central quando se analisa capitalismos tardios e periféricos, pois muito da história e da geografia da América Latina parte do pressuposto de que a indústria nasceu como continuação do circuito mercantil-exportador através do processo de substituição de importações. Como veremos adiante, isto é apenas uma observação superficial, pois a industrialização brasileira desdobra-se do circuito mercantil pela lógica da acumulação e da valorização de capitais, e não pela mera conquista de fatias domésticas do mercado mundial. Isto é fundamental para que se compreenda que a formação de um complexo territorial das dimensões de São Paulo não representa apenas uma expressão geográfica de economias de aglomeração, mas também — e principalmente — uma fonte de crescimento da produtividade industrial, isto é, de acumulação de capital no sentido clássico. Para STORPER (1991: 16):

> "A dinâmica da industrialização está fortemente associada à urbanização, porque as inovações técnicas no curso do desenvolvimento dos setores líderes são freqüentemente conseguidos no interior de complexos urbano-industriais (...) A complexidade das relações interfirmas, combinada com as estruturas do mercado de trabalho dos centros territoriais de crescimento, garante que o centro territorial será o foco de inovações tecnológicas em produtos e processos."

Não se trata apenas da urbanização enquanto processo geral, pois a lógica da divisão territorial e da concorrência no interior do conjunto dos setores produtivos dominantes faz com que as cidades se organizem hierarquicamente em uma rede urbana, enquanto expressão da integração territorial do mercado nacional. Storper associa a configuração da rede urbana ao padrão de industrialização definido pelo conjunto dos setores dominantes, visto como aqueles que empregam grande número de trabalhadores, possuem altas taxas de crescimento do produto e/ou do emprego, dispõem de grandes efeitos propulsores nos setores à jusante e produzem bens de capital ou bens de consumo de massa. Assim, segundo este autor pode-se distinguir quatro fases distintas, que coincidem grosso modo com os ciclos de inovação de Schumpeter.

> "A idade têxtil do capitalismo no início do século 19, a era do carvão-aço-indústria pesada na virada deste século, ou o período de produção em massa dominado pelos automóveis e bens de consumo duráveis nas décadas que se estendem entre 1920 e 1960. Agora, nós estamos entrando em um período por novas indústrias, como a eletrônica, e novos setores de serviços como os serviços de apoio à produção" (*Op. cit.*, p. 17).

É importante observar que Storper procura relacionar os padrões de integração, expressos fundamentalmente nos complexos territoriais e na rede urbana, às diferentes fases do capitalismo industrial. Com isto, abre a possibilidade de que a nova configuração produtiva que emerge da crise e a reestruturação da economia mundial na década de 70 venham a alterar a distribuição territorial do investimento, inclusive nos países de capitalismo tardio e periférico, no processo que RICHARDSON (1980) denomina de "reversão da polarização", isto é, a tendência a uma maior dispersão espacial do investimento, revertendo os mecanismos concentradores que caracterizaria o período de substituição de importações em direção a formas territoriais dispersas fundadas na produção flexível (DROULERS, 1990).

CRISE, QUESTÃO REGIONAL E GESTÃO DO TERRITÓRIO

A crise do padrão de acumulação, que vigorou na economia mundial desde o imediato pós-guerra até o início dos anos 70, atingiu nações e regiões de modo desigual. Enquanto crise da hegemonia norte-americana, ela se manifestou em fraturas irreversíveis no espaço monetário supranacional fundado no dólar, enquanto moeda internacional, forçando a reajustes drásticos na política monetária e cambial dos Estados nacionais.

Enquanto crise do padrão de concorrência intercapitalista, ela se manifestou no acirramento do conflito entre grandes blocos de capital, deflagrando um processo de fusões e incorporações de empresas multinacionais que alterou significativamente o planisfério mundial da propriedade do capital. Por final, enquanto crise do padrão tecnológico fundado na inesgotabilidade dos recursos naturais e na inexorabilidade das economias de escala, enquanto fatores básicos para a produção competitiva em qualquer parte do planeta, ela levou à obsolescência de antigas regiões industriais consolidadas e forçou a reestruturação produtiva das economias nacionais.

A crise e a reestruturação econômica afetou diretamente as relações Estado-região, colocando a questão regional em um novo patamar, onde o processo de globalização da economia mundial é acompanhado pela fragmentação política em interesses localizados (BECKER, 1985). Estas relações que estavam profundamente marcadas pela capacidade de regionalização do Estado-nação foram profundamente alteradas pela emergência de novas formas de regionalismo, que, em alguns casos extremados, ameaçam a própria integridade da economia nacional.

Isto pode ser atribuído a vários motivos. Em primeiro lugar, a redução do ritmo de crescimento das economias nacionais e a generalização de formas de subcontratação entre empresas permitem uma vasta gama de operações contábeis que levaram a uma substancial perda da capacidade extrativa do Estado, concomitantemente com o aumento do desemprego nas atividades e regiões tradicionais. Como conseqüência deste duplo movimento, houve um crescimento desproporcional dos encargos sociais a um limite que inviabiliza qualquer política territorial de distribuição da renda com base nos instrumentos fiscais clássicos, acentuando, por outro lado, os conflitos distributivos regionais.

Em segundo lugar, embora o desenvolvimento de novos materiais e a flexibilização dos processos produtivos tenha contribuído para reduzir a velocidade do processo de concentração espacial da atividade industrial, ainda é prematuro para assumir integralmente as teses de MARKUSEN (1985), acerca da falibilidade do princípio da "causação circular" de Myrdal. A experiência recente não permite conclusões definitivas acerca da tendência espacial das economias capitalistas avançadas, existem evidências de que a desconcentração da produção, quando ocorre, não é acompanhada pela descentralização da gestão financeira e estratégica das empresas, que se baseia cada vez mais em redes telemáticas para ampliar sua área de atuação e reduzir o tempo de decisão.

Por outro lado, o papel do Estado não pode ser desprezado na criação de novas localizações industriais vinculadas às chamadas "novas tecnologias". Seja nas economias liberais, como os EUA, onde os gastos militares tiveram papel decisivo na formação do "Silicon Valey", na Califórnia, ou da "Route 128", nos arredores de Boston. Nas economias reguladas, como a França, onde a política dos "technopoles" (pólos tecnológicos), como Sophia-Antipolis, recebeu forte suporte de órgãos públicos, empresas estatais e garantia de mercado civil e militar. Seja também nas economias de "capitalismo organizado" (TAVARES, 1990), como o Japão, onde a política das "technopolis" (cidades tecnológicas), como Tsukuba, constitui um elemento importante de reestruturação produtiva e de negociação com as comunidades territorialmente localizadas.

A dimensão territorial do desenvolvimento econômico tende a se alterar com a difusão de métodos flexíveis de produção. HARVEY (1989: 159-160) mostra o papel do acesso ao conhecimento técnico-científico às novas formas de produção como instrumentos fundamentais da concorrência intercapitalista. SCOTT e STORPER (1992: 13) distinguem a configuração das regiões onde predominam as economias de escala daquelas onde a flexibilidade e as economias de escopo ou amplitude são dominantes.

Isto significa que, embora os centros de decisão permaneçam fortemente centralizados nas cidades mundiais, as atividades produtivas podem ser desconcentradas, desde que hajam conexões fáceis entre as unidades produtivas e os centros de gestão e exista a disponibilidade de trabalho qualificado e uma base técnica adequada às operações industriais. Estudos de campo realizados no Vale do Paraíba, entre as duas grandes metrópoles nacionais do Rio de Janeiro e São Paulo, bem como nas suas ramificações no Sul de Minas Gerais, mostraram que existem bolsões de trabalho especializado e qualificado formados por formas pretéritas de industrialização — como é o caso do Vale do Sapucaí (MG), que sediava antigas indústrias do complexo metal-mecânico, inclusive ligadas ao setor militar como a fábrica de armas de Itajubá — que fornecem mão-de-obra e base técnica para as novas fábricas do segmento eletro-eletrônico e mecânico que estão se implantando recentemente na região (BECKER e EGLER, 1989).

É importante que se frize que este processo não ocorre unicamente por fatores espontâneos, ou seja, pela atuação das "livres forças do mercado". As análises realizadas em estudos comparativos entre o Brasil e a França mostraram que o Estado desempenhou papel determinante na afirmação dos centros de produção com maior densidade tecnológica nestes dois países, seja no segmento aeroespacial como ocorre em Toulouse e São José dos Campos, ou eletro-eletrônica e informática como em Grenoble e Campinas. Mais do que isto, não se trata, na visão corriqueira do Estado, como o poder centralizado no nível mais elevado da estrutura jurídica nacional, mas sim de uma ação conjunta das diversas esferas de poder que envolve desde órgãos federais até entidades municipais ou comunais (BECKER e EGLER, 1991).

Essa talvez seja a principal observação acerca da reestruturação produtiva e as novas condições de operação do Estado. Não é mais possível que as fronteiras de acumulação sejam abertas apenas pelos investimentos concentrados em grandes projetos, é necessária uma intensa cooperação entre as diversas esferas de poder para criar campos de atração para o investimento produtivo, garantindo desde as obras de infra-estrutura até a formação e qualificação da força de trabalho. Isto não é possível sem uma forte participação e efetivo envolvimento das autoridades locais e regionais, o que coloca a questão do federalismo em outro patamar, ultrapassando os limites dos ajustes políticos para fincar raízes no terreno da economia.

É somente sob este referencial que é possível analisar as propostas atuais de políticas públicas que afetam o mercado doméstico brasileiro a partir das estruturas produtivas regionais. As reformas constitucionais na distribuição dos recursos públicos alteraram significativamente a parcela atribuída a cada esfera de poder, bem como criaram os chamados fundos regionais para o Norte, Nordeste e Centro-Oeste com recursos fixados por determinação constitucional. Entretanto, se estão previstas na Carta Magna de 1988 as atribuições da União no que diz respeito ao desenvolvimento regional (Cap. V, Art. 43), o mesmo não pode ser estendido completamente às esferas estadual e municipal, que apresentam situações muito diferenciadas no que diz respeito às suas respectivas políticas territoriais.

Isto pode ser observado claramente quando se analisa as propostas de implantação das Zonas de Processamento de Exportações (ZPE), preferencialmente localizadas nos estados nordestinos. Criadas em 1988, suspensas em 1990 com o Plano Collor I e retomadas em 1992, ainda no mandato deste ex-presidente, as ZPEs ainda não entraram em operação e, talvez, jamais venham a fazê-lo plenamente. As críticas contundentes à sua extemporalidade e ao papel de redutor do mercado doméstico, através do instrumento da extraterritorialidade e da redução da restrição cambial (SERRA, 1988), não foram suficientes para afastar definitivamente este instrumento de política territorial do cenário brasileiro.

No caso nordestino, o único fator que poderia constituir-se como vantagem locacional para a implantação das ZPEs seria a disponibilidade de farta mão-de-obra barata e de baixa qualificação que seria utilizada em atividades rotineiras em unidades de montagem padronizada, no estilo das "maquiladoras". No entanto situações como esta estão presentes em vários países da América Latina, principalmente no México e Caribe, com posições geográficas mais vantajosas do que o Brasil para competir como "plataformas de exportação" para o mercado norte-americano. Mais do que isso, aparentemente o que o capital internacional está buscando nestas "cápsulas produtivas" é trabalho rotineiro submetido a rigorosa disciplina e com fortes restrições à sindicalização (TSUCHIYA, 1978), o que, convenha-se, é o padrão de Cingapura e não de uma nação que aspira o mínimo de justiça social com democracia.

Partindo do pressuposto de que as ZPEs não serão instrumentos significativos de atração de capitais internacionais, pelos motivos apontados acima, bem como de que o mercado nacional será preservado da concorrência danosa das firmas que nelas venham a se instalar, o único motivo que pode justificar sua implantação está na possibilidade das empresas já presentes no mercado doméstico operarem no mercado mundial sem restrições cambiais e tarifárias, o que significa na verdade concentrar os incentivos e subsídios fiscais e creditícios já existentes para a exportação, com o acréscimo da liberdade cambial, em um conjunto de pontos privilegiados no território nacional (EGLER, 1989).

Os ônus e riscos da redução do controle cambial são muito grandes para a integridade do mercado doméstico e sua adoção deve ser criteriosamente avaliada. A única possibilidade em que seria justificado seu emprego está em importar processos produtivos inteiros em setores determinados pelas características peculiares da estrutura industrial, com a finalidade de praticar uma forma de engenharia reversa em escala regional. Nestes casos, um criterioso ajuste deve ser realizado entre o setor público e o privado, no sentido de que a região hospedeira esteja capacitada a absorver e difundir tecnologia, o que significa investimentos não apenas em infra-estrutura e capacidade produtiva, mas principalmente em serviços coletivos que garantam a capacitação técnico-profissional da mão-de-obra, o que envolve as diversas esferas de poder em uma divisão mais equânime dos encargos e atribuições relativas ao desenvolvimento regional.

A Zona Franca de Manaus (ZFM), criada em 1957 e implantada em 1967, não deve ser confundida com uma ZPE. Embora ambas estejam sujeitas a regime tarifário especial, a primeira é uma área industrial e comercial orientada basicamente para o mercado doméstico e a segunda destina-se a operar preferencialmente no mercado mundial. O modelo da ZFM está sendo generalizado para a região Norte do país com a recente criação das áreas de Livre Comércio de Tabatinga, Guajará-Mirim, Paracaima, Bonfim — em áreas fronteiriças da Amazônia — e Macapá-Santana, no estado litorâneo do Amapá. A justificativa para esta generalização de áreas tarifárias especiais na Amazônia reside em que a difícil acessibilidade elimina a necessidade de controle aduaneiro. (BRASIL, 1992: 27). Na verdade, este controle jamais foi efetivo na região e tais áreas somente regularizam uma situação que já estava presente na fronteira amazônica.

Com a promulgação da Nova Constituição, a Zona Franca de Manaus teve o seu prazo de operação prorrogado por mais 25 anos, embora isto não a tenha livrado dos efeitos da política de liberação das importações posta em prática pelo Governo Collor. Na verdade, tanto uma zona franca, como uma zona de processamento de exportações só são atrativas, do ponto de vista do investimento capitalista, se o restante do mercado doméstico permanece protegido. São as barreiras tarifárias e cambiais no mercado doméstico que definem o nível do incentivo implícito nas áreas de livre-comércio. Isto é conhecido desde o mercantilismo, apesar da retórica neoliberal.

No caso específico de Manaus, a situação é complexa, pois embora o papel comercial tenha sido importante, a partir dos anos setenta — dadas as mudanças do segmento eletro-eletrônico em escala mundial, com a introdução de semicondutores integrados — a atividade industrial na montagem de produtos eletrônicos de consumo e aparelhos óticos passou a concentrar-se fortemente na Zona Franca. É evidente que isto significou uma distorção na configuração da estrutura produtiva do segmento eletro-eletrônico no Brasil. Mais do que isso, este processo o distanciou física e tecnologicamente do eixo principal do complexo metal-mecânico, criando alguns problemas para sua reestruturação produtiva. Apesar desta configuração peculiar, as exigências quanto a índices crescentes de nacionalização e a busca de verticalização fizeram com que parcela significativa da indústria de componentes eletrônicos se deslocasse para a região, ao mesmo tempo em que intensificavam os fluxos comerciais com o núcleo dinâmico da economia nacional.

A prolongada recessão e o avanço japonês e coreano no mercado mundial de eletro-eletrônicos tiveram efeitos devastadores não apenas no Brasil, mas também em vários países de economia avançada. Firmas consolidadas perderam fatias ponderáveis de seu mercado devido à agressividade da concorrência em escala internacional. A estratégia das empresas líderes no setor tem sido de conglomeração, diversificação e rápida expansão das áreas de mercado. No caso brasileiro, dadas as condições de formação e maturação do ramo eletro-eletrônico e as dificuldades de sua integração com a indústria automobilística e de informática — considerando aqui inclusive as propostas políticas de reserva do mercado doméstico — deve-se ponderar cuidadosamente as medidas de política econômica para o setor, já que não envolvem apenas decisões quanto a competitividade do ramo industrial, mas também a forma territorial peculiar que assumiu o seu desenvolvimento no Brasil.

É na Figura 1 que podem ser avaliadas as recentes medidas de elevar o imposto sobre produtos industrializados (IPI) sobre os eletro-eletrônicos produzidos *fora* da Zona Franca de Manaus, o que constitui uma forma curiosa e invertida de incentivo locacional. Bem como sua peculiar posição no mercado doméstico diante da revogação das medidas que garantiam sua reserva para empresas nacionais de informática. A enxurrada de pedidos de incentivos para a instalação de unidades fabris de computadores e periféricos em Manaus não pode ser dissociada de uma definição mais precisa acerca da política industrial para o setor, assim como da política territorial de desenvolvimento para a Amazônia. São ambas faces da mesma moeda.

Por final, o MERCOSUL (Mercado Comum do Sul) constitui um ambicioso projeto de integração territorial, relativamente independente dos planos norte-americanos para a América ao sul do Equador, que se defronta com sérias dificuldades para sua efetiva implementação. O Tratado de Assunção (1991), firmado pelo Brasil, Argentina, Uruguai e Paraguai, prevê a criação de uma união aduaneira que progressivamente se ajustaria na consolidação de um mercado unificado, nos moldes adotados originalmente pelo

Tratado de Roma (1957) para a formação do Mercado Comum Europeu.

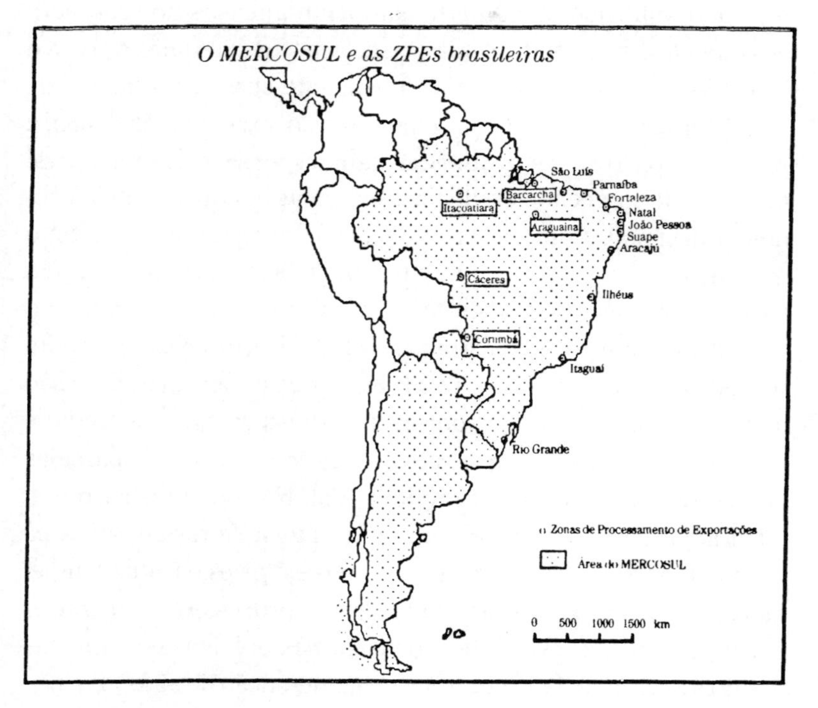

Figura 1

O tratado prevê a data de 25 de janeiro de 1995 para a eliminação das barreiras tarifárias e não-tarifárias entre os países membros, postulando a livre circulação de bens e serviços no interior deste mercado doméstico supranacional que teria uma única tarifa externa comum. Independente dos problemas derivados das políticas macroeconômicas dos signatários do acordo, que, diga-se de passagem, não são poucos, principalmente considerando a diversidade de políticas monetárias e cambiais, a questão central reside nos impactos que a unificação produzirá sobre as estruturas produtivas nacionais e sobre seus segmentos regionais.

Dadas as características próprias das duas principais economias que buscam a integração: o Brasil e a Argentina, os efeitos do mercado unificado serão particularmente intensos nos respectivos complexos agroindustriais. Desde a metade dos anos oitenta o Brasil vem aumentando significativamente suas importações de produtos agrícolas dos demais membros do MERCOSUL. Em 1985, a Argentina, o Uruguai e o Paraguai eram responsáveis por cerca de um terço do fornecimento de bens agrícolas importados pela economia nacional. Com um crescimento regular durante o último qüinqüênio, este valor atingiu 60% em 1990, principalmente em trigo, milho, soja e derivados da pecuária.

Entretanto, como mostra CANO (1991: 19), os níveis de produtividade na agropecuária entre os países signatários do tratado são muito diferenciados, o que obriga a medidas de ajuste a médio e longo prazos para evitar o sucateamento generalizado de parcelas ponderáveis do complexo agroindustrial. No caso brasileiro isto afetaria principalmente a estrutura produtiva da região Sul, área consolidada de produção de grãos, couros e peles e frutos temperados. Um dos produtos mais sensíveis ao processo de integração é o trigo e por motivos que repousam nas políticas econômicas dos dois países. Do lado argentino, a manutenção de altas taxas de câmbio, com a paridade peso-dólar, é um subsídio real para o setor exportador de produtos agropecuários, cujos resultados nem sempre implicam aumento da produtividade e competitividade no mercado mundial, mas geralmente resultam em conflitos distributivos internos que dificilmente podem ser sustentados por longos períodos (IGLÉSIAS, 1991).

É importante observar que grandes empresas do complexo metal-mecânico já estão definindo estratégias de operação para atuar no mercado supranacional. A Scania, cuja fábrica na Argentina já foi concebida dentro desta visão, exporta motores, eixos e outras peças e componentes para sua filial no Brasil. Na mesma direção, embora em menor escala, a Volkswagen possui um esquema de complementação transfronteira com um projeto de investimento, com valores superiores a US$ 200 milhões para a produção de caixas-ponte na Argentina, com previsão de 90% das vendas serem destinadas à montadora no Brasil (PORTA, 1991: 109-10). Ademais, indústrias de bens de consumo não-duráveis, como é o caso da produção de bebidas (basicamente cerveja) e fumo já penetraram largamente no mercado supranacional, beneficiando-se de isenções de impostos e vantagens de escala adquiridas no mercado nacional.

É evidente que a solução das dificuldades estruturais da economia brasileira ou argentina não repousa exclusivamente nesta tentativa de ampliação do território econômico de operação de algumas firmas oligopólicas, podendo inclusive, em alguns casos, adiar medidas mais profundas de reestruturação produtiva pela simples expansão espacial da área de mercado protegido. No entanto, não pode ser esquecido que a busca da integração econômica na América Latina é um velho sonho da CEPAL, que inspirou a criação da ALALC em 1960, cujo insucesso não pode ser atribuído unicamente aos seus formuladores, que tentaram trazer para o sul do Equador um processo que tomava corpo na Europa. Hoje talvez a experiência acumulada mostre que a integração supranacional só é possível diante da presença de um mercado doméstico consolidado e relativamente integrado internamente, capaz de ancorar e dar ritmo endógeno ao processo de acumulação em escala ampliada.

CONCLUSÃO

A experiência adquirida com o Tratado de Roma mostra que o mercado doméstico é formado por um conjunto de parcelas regionais, cujo comportamento dinâmico é bastante diferenciado e cuja composição de interesses é não menos heterogênea. Neste quadro, sob o cenário de uma possível integração supranacional, a lógica do mercado é duplamente perversa. Primeiro porque projeta e materializa os interesses da concorrência entre as grandes firmas sobre o território, rompendo ou enfraquecendo os vínculos que deram e dão coesão ao mercado nacional, acentuando as disparidades no ritmo de desenvolvimento das regiões em uma escala ampliada. Segundo porque, dentro da própria visão myrdaliana, a exacerbação dos conflitos regionais que advêm da integração ameaça o mínimo de solidariedade interna necessário para dar coerência e unidade a um projeto nacional (HADDAD, 1989).

Do ponto de vista dos interesses nacionais, é importante considerar que a integração produtiva e territorial é ainda uma meta fundamental para garantir a unidade do mercado doméstico e, como tal, sentido e direção para superar a crise. Neste quadro, a dimensão regional da política econômica assume conotações críticas, pois constitui arena privilegiada de negociações e ajustes para a definição de um projeto nacional consistente de retomada do desenvolvimento.

A definição de metas de desenvolvimento, nas diversas escalas de gestão local, regional e nacional — pressupõe a montagem de um espaço de negociação entre os distintos objetivos de uso do território pelos agentes públicos e privados. É evidente que a competição por investimentos e pela elevação da capacidade fiscal são fundamentais para diferenciar o posicionamento das distintas partes envolvidas na negociação. Entretanto, para a efetiva sustentabilidade do desenvolvimento, a ideologia de impor uma ordem ao território — vigente no período autoritário recente —, deve ser substituída por uma gestão democrática e participativa, como o único caminho capaz de garantir um patamar de eqüidade na distribuição territorial da riqueza e da renda no Brasil.

BIBLIOGRAFIA

AYDALOT, Philippe. (1976) *Dynamique Spatiale et Development Inegal.* Paris: Economica.

BECKER, Bertha K. (1985) The crisis of the state and the region-regional planning questioned. *Environment and Planning D, SOCIETY AND SPACE* 3(2), jun., pp. 141-154.

_____. e EGLER, Claudio A. G. (1989) O Embrião do Projeto Geopolítico da Modernidade no Brasil. *Textos LAGET* 4.

_____. e EGLER, Claudio A. G. (1991) Estudo comparativo dos pólos tecnológicos do Brasil e da França. Relatório inédito de pesquisa de Projeto de cooperação bilateral CNPq/ CNRS, *mimeo.*

_____. e EGLER, Claudio A. G. (1992) *Brazil: a new regional power in the world-economy.* Cambridge: Cambridge University Press. (Trad. port. *Brasil: uma nova potência regional na economia-mundo.* Rio de Janeiro: Bertrand Brasil, 1993).

BOISIER, Sergio. (1979) ¿Qué hacer con la planificación regional antes de medianoche? *Revista de la CEPAL* 7, abr., pp. 135-169.

_____. (1988) Palimpsesto de las regiones como espacio socialmente construidos. Santiago: ILPES/APPR, Documento 89/3, Serie Ensayos, *mimeo.*

BRASIL, CONGRESSO NACIONAL, Comissão Mista para o Estudo do Desequilíbrio Econômico Inter-regional Brasileiro. (1992). Algumas Diretrizes para uma Política Nacional de Desenvolvimento Regional. Brasília, outubro, *mimeo.*

_____. CANO, Wilson.___ (1990) Reestructuracion internacional y repercuciones inter-regionales en los paises subdesarrolados: reflexiones sobre el caso brasileño. In LLORENS, F.A. et alli (org.). *Revolucion Tecnologica y Reestructuracion Productiva.* Buenos Aires: Grupo Editor Latinoamericano, pp. 345-366.

_____. (1991) Concentración, Desconcentración y Descentralización en Brasil. Campinas: UNICAMP, *mimeo.*

CARVALHO, Otamar de. (1979) *Desenvolvimento Regional. Um Problema Político. Confronto de duas experiências: Cassa per il Mezzogiorno e SUDENE.* Rio de Janeiro, Campus.

CHRISTALLER, Walter. (1933) *Die zentralen Orte in Süddeutchland.* Jena: G. Fischer. (Trad. ing. *Central Places in Southern Germany.* Univ. of North Carolina Press, 1966).

CORAGGIO, José Luis. (1973) Polarización, Desarrollo e Integración. *Revista de la Integración*, 13. (Rep. in KUKLINSKI, A. *Desarrollo Polarizado y Politicas Regionales. En Homenaje a Jacques Boudeville.* México: Fundo de Cultura Económica, pp. 1985: 49-68.)

_____. (1987) *Territorios en Transición. Crítica a la Planificación Regional en America Latina.* Quito: CIUDAD.

DROULERS, Martine. (1990) Dynamiques Territoriales et Inegalités Regionales. In DROULERS, M. (cord.) *Le Brésil a l'aube du Troisième Millénaire.* Paris: CREDAL/IHEAL, pp. 57-75.

ECE, Economic Comission for Europe. (1955) *Economic Survey of Europe in 1954.* Geneve: ECE.

EGLER, Claudio A. G. (1988) Dinâmica Territorial Recente da Indústria no Brasil — 1970/80. In BECKER, B., MIRANDA, M., BARTHOLO, R. e EGLER, C.A.G. *Tecnologia e Gestão do Território.* Rio de Janeiro: Editora da UFRJ, pp. 121-158.

_____. (1989) As Zonas de Processamento de Exportações e a Gestão do Território. Reflexões Preliminares. In CARLEIAL, Liana. & NABUCO, Maria R. (Org.). *Transformações na Divisão Inter-regional do Trabalho no Brasil.* Belo Horizonte: ANPEC.

_____. (1991) As Escalas da Economia. Uma Introdução à Dimensão Territorial da Crise. *Revista Brasileira de Geografia* 53(3): pp. 229-248.

_____. (1993) Crise e Questão Regional no Brasil. Tese de Doutorado apresentada no Instituto de Economia da Unicamp. Campinas, *mimeo.*

GRAMSCI, Antonio. (1966) *La questione meridionale.* Roma: Editori Riuniti. (Trad. port. *A questão meridional.* Rio de Janeiro: Paz e Terra, 1987).

HADDAD. Paulo R. (1989) O que fazer com o planejamento regional no Brasil na próxima década? *Planejamento e Políticas Públicas* 1: pp. 67-91, jun.

HARVEY, David. (1982) *The Limits to Capital.* Oxford: Basil Blackwell.

_____. (1989) *The Condition of Postmodernity. An Enquiry into the Origins of Cultural Change.* Oxford: Basil Blackwell.

HOLLAND, Stuart. (1976) *Capital versus Region.* London: The Macmillan Press.

_____. (1977) *The Regional Problem.* London: St. Martin.

_____. (1980) *Uncommon Market*. London: The Macmillan Press. (trad. esp. *El mercado incomun*, Madrid, H. Blume, 1981).

IGLÉSIAS, Roberto M. (1991) Produtos sensíveis na integração Argentina-Brasil: o caso do trigo. In VEIGA, Pedro M. (org.) *Cone Sul: a economia política da integração*. Rio de Janeiro: FUNCEX, pp. 219-234.

KAYSER, Bernard. (1964) La région comme objet d'étude de la geographie. In GEORGE, P. et alli. *La Geographie Active*. Paris: PUF (Trad. port. *A Geografia Ativa*. São Paulo: DIFEL, 1980: pp. 279-321).

LAJUGIE, J.; DELFAUD, P. e LACOUR, C. (1979) *Espace Régional et Aménagement du Territoire*. Paris: Dalloz.

LENIN, Vladimir I. U. (1899) *Razvitie Kapitalizma V'Rossii*. (Trad. port. *O Desenvolvimento do Capitalismo na Rússia*. São Paulo: Abril Cultural, 1982).

LIPIETZ, Alain. (1977) *Le Capital et son Espace*. Paris: François Maspero. (Trad. port. *O Capital e seu Espaço*. São Paulo: Nobel, 1987).

_____. (1985) *Mirages et miracles. Problemes de l'industrialisation dans le Thiers Monde*. Paris, La Decouverte. (Trad. port. *Miragens e Milagres. Problemas da Industrialização no Terceiro Mundo*. São Paulo: Nobel, 1987).

MARKUSEN, Ann R. (1981) Região e regionalismo: um enfoque marxista. *Espaço e Debates* 1(2): pp. 61-99.

_____. (1985) *Profit Cycles, Oligopoly and Regional Development*. Cambridge, Mass.: The MIT Press.

_____. (1986) Defense Spending and the Geography of High-Tech Industries. In REES, G. (ed.). *Technology, Regions and Policy*. New Jersey: Rowman and Littlefield:pp. 94-119.

MYRDAL, Gunnar. (1957) *Economic Theory and Under-developed Regions*. London: Gerald Duckworth & Co. Ltd. (Trad. port. *Teoria Econômica e Regiões Subdesenvolvidas*, Rio de Janeiro: ISEB, 1960).

_____. (1967) *Perspectivas de uma Economia Internacional*. Rio de Janeiro: Ed. Saga.

PERROUX, François. (1955) La notion de pôle de croissance. *Économie Apliquée* 1-2.

_____. (1961) *L'Economie du XXème Siècle*. Paris: Presses Universitaires de France (cit. conf 3ª ed. 1969).

PORTA, Fernando. (1991) As duas etapas do Programa de Integração Argentina-Brasil: uma análise dos principais protocolos. In VEIGA, Pedro M. (org.) *Cone Sul: a economia política da integração*. Rio de Janeiro: FUNCEX, pp. 89-118.

PREBISCH, Raul. (1949) O desenvolvimento econômico da América Latina e seus principais problemas. *Revista Brasileira de Economia* 3(3), pp. 47-111.

SCOTT, Allen J. e STORPER, Michael. (1988) Indústria de alta tecnologia e desenvolvimento regional: uma crítica e reconstrução teórica. *Espaço e Debates* 25: pp. 30-44.

_____. e STORPER, Michael. (1992) Regional development reconsidered. In ERNSTE, H. e MEIER, V. (ed.). *Regional Development and Contemporary Industrial Response. Extending Flexible Specialization*. London: Belhaven Press: pp. 3-24.

SERRA, José. (1988) O Equívoco das Zonas de Processamento de Exportações. Novos Estudos CEBRAP 20: pp. 54- 64, março.

_____. (1989) A Constituição e o Gasto Público. *Planejamento e Políticas Públicas* 1, jun., pp. 93-106.

STORPER, Michael. (1991) *Industrialization, Economic Development and the Regional Question in the Third World. From Import Substitution to Flexible Production*. London: Pion Limited.

SYLOS-LABINI, Paolo. (1964) *Oligopolio e progresso tecnico*. Torino: Giulio Einaudi. (Trad. port. *Oligopólio e progresso técnico*. Rio de Janeiro/São Paulo: Forense/EDUSP, 1980).

TAVARES, Maria da Conceição. (1990) Reestructuración Industrial y Politicas de Ajuste Macroeconomico en los Centros — La Modernización Conservadora. Rio de Janeiro: IEI, Junio, *mimeo*, 53 p.

TSUCHIYA, Takeo. (1978) Free trade zones in Southeast Asia. *Monthly Review* 29(9): pp. 29-39.

VERNON, Raymond. (1966) International Investment and International Trade in the Product-Cycle. *Quaterly Journal of Economics*, may.

WEBER, Max (1923) *Wirtschaftsgeschichte*. Berlim: Duncker & Humblot. (Trad. port. *História Geral da Economia*. São Paulo: Editora Mestre Jou, 1968).

MUDANÇA TÉCNICA E ESPAÇO: UMA PROPOSTA DE INVESTIGAÇÃO*

Júlia Adão Bernardes
Professora do Departamento Geografia, UFRJ

O presente trabalho constitui um modelo teórico de análise de coerência entre estrutura espacial e social, aplicado ao estudo de um caso particular, o Norte Fluminense Açucareiro, buscando compreender o movimento histórico do desenvolvimento da atividade sucro-alcooleira na região, através da dimensão espacial, onde dinâmica social e materialidade significam trabalhar o abstrato e o concreto.

* O presente trabalho sintetiza a análise de alguns capítulos da tese de doutorado apresentada pela autora no Departamento de Geografia Humana da Universidade de Barcelona.

A BUSCA DA COERÊNCIA ENTRE MUDANÇA TÉCNICA E ESPAÇO

Partindo da convicção de que é fundamental avançar na teoria do espaço para superar as formulações abstratas e isoladas pouco ou nada articuladas num processo de interpretação global, tratarei de adentrar-me num modelo de análise da dimensão espacial das relações de poder, o mais próximo possível do real.

Trata-se de apreender o significado social e político da renovação técnica em sua dimensão espacial. Por isso, o objetivo deste trabalho se centrou em estudar o conjunto de relações e articulações existentes em uma determinada área da realidade, o espaço, e de como a incorporação técnica o afeta, exigindo modificações na organização espacial existente.

Propõe-se aqui dedicar um tratamento mais profundo à variável espaço. Entretanto, é necessário evitar o equívoco de pensar que a realidade captada de uma determinada forma seja a única ou a autêntica, já que o conhecimento da realidade é inesgotável. O reducionismo empobrece porque não permite explicar um desenvolvimento novo.

A hipótese de investigação

Na hipótese, que é uma resposta *a priori*, está o começo, o ponto de partida para a explicação, o ponto a partir do qual se desenvolvem as restantes determinações. É a hipótese o que de fato permite orientar a investigação, devendo-se considerar que uma hipótese não validada também constitui algo importante, porque no processo de pesquisa podem surgir novas formulações a partir de novos graus de evolução do fenômeno e de sua capacidade de produzir novas qualidades, já que a realidade é dinâmica e está em constante movimento.

Partimos do princípio que, para que uma sociedade funcione adequadamente, deve haver coerência entre suas diferentes estruturas: produtiva, social, política e territorial. À medida que são introduzidas mudanças em um âmbito, os demais devem adequar-se para que não se rompa o equilíbrio e se supere o conflito. Com base nesse pressuposto pode-se afirmar que a aplicação de novas tecnologias necessita de mudanças na estrutura espacial para que se restabeleça a coerência entre os distintos níveis e não se instale o conflito.

Como defende SANCHEZ (1991), as transformações sociais devem encontrar correspondência na adequação espacial, sem a qual não é viável a manutenção da estrutura social, o que justifica a consideração do espaço como uma variável significativa no estudo das relações sociais. Portanto, a tecnologia explica o espaço e este explica a sociedade, já que cada formação social é ao mesmo tempo formação espacial, onde o sistema de produção e reprodução social, a organização e a oposição de classes sociais estão materialmente impressos.

Entretanto, ao longo do processo as transformações não ocorrem automaticamente, ou seja, se a mudança técnica incide diretamente sobre o espaço, este, em sua condição física ou social, pode oferecer resistência e constituir um fator condicionante. Trata-se, pois, de reconhecer, não somente os impactos gerados a partir de fora, com a introdução de novas tecnologias, mas também as resistências internas e as estratégias de adaptação no intento de superação dos conflitos instalados.

Se de alguma forma não se alcança uma coerência entre renovação tecnológica, estrutura produtiva, estrutura social e adequação espacial, dificilmente o processo de modernização terá continuidade. Por isso, é importante identificar os elementos geográficos que oferecem resistência ao adequado desempenho das técnicas aplicadas e averiguar as causas do desequilíbrio.

Como assinala SANCHEZ (1991), o conceito de impacto normalmente utilizado oferece a imagem de que os processos são unidirecionais, ou seja, das tecnologias sobre a sociedade e o território. Não obstante, à medida em que o espaço pode apresentar resistências, às quais as estratégias teriam que adaptar-se, os processos se revelam birrelacionais. É importante ter em conta que este duplo nível de relação alcança tanto o espaço econômico-produtivo, como o espaço global da vida humana em todos os seus âmbitos.

Com base neste princípio, e através da análise da concreção espacial dos efeitos, é possível avaliar as propostas que se formulem para incorporação de novas tecnologias, já que estas deverão configurar uma articulação espacial coerente para que, de fato, funcionem e se mantenham.

Uma proposta metodológica

Quando se busca a estrutura dos fenômenos para descobrir a essência oculta da realidade é necessário possuir, antes das hipóteses e indagações, certa consciência de que existe uma verdade oculta das coisas e que, para descobri-la, é preciso realizar uma busca, porque a estrutura dos fenômenos não é diretamente acessível. Este rodeio é necessário, uma vez que a estrutura da coisa pertence a uma realidade de ordem distinta da realidade dos fenômenos, exigindo uma atividade especial para conhecer sua estrutura, que são os diversos modos de apropriação da realidade (KOSIK, 1967).

Para melhor captar o sentido da realidade, nossa atividade consistiu, a partir da formulação da hipótese, em desenvolver um modelo de análise que reconhecesse os efeitos espaciais das relações de poder vinculadas à introdução de mudanças técnicas na base produtiva, um modelo que enfatizasse as repercussões do fator técnico sobre os recursos a serem utilizados, sobre os espaços produtores de matéria-prima ou sobre a capacidade produtiva do trabalho, enfim, um modelo que privilegiasse as relações concretas, que são as relações de interesse real.

Mediante esse modelo, foi possível obter uma primeira aproximação de descrição e interpretação da realidade. A materialização escolhida neste trabalho foi a esfera econômica, sendo necessário consolidar os conceitos-chave que possibilitam a compreensão da realidade e que servirão de mediação entre a formulação geral e o quadro empírico. Os conceitos significam que o todo se decompõe para permitir compreender a própria estrutura do todo.

Por conseguinte, falamos do *espaço*. Em geral, os enfoques tradicionais sobre a organização do território, dominados pela corrente neoclássica economicista, não se preocupam com a busca da explicação dos fenômenos territoriais, ocultando a verdadeira natureza da questão territorial, cuja explicação deve apoiar-se no conhecimento real do sistema social vigente, cujas leis devem ser decifradas a partir de um corpo teórico crítico que não negue as contradições sociais do sistema capitalista. Ou seja, o enfoque tradicional leva à fragmentação dos processos sociais.

Como observa SANCHEZ (1991), o espaço geográfico deve ser considerado em uma tríplice perspectiva, ou seja, em sua globalidade, em suas transformações e nas causas e leis de articulação e transformação do espaço geográfico, enquanto espaço social. Nessa perspectiva a problemática espacial deve ser apreendida como derivação da totalidade, já que cada lugar é parte de um todo. Como assinala KOSIK (1967), todo lugar percebido é parte de um todo, mas a totalidade não se percebe explicitamente, é caótica, nebulosa. É precisamente o todo que revela o lugar, seu significado e singularidade, tornando-se o concreto compreensível por meio do abstrato e o todo por meio da parte, operando-se esse movimento nos conceitos.

De modo que partimos do exame do lugar, situado no contexto mais global, um lugar que inclui fábricas, técnicas, instituições, homens, circulação, as formas de fazer e as idéias, ou seja, as ações e o suporte das ações que concretizam o modo de produção num determinado lugar.

A partir de uma totalidade geradora de processos de várias ordens, os subespaços devem ser analisados ao mesmo tempo como sujeito e objeto da ação social. Assim, estamos de acordo com SANCHEZ e SANTOS, que consideram que o espaço deve ser visto como uma instância junto com a econômica, a político-institucional e a ideológico-cultural na articulação da sociedade, desempenhando um papel importante na explicação dos processos sociais.

Para esse tipo de análise do espaço, devem ser considerados certos pressupostos:

— a construção do espaço é, na aparência, um fato técnico, mas na essência um fato social;

— o elemento estruturador de base das sociedades históricas são as relações de dominação e subordinação que se estabelecem entre os homens durante o processo de trabalho;

— os conflitos constituem o elemento dinamizador da totalidade social, que resultam da necessidade objetiva dos grupos dominantes de manter e fortalecer sua posição de classe através dos processos de acumulação, sendo o espaço o instrumento material manipulado para consegui-lo;

— o sistema político-ideológico, tendo por base o sistema econômico, dá coesão ao funcionamento do todo social.

A partir dessa perspectiva, falaremos do espaço, que é condição geral de produção em um território capitalista, organizado por uma fração da sociedade, para o exercício de uma forma particular de produção (SANTOS, 1985), do espaço que compreende o conjunto de elementos materiais transformados pela práticas econômicas e apropriados pelas práticas políticas (BARRIOS, 1986) e que é expressão material das relações sociais (LEFÉBVRE, 1976).

Além do espaço falaremos das *técnicas*. A implantação, a difusão e o êxito das técnicas em um determinado espaço produtivo depende do nível e caráter do desenvolvimento das forças produtivas alcançado pela formação social, o que se vincula às condições históricas e econômicas existentes no momento da introdução, as quais, por sua vez, são conseqüência de desenvolvimentos técnicos anteriores.

Segundo STEWART (1983), a organização da produção, o nível e a distribuição da renda e os fatores técnicos constituem as circunstâncias econômicas e históricas que condicionam a aplicação de novas tecnologias. As mudanças estarão vinculadas ao grau em que as técnicas antigas se tornaram tecnicamente ineficazes, refletindo as técnicas sobreviventes as condições econômicas existentes no momento em que se desenvolveram.

A introdução de novas tecnologias, em geral em forma de pacotes, necessita não só de materiais diretamente involucrados no processo produtivo, mas também de novas exigências e insumos administrativos, serviços de infra-estrutura e novas habilidades da força de trabalho. Supõe-se que o novo excedente se produzirá com o aumento da produtividade do trabalho e com o aumento de capital fixo devido aos novos níveis tecnológicos.

Os recursos técnicos estão intimamente vinculados aos recursos de capital, já que são os detentores de capital que tomam as decisões sobre as características do processo produtivo a ser instalado. Como essas decisões são tomadas a partir da localização dos agentes do capital, isso deverá levar a analisar sua atuação a partir da lógica de sua própria espacialidade.

As decisões em relação às reinversões do excedente apropriado constituem um instrumento estratégico para a manutenção e fortalecimento de determinados grupos sociais enquanto classe hegemônica. Nessa situação o espaço é chamado a desempenhar um importante papel enquanto espaço material de reprodução de uma organização social, sendo os recursos de capital que articulam o conjunto de relações sociais de produção em sua concreção espacial.

O sistema produtivo, a tecnologia, as adaptações espaciais se orientarão para a reprodução dos grupos dominantes com base na acumulação de capital, subordinando a classe trabalhadora a uma determinada forma de produzir, dentro de determinados limites. Devemos recordar que as classes dominadas podem reagir e intervir de acordo com suas possibilidades. Assim, o espaço produzido surge como produto intencional e não-intencional da ordem estabelecida. Tal concepção nos leva a compreender a estrutura espacial como campo e expressão da luta das forças em jogo.

As relações sociais, determinantes para a interpretação de um determinado processo, são resultado das condições históricas anteriormente conquistadas. A articulação entre *espaço* e *técnicas* se dá, portanto, mediada pelas *relações sociais de produção*, já que estas são condição geral da produção do território e da renovação da base técnica de produção.

Esses foram os conceitos-chave investigados; porém, junto às condições gerais de produção, utilizaremos outros conceitos, como o de concentração, o de centralização e o de competição capitalista. O processo de concentração/centralização trata de processos de transformação das frações dominantes, que instituem as possibilidades concretas de renovação técnica na base de produção, a partir de suas disputas, estabelecendo uma nova hierarquia. Isto significa que, por um lado, estaremos trabalhando com a contradição capital/trabalho e, por outro, com a própria reprodução da produção.

Nesse sentido, é importante ressaltar que as técnicas não são determinantes e o que conta é a competição capitalista, ou seja, as leis de reprodução do movimento de produção capitalista, que são fundamentais e determinam tudo, já que a produção está inscrita nessas leis fundamentais que produzem a acumulação capitalista. Por conseguinte, a incorporação técnica na esfera da produção serve para fomentar a produtividade e, portanto, para permitir maior competição capitalista, já que uma maior circulação do capital gera maiores lucros e aumento do poder.

Em suma, o sentido da incorporação técnica se encontra na competição capitalista e na acumulação de capital, seu significado se vincula à modificação das relações de produção e, portanto, a uma nova hierarquia entre as frações capitalistas.

Entretanto, a análise de frações do todo isoladas não é suficiente, sendo fundamental o estudo das relações dinâmicas que determinam que o comportamento da parte seja distinto quando é examinado no interior do todo. A partir disso, a noção desigualdade é fundamental para a descrição e interpretação da realidade.

A desigualdade espacial se vincula à divisão do trabalho, a qual é um meio para articular as relações sociais, sendo esse mecanismo socialmente utilizado de forma distinta em sua adaptação a cada momento histórico e em sua articulação social do espaço. Sendo a divisão territorial do trabalho função do tempo histórico, podemos trabalhar as noções de tempo e de espaço que existem no real (SANTOS, 1991). A estruturação do espaço se modela, pois, partindo do marco físico, através de mecanismos concretos e determinados segundo o tipo de relações de poder vigentes através do mecanismo da divisão do trabalho sobre o espaço.

É importante ressaltar que a capacidade explicativa da divisão do trabalho se encontra em sua concretude, seja por meio da divisão social, que se expressa hierarquicamente, seja por meio da divisão técnica, que se traduz não apenas na subdivisão das firmas e setores, mas também na divisão técnica do trabalho existente no interior da cada unidade de produção. À medida que a divisão do trabalho também atua através do mecanismo social da divisão espacial, um dado fundamental é a noção de escala enquanto um dado espacial e temporal, expressando-se a divisão do trabalho a níveis local, regional, nacional e internacional.

É fundamental, portanto, examinar, como podem ser utilizados os mecanismos e as formas de divisão do trabalho em cada momento e lugar em suas combinações, e a configuração que assume no espaço, posto que é o movimento de articulação interna a cada subespaço, e o de articulação entre os distintos subespaços, que explicam o movimento de estruturação da divisão do trabalho e sua repartição no território.

Como assinala IANNI (1986), no processo de desenvolvimento econômico capitalista as forças produtivas não se organizam, desenvolvem ou reproduzem simplesmente devido à ação empresarial, devendo-se ter em conta também a ação governamental, já que é precisamente neste âmbito que se constituem as condições "não econômicas" indispensáveis à organização e reprodução das forças produtivas.

À medida que o capital privado por si mesmo não pode estruturar o espaço de forma eficiente para a acumulação, o Estado assume o papel de produtor do espaço territorial, não simplesmente como uma atividade periférica, porém como uma problemática essencial, considerada por LIPIETZ (1977) o próprio papel da instância política em uma formação social. Dessa forma, as leis gerais do movimento do capital se deslocam do abstrato ao concreto, concretizando-se o capital no tempo e em uma espacialidade vital (SOJA, 1983). Por conseguinte, uma característica marcante do capitalismo é seu desenvolvimento desigual no tempo, e sua concreção desigual no espaço, constituindo esses aspectos dois elementos inseparáveis da dinâmica do desenvolvimento capitalista.

As diferenciações subespaciais em distintas escalas, associadas a uma estrutura espacial hierarquizada, resultam da combinação de diferentes variáveis, a saber: de distintos níveis tecnológicos, relações de produção, taxas de lucro e de incidência das lutas de classe, acompanhados de diferentes níveis de inversão de capital e de infra-estrutura.

O sistema capitalista aparece, pois, como um todo, como uma estrutura hierárquica de distintos níveis de produtividade e de acumulação, correspondendo a cada nível hierárquico uma determinada função na divisão social e espacial do trabalho. Conforme assinala MANDEL (1975), o sistema capitalista resulta do desenvolvimento desigual e combinado do capitalismo no tempo, no espaço e em sua estrutura, sendo a transferência geográfica do valor uma conseqüência do desenvolvimento desigual e combinado.

Segundo SOJA (1983), o desenvolvimento geograficamente desigual dos países expressa a divisão internacional do trabalho, os quais reproduzem variações significativas a nível regional. Por conseguinte, a divisão territorial do trabalho consiste numa regionalização mais complexa do processo de produção organizado nacionalmente.

O desenvolvimento geograficamente desigual se relaciona com a noção de circuitos completos e incompletos, associados às novas condições gerais de produção existentes ou inexistentes em algumas regiões. Encontra-se em estreita correspondência com o nível de forças produtivas e com o domínio das técnicas de produção, supondo sua utilização. Vincula-se à iniciativa e capacidade de intervenção dos grupos, à capacidade de administração associada aos princípios de gestão, concerne a fluxos diversos, a informações e ritmos de circulação diferenciais e a níveis distintos de subordinação.

Esses circuitos podem ser identificados com base na noção de cooperação, que permite identificar a importância das complementariedades no novo meio técnico científico em diversas escalas, desde o nível do processo no interior da firma, através do processo produtivo, até os que alcançam o mercado internacional. A noção de circuito completo e incompleto ajuda a perceber as regras do mercado pleno e de como se realimenta das outras áreas.

Por conseguinte, a mais valia e o valor gerado em um lugar não se realizam plenamente onde se produzem, mas se repartem em função das estratégias econômicas, financeiras e políticas, contribuindo para a acumulação realizada em outro lugar, transferindo o valor das áreas de baixa produtividade para as de mais elevada produtividade, tornando-se os mecanismos e trajetórias cada vez mais complexos. As inovações tecnológicas instituem atualmente esta ambigüidade e esta generalização a nível mundial, possibilitando a transferência de valor de forma mais ampla. Como assinala LEFÉBVRE (1976), há muito tempo que o capitalismo deixou de ser um âmbito geográfico passivo para converter-se em um instrumento, mantendo-se através da conquista e da integração do espaço.

Em síntese, o fundamental é definir a dinâmica territorializadora da técnica, e o desafio que se coloca é o de verificar se existe coerência entre a renovação na base técnica de produção e os efeitos espaciais, já que as mudanças no processo produtivo definem as mudanças necessárias na articulação territorial para que o processo funcione. Através da configuração dos novos espaços sociais derivados das mudanças técnicas é possível captar e definir se existe ou não tal coerência e analisar suas causas.

A concepção genético-dinâmica

A realidade não é um todo já acabado. O conhecimento de uma fração da realidade supõe, do ponto de vista metodológico, o conhecimento de suas fontes internas de desenvolvimento e movimento e de sua evolução histórica até o momento que se deseja analisar, posto que os supostos que foram em sua origem condições históricas da formação dessa fração da realidade, depois de surgir e concretizar-se, revelam-se como resultado e condições de sua reprodução, passando a formar parte do processo de reprodução dessa realidade.

A preocupação é, pois, reconstituir essa fração da realidade concreta de forma sistêmica, a partir das variáveis fundamentais, posto que nem todos os fatos podem ser abarcados, ampliadas com as noções de tempo cristalizado, utilizado por LIPIETZ (1977) e espaço herdado. Essas variáveis devem ser investigadas em distintas escalas concretas e em diferentes tempos históricos.

Para analisar as transformações mais recentes ocorridas em determinada herança histórica, é fundamental conhecer as condições do espaço prévio que deram lugar às mudanças, já que as novas instalações estabelecerão diferenciais de acordo com o que existe como espaço herdado.

As periodizações internas na reconstrução do processo de produção do espaço constituem a manifestação concreta de uma forma de produzir, já que o espaço é condição geral de cada forma de produção, com sua própria territorialidade, sendo o acesso a essa condição de produção o espaço equipado, razão pela qual, em sua formulação, deve-se partir do espaço histórico anterior, inscrito em determinada produção. Por conseguinte, a periodização está articulada à questão da espacialidade, significando que temos uma inscrição do tempo com o espaço dentro do método.

Nesse sentido, a produção do espaço se encontra em estreita correspondência com o nível das forças produtivas, já que supõe a utilização dessas forças e das técnicas existentes, assim como a iniciativa de grupos ou classes capazes de intervir e/ou de conceber objetivos a determinada escala, atuando em um marco constitucional determinado, portadores de ideologias e principalmente de representações espaciais, que correspondem às relações de produção (LEFÉBVRE, 1976).

À medida que as contradições se acentuam, isto indica que, por um lado, o processo mostra certo esgotamento e, por outro, a emergência de novos interesses, sendo estes entre si contraditórios, ocorrendo, portanto, uma ruptura com a história anterior. A partir desse momento o espaço deverá readequar-se, destruindo formas anteriores, subordinando-as ou criando outras. A nova forma de produzir não se desenvolve sem mudanças nas relações de produção e, conseqüentemente, no espaço existente, se pretende impor-se com êxito.

DO MÉTODO AOS RESULTADOS

Ao formular a hipótese e propor um modelo de análise estávamos apenas no começo da indagação, ou seja, no início da investigação. Partindo da representação viva, imediata e caótica do todo, realizamos a formulação inicial e chegamos à formação dos conceitos.

Sem dúvida, a construção teórica já está feita. A partir daí se impõe situar esta construção global a nível dos fenômenos concretos em sua evolução, progredindo do abstrato ao concreto para conhecer a realidade. Não obstante, agora não mais se retorna ao concreto do ponto inicial, de percepção imediata, confuso e desconhecido, porém a um concreto acessível, aclarado e tornado compreensível por meio do abstrato, ou seja, dos conceitos. Pensando como KOSIK (1967), retornamos agora a um todo que pode ser explicado pela parte.

É com base neste modelo e método de explicação que trataremos de analisar a coerência existente, ou inexistente, entre mudança técnica e adequação espacial no seu desenvolvimento mais profundo, no Norte Fluminense Açucareiro, a partir dos anos 70.

A mudança técnica no Norte Fluminense

A materialização escolhida para este estudo foi a esfera econômica, onde o espaço é condição geral de produção, onde as técnicas significam a renovação na base industrial e as relações sociais constituem condição geral de produção do território e da renovação da base técnica da produção.

Um dos ramos agroindustriais onde mais se concentraram as inversões no Brasil nos anos 70 foi o setor sucro-alcooleiro, principalmente a partir do "Programa Nacional do Álcool" (1975). Portanto, é nesse setor onde mais se podem produzir os efeitos de ordem espacial. O distinto nível de aplicação da tecnologia existente disponível nos anos 70, tanto quantitativo como qualitativo, aprofundou as diferenças já existentes entre as regiões produtoras.

No Norte Fluminense Açucareiro, uma área que se lê tradicional, as mudanças técnicas foram significativas nessa época. A materialização das técnicas num tipo de espaço como esse suscita um maior conhecimento das articulações que possibilitam que as técnicas alcancem áreas de débil industrialização e dos efeitos espaciais que possam ter. A partir da configuração dos novos espaços sociais derivados das mudanças técnicas foi possível captar e definir se existe coerência entre a renovação na base técnica de produção nas usinas do Norte Fluminense nos anos 70 e os efeitos espaciais, já que as mudanças no processo produtivo definem as mudanças necessárias na articulação territorial para que o processo funcione.

Por outro lado, se impunha qualificar a incorporação do desenvolvimento técnico e identificar seu ritmo para poder localizar os limites. Para delimitação dos limites existe um modelo ideal baseado na comparação. A comparação com São Paulo não tem outra função a não ser estabelecer onde se encontra o limite ao qual se pode aspirar alcançar no Norte Fluminense.

O nível qualitativo aplicado no Norte Fluminense, em um parque açucareiro com mais de cem anos, com toda uma estrutura montada muito antiga, se limitou a reformas nas usinas, já que os equipamentos eram caros e a região pouco capitalizada. Em geral, não se comprava um "pacote tecnológico", sendo a maior preocupação a produção de maiores quantidades de produto. Assim, a renovação técnica se produz, mas somente até um certo grau, que é reduzido em relação ao de São Paulo.

Um modo de enfocar o problema do desenvolvimento técnico, neste momento e espaço, é perguntar por que ocorre em níveis restritivos. Se este nível é reduzido em relação ao de São Paulo, contudo é o possível frente às condições dadas do Norte Fluminense. O que interessa esclarecer, então, é quais são as condições dadas, localizadas historicamente.

As condições dadas

Assumir o espaço como condição geral da produção capitalista significa dizer que cada forma de produzir se inscreve em uma certa territorialidade. Evidentemente, o acesso a essa condição geral de produção passa pelo espaço equipado, ou seja, os novos processos se desenvolverão com base nas atuações territoriais anteriores. "A elaboração e reelaboração dos subespaços — sua formação e evolução — se dão como em um processo químico. O espaço que assim é formado extrai sua especificidade exatamente de um certo tipo de combinação. Sua própria continuidade é uma conseqüência da dependência de cada combinação em relação às precedentes" (SANTOS, 1985:23).

As condições dadas do espaço prévio fixam uma série de pontos de partida para o processo posterior. Do ponto de vista do quadro natural, o espaço fluminense estava menos dotado que São Paulo. Os institutos de investigação estavam menos articulados com as universidades que em São Paulo, sem que se produzissem inovações tecnológicas, já que ali não era o lugar adequado, e apenas se conseguia certa renovação tecnologicamente, já que o capital não investia em pesquisa científica para aplicação técnica. Também não eram as contradições com a força de trabalho que davam origem à incorporação de tecnologia, já que não havia falta de mão-de-obra, e esta não era cara, pois os salários eram baixos.

Por último, o mais importante, é que a mudança técnica não se introduziu através do mecanismo da competição capitalista, ou porque a forma de produzir se havia esgotado, já que existia capacidade ociosa. Portanto, tudo isso não justificava a incorporação técnica no Norte Fluminense, que só foi possível até certo ponto e devido a outra lógica.

A lógica da renovação

Para entender a lógica da renovação devemos lembrar que o Estado brasileiro, nos anos 70, foi um acumulador de condições do processo de produção. Por um lado criou institutos de pesquisa, estimulou o desenvolvimento de inovações tecnológicas, estabeleceu condições especiais de importação, facilitou a concessão de crédito com taxas de juros subvencionadas, já que existia uma concentração de recursos financeiros, o que permitiu a implantação tecnológica. Por outro, socializou os custos de produção e incentivou a atualização de mão-de-obra em todos os níveis.

Convém acrescentar que o Estado também desenvolveu mecanismos de atração e de estabilização de mão-de-obra, ora facilitando a tecnificação do campo e substituindo atividades, ora estimulando a fixação desses excedentes nas cidades de tamanho médio, procurando absorver contradições e conflitos sociais, principalmente os que estavam mais imediatamente presentes nas relações sociais de produção, intervindo nas atividades sindicais.

O Estado no Brasil, como na América Latina, tem uma centralidade que pelo menos aparentemente não tem em outro lugar, desempenhando um papel fundamental na estruturação da economia, sendo impossível falar de um capital independente do Estado no Brasil. Apesar de haver existido antes, a intervenção estatal nesta fase passou a ser mais completa e a se apresentar de forma mais orgânica e concertada.

A questão fundamental se situa em saber quem se apropria dos mecanismos do Estado nesse momento, quem determina seus objetivos e as concepções que devem prevalecer. A questão nos remete à filtração da realidade mundial.

A mundialização da economia

As características do atual ciclo de civilização têm como denominador comum as transformações das forças produtivas em sua estrutura e em sua dinâmica, com base no desenvolvimento científico com suas diversas aplicações.

O novo meio técnico-científico se articula sobre a base da internacionalização das relações econômicas e comerciais, onde as grandes corporações transnacionais ocupam um lugar especialmente significativo, mobilizando recursos produtivos de todo tipo, com profundas repercussões na vida econômica e política de cada país, que se vê afetada por sua forma de integração na divisão internacional da produção. Em conseqüência, novas relações econômicas se introduzem nos processos políticos de cada território, aprofundando a dependência em relação aos centros de decisão (SANCHEZ, 1992).

Efetivamente, cada Estado atua como mediador dos interesses externos, adequando-os às características internas. Entretanto, a mundialização da economia e das técnicas atinge os países de forma diferenciada, com efeitos distintos nas diversas frações do território, viabilizando-se por meio do planejamento estatal.

Em função de necessidades da produção definidas a nível mundial, nos anos 70 foi adotada toda uma estratégia para organizar o território com vistas a adequar o espaço, de modo a assegurar a transferência geográfica do valor a nível internacional, como conseqüência direta do desenvolvimento capitalista desigual.

A adequação do espaço brasileiro

Com base nessa estratégia, foi construída no Brasil toda uma infra-estrutura de vias de circulação e transporte para intensificar os fluxos e proporcionar maior rapidez, possibilitando incorporar extensões cada vez maiores do território, facilitando a constituição dos "corredores de exportação". Atuando na implantação de infra-estrutura viária, na área energética, de investigação técnico-científica e através da concessão de crédito, o Estado administrava a disputa do poder por parte dos distintos grupos que formavam a elite nacional.

Sem dúvida, é muito importante a compreensão dos interesses que atuavam sobre o Estado brasileiro e que efetivamente organizavam esta ação pública, inclusive no que tange à aquisição de tecnologia articulada à política econômica, e de como essa nova articulação dinâmica do mercado externo gerava pressões sobre o Estado brasileiro para se renovar e adequar, o que correspondia a um determinado nível de exigência de amortização de inovações tecnológicas na escala internacional.

À medida que o governo dispensou um tratamento diferenciado às distintas áreas produtoras, priorizando a inversão de recursos e a implantação de infra-estrutura em áreas como São Paulo, onde já existiam condições privilegiadas em relação às demais regiões, se consolidou uma nova divisão nacional do trabalho, já anteriormente esboçada. Isto significou que os interesses vinculados às pressões externas e às frações da elite nacional, entre os quais se destacam os das grandes empresas produtoras de equipamentos para o setor sucro-alcooleiro, articuladas às suas congêneres no mercado internacional, que impulsionavam a ação do Estado, se instituíam de uma forma privilegiada no estado de São Paulo.

A inclusão ou exclusão de determinados espaços no planejamento estatal, nesse momento, expressava a internalização de necessidades externas determinadas pelo movimento do capital internacional mais global. Nesse sentido, podemos ver que o que ocorre em cada subespaço é a manifestação de influências e efeitos do funcionamento da economia mundial, viabilizada em primeiro lugar pela ação estatal e, secundariamente, pelas forças hegemônicas locais em cada subespaço.

A adequação do espaço fluminense

À medida que regiões como o Norte Fluminense não possuíam determinadas condições de acumulação, devido ao exercício anterior da própria forma de produzir, o Estado financiaria e seria o agente modernizador em muitos espaços concretos, de uma modernização que era, no fundo, portadora da irracionalidade, efetuando processos incompletos, o que afetava concretamente a qualidade das relações sociais de produção. Isto significa que somente certos subespaços, como São Paulo, teriam a oportunidade de uma plena racionalidade capitalista e, portanto, de uma mais completa modernização.

O acesso a uma nova condição de produção impunha novas demandas de território, exigindo um certo nível de ruptura com a organização de um espaço histórico anterior, já que o espaço devia subordinar-se e adequar-se à nova forma de produzir.

Em um primeiro momento, o processo de adequação necessitou da destruição de algumas formas anteriores de produção que impediam as condições gerais de produção atual, centralizando o capital. O processo de fusão, que antecedeu o de concentração do capital, implicou uma nova coligação de interesses entre usineiros, que passou a agregar novos proprietários, alguns procedentes de outras regiões, em particular do Nordeste, com maior acesso às esferas políticas no âmbito federal.

Os novos grupos procuraram estabelecer alianças locais para estar presentes na região, sabendo perfeitamente que neste espaço os lucros seriam seguros, ainda que não obedecendo aos termos básicos da competição e racionalidade capitalista.

Nesse momento, no âmbito de um escasso nível de competição capitalista, se criou no Norte Fluminense a questão regional, no sentido de decidir sobre o uso do território para instituir um papel para si, frente às mudanças que se verificavam no país, com vistas à participação nos novos projetos do setor. A questão regional no Norte Fluminense se vinculava, portanto, às transformações na estrutura produtiva e dizia respeito à disputa daquele espaço, ou seja, à mudança daquela forma de produzir, significando ter acesso às instâncias políticas e tecnocráticas do período, o que demonstra a necessidade daquelas frações oligárquicas históricas, agora ampliadas com novos grupos, com certa influência política, de estabelecer para si um papel, uma função, frente ao projeto mais amplo de país que se instituía naquele período.

À medida que se instalava um outro momento da competição capitalista, a gestão das técnicas necessitava de uma nova articulação entre os grandes e parte dos médios produtores de cana, já que os usineiros dependiam em grande parte da matéria-prima, passando os novos acordos por múltiplos mecanismos de mercado. Frente às maiores necessidades de matéria-prima, os produtores de cana passaram a pressionar, exigindo condições mais favoráveis e o estabelecimento de acordos mais vantajosos, como a prestação de serviços por parte da usina, significando que uma parte do esquema foi integrada, a partir do estabelecimento de condições mais iguais.

A subordinação dos pequenos e parte dos médios produtores às novas técnicas agrícolas e instrumentos mecanizados permitiu uma adequação desses segmentos às novas exigências em cana, indicando que outra parte do antigo esquema foi subordinada. Sem dúvida, tudo isto significava pressões sobre a anterior coligação de interesses, que se encontrava em desacordo com o novo momento e devia ser destruída.

Por outro lado, com o objetivo de serem auto-suficientes, os usineiros procuraram adquirir grandes extensões de terras, acarretando mudanças na estrutura da propriedade da terra. Também se apropriaram de áreas novas, a partir da presença do Estado no território, que atuava na recuperação de terras através de obras de drenagem.

A busca da auto-suficiência levou os usineiros a desenvolver múltiplos mecanismos de destruição de parte do esquema anterior. A eliminação do que restava do colonato e morador, liberando áreas de subsistência para a cana, facilitado pela ação do Estado, a partir da extensão dos direitos e da legislação trabalhista ao campo, significa que parte do esquema anterior foi excluída. Além da destruição desses cultivos e relações de produção, outros tipos de cultivos e atividades, que impediam a expansão da cana, também foram eliminados no processo de adequação do espaço às necessidades da nova forma de produzir.

Em conseqüência, as novas necessidades de matéria-prima conduziram à reorganização do território, uma vez que era necessário estabelecer adequações na propriedade da terra, no processo de produção agrícola e nas relações de produção, significando que uma parte do esquema anterior foi excluída, outra parte subordinada e uma terceira integrada, a partir de novas alianças. Entretanto, essa adequação não se efetuou sem enfrentar obstáculos, tanto de ordem natural como histórica. As resistências, que se manifestavam das mais variadas formas e em distintos níveis, se originavam de uma série de mecanismos de apropriação e de adequação anteriores.

No processo de produção, as relações sociais têm uma

certa autonomia em cada parte do processo. Por isso, foi necessário localizar em cada parte do circuito como se instituíram as relações de produção, as quais articuladas formam o conjunto das relações de produção, indicando que certas frações nada mais eram que apropriadoras aparentes de algo que seria apropriado por uma certa centralidade no esquema de produção.

As transferências de valor entre as frações capitalistas permitem perceber qual é a fração proprietária que efetivamente determina o esquema. O fato de que os usineiros passassem a transferir lucros para os grandes e médios produtores de cana indica que, nesse momento, a fração usineira ficou mais fragilizada.

Tais fatos revelam que o pacto de classes, que passa pela questão regional, não estava colocada somente no interior do estrato usineiro, já que a produção de cana também foi alcançada pela produtividade da usina. Quando se tem em conta as condições gerais em sua globalidade, nas quais se inscrevem as novas técnicas, se percebe que as demais frações proprietárias também foram atingidas pelo pacto. De modo que a indústria foi determinante somente até certo ponto, já que não possuía um domínio pleno sobre o território, não conseguindo alcançar uma adequação técnica perfeita, necessitando subordinar-se, por exemplo, para obter a matéria-prima.

Em suma, as mudanças técnicas efetuadas na planta da usina, que se podiam traduzir como determinantes, porque são a expressão própria da usina moderna, de fato não o são totalmente, à medida que não possuíam uma articulação mais ampla do todo, sendo a significativa capacidade ociosa um sintoma disso.

O uso da técnica no Norte Fluminense

Dependendo do lugar em que os objetos criados para permitir a produção econômica sejam colocados, a resposta a relações mais amplas que se desejam impor será distinta, ou seja, a mesma técnica obtém respostas diferentes em cada lugar porque o uso dos objetos não é igual. A introdução de uma mesma técnica apresenta, portanto, relações distintas em cada subespaço, sendo semelhante apenas teoricamente, mas influenciada pelo resto dos fatores concretos.

Em São Paulo, onde uma maior racionalidade está presente, os objetos estão mais próximos uns dos outros, no sentido de sua articulação, estando tão coesos que chegam a formar um sistema local. Cada unidade produtora é uma unidade de investigação, e o saber que ali existe confere um maior movimento ao uso desses objetos, configurando uma nova dinâmica diferencial do espaço.

O contrário ocorre no Norte Fluminense, onde uma maior irracionalidade está presente. Os objetos, embora apresentando uma maior proximidade espacial, estão efetivamente pouco conectados socialmente, e a precária articulação impede que formem um sistema, já que o saber existente em cada unidade confere pouco movimento ao uso dos objetos técnicos, resultando em escasso dinamismo desse espaço.

A relação entre os objetos geográficos, sua articulação e aproximação exige o exame das ações. Quando a usina se renova tecnologicamente já está potenciada para aumentar o mercado. Mas as técnicas não funcionam sem o estímulo da informação, seja na forma de dinheiro ou de planejamento, que informa quanto consumir, quanto avançar, quanto produzir, com que contingente de força de trabalho trabalhar, com quais relações, quanto tomar como empréstimo, que tipo de insumo e quanto adquirir, que rendimento se deve obter e quando.

Aquelas áreas produtivas como o Norte Fluminense, onde se implantou um certo nível de técnicas, mas que produzem pouco e mal, têm um papel subalterno na divisão do trabalho frente a áreas como São Paulo, onde a ação informada é mais produtiva, é mais eficaz. São áreas que estão informadas porque possuem as técnicas, mas não informam nada, que não demandam investigação, que não produzem fluxos de informação, de capital e de inteligência, porque têm pouca relação com as finanças e com o político. Nessas áreas a técnica pouco trabalha porque não existe uma ordem de ação e um controle da ação, já que as condições que permitem um pleno funcionamento da técnica não se encontram disseminadas ponto a ponto, ou com capacidade de saltar pontos. Como assinala SANTOS (1991), é a ação que projeta uma função definida aos objetos e que faz com que um subespaço ocupe uma determinada posição na divisão do trabalho.

As técnicas não constituem uma possibilidade produtiva de forma isolada, já que sua implantação, enquanto nova territorialidade do capital de forma mais ampla, depende das condições gerais de ampliação e de produtividade que a área apresenta, de modo que essa articulação do território, à medida que em cada momento se instalem novas técnicas, possibilite a apropriação de novas condições gerais.

A articulação do território ultrapassa os limites do próprio território, ou seja, tudo deve estar articulado ao nível de um território muito mais amplo. O espaço produtivo no Norte Fluminense é muito restrito e sem as complementariedades que o novo modelo exige, as condições gerais de ampliação são limitadas, as articulações externas também, e a barreira externa acaba se reproduzindo como barreira interna, o que muda as conseqüências que as técnicas possam ter para cada capital em particular e para a competição entre as frações capitalistas.

Um subespaço como o Norte Fluminense, onde não existem grandes possibilidades de complementação porque as complementariedades novas não se instalaram, que é precisamente onde se dá a acumulação, só pode apresentar um processo de modernização relativa. Quando falamos de complementariedades novas, trata-se da complementariedade das múltiplas determinações desta base contemporânea modernizadora que se instalou nos anos 70.

À medida que as técnicas se inscrevem no território, significa que teremos um território tecnificado cuja expansão é extremamente seletiva, e se não se parte de uma base onde as complementariedades estejam instaladas, não pode haver grande expansão. Em uma base territorial como São Paulo, as tendências aglomerativas se dão no domínio das atividades de comando, que criam uma nova categoria de economias externas, as intelectuais, das quais derivam os processos diretivos da vida social e econômica. Nessas condições as instalações, as infra-estruturas, a pesquisa, tudo se complementa, servindo a múltiplas produções de uma forma mais coletivizada, possibilitando a instalação de uma base técnica comum, o que constitui uma especificidade daquele território.

Em São Paulo o planejamento priorizou a implantação e melhoria da infra-estrutura, ampliando a rede de eletrificação, construindo armazéns e silos, estradas, ferrovias, que facilitam o escoamento da produção. As famosas economias externas incrementadas nesse estado, sob a forma de menores custos de transporte entre centros de consumo e de produção, constituíam mecanismos de reforço em tais condições.

Nesse subespaço existe um maior controle da meteorologia, do sistema de transmissão de informações para fora e para dentro, que é comum a uma determinada área, há um sistema financeiro informatizado que tem certa centralidade e permite maior agilidade, facilitando a conjugação do capital financeiro e industrial. A magnitude dos equipamentos, seu elevado nível de utilização e de rentabilidade, os custos mais baixos dos insumos, os inúmeros centros de investigação, tudo isso se justifica frente à magnitude das atividades.

A expansão da área cultivada no Norte Fluminense implica inversões em investigação que não compensam economicamente, e uma área restrita de certa forma não pode comportar grandes equipamentos, porque há necessidade de complementação. De modo que a compra de grandes equipamentos modernos, como fizeram algumas usinas, pode constituir um limitador porque, dependendo da qualidade da terra, da cana, da área de produção, pode exigir inversões em investigação que não compensem a utilização desses equipamentos. O que se pode comprovar é que os grandes institutos de investigação não estão no Norte Fluminense, apesar de já haverem existido em outros tempos, e o que existe atualmente é subordinado.

Em São Paulo se constata a emergência de um quadro técnico especializado a nível de usina, significando que existe um setor de investigação que se desenvolve no interior da planta da fábrica, existem várias instâncias com distintos níveis de especialização a nível da gestão, dotados das mais modernas técnicas de administração, além de possuir quadros assalariados de diversos níveis, indicando a existência de uma elevada divisão técnica e social do trabalho.

Em contrapartida, nas usinas fluminense, raramente se pode encontrar um setor de pesquisa, quase não há quadros assalariados intermediários, dispondo somente de um engenheiro técnico permanentemente inscrito para controlar o processo produtivo, sem preocupação com grandes especializações, dispondo muito mais de uma assessoria interna periódica. Mesmo quando se desenvolve uma certa renovação de quadros, ao ser limitada permite que continuem predominando as velhas formas de administração do trabalho.

Norte Fluminense: um novo conceito

A partir do exposto se constata que no Norte Fluminense tudo ocorre, porém, dentro de certos limites: as usinas se renovam tecnicamente, mas a produção de cana não corresponde em quantidade e qualidade; são introduzidos alguns quadros técnicos, mas as relações são arcaicas; se consegue um certo acordo político para a renovação, porém de forma subalterna.

Os limites da incorporação técnica, os limites da competição, os limites da relação entre usineiros e produtores de cana, os limites da renovação nas relações de trabalho, enfim, os limites da racionalidade, fazem com que aquelas frações, embora não pagando toda a técnica que incorporam, exercitem uma função, ou seja, a de "bolsão de apoio à inovação" que se desenvolve em outros subespaços, constituindo um mercado da produção racionalista. Em outras palavras, são áreas aglutinadoras para inversões que encontram sua plena racionalidade em outro lugar.

Este seria o novo conceito possível para aplicar a esta região, uma vez que não existem conceitos adequados para expressar exatamente esta situação concreta, já que este é um lugar que se lê como arcaico, mas que não pode ser compreendido em sua dinâmica contemporânea em uma leitura do arcaísmo, embora também não possa ser compreendido por uma leitura da modernização, porque é insuficiente para expressá-la. Esta é a incógnita do Norte Fluminense, que está situado no contexto da área mais dinâmica do país, que é a região Sudeste, mas que não cria correspondências com os processos mais gerais.

Praticamente até a década de 50 o Norte Fluminense não era considerado um subespaço tradicional, no sentido de pouco dinâmico. Esse espaço se transformou em tradicional simultaneamente ao florescimento da nova região industrial de São Paulo, no marco de uma nova divisão regional do trabalho no Brasil. Nos anos 70, apesar da entrada de capitais externos no Norte Fluminense, principalmente provenientes do Nordeste, e de sofrer mudanças também muito positivas na sua estrutura produtiva, toda essa modernização não foi suficiente para evitar que a área ficasse estagnada, transformando-se no que se poderia denominar uma área tradicional.

Se perguntarmos por que a renovação técnica ocorreu nesse subespaço, embora até certo ponto a pergunta nos remeta à origem das pressões exercidas sobre a região. Sem dúvida, a matriz fundamental dessas pressões se localiza em São Paulo e no Estado brasileiro. Havia, por um lado, uma pressão que veio de São Paulo, onde se desenvolvia uma industrialização e acumulação em melhores condições de produtividade e onde estavam instaladas as principais empresas produtoras de bens de capital, inclusive do próprio setor. Por outro lado, havia uma pressão que veio do próprio Estado brasileiro, agora cativo da região hegemônica. Para que os empresários fluminenses alcançassem determinadas vantagens, o Estado os incentiva a se vincular a determinadas políticas, impondo-lhes absorção de tecnologia, conferindo a essa área o papel de aglutinadora para inversões que encontrariam sua racionalidade em outro lugar.

Dessa forma, a modernização limitada de um tipo de região como o Norte Fluminense, só pode ser explicada por um princípio lógico da produção capitalista que está atuando em outro lugar. A origem da adequação técnica do Norte Fluminense se localiza, portanto, não na competição interna, que quase não existia, mas nas pressões externas à região, as quais, em última instância, também eram externas a São Paulo e mesmo ao Estado brasileiro, já que se originavam em pressões internacionais. Portanto, o Norte Fluminense assume uma função que só pode ser compreendida no cenário da modernização do país e de sua inscrição no mercado internacional, significando adequação diferencial de parte da sociedade e do território.

À medida que se institui essa função em áreas como o Norte Fluminense, estas servem de apoio a um desenvolvimento tecnológico que será pleno em certas regiões, como São Paulo e, a partir delas, servirá ao mercado mundial, fazendo parte do mecanismo que SOJA denomina "transferência geográfica do valor". A transferência geográfica do valor é tanto um produto como uma força material direcionando o desenvolvimento capitalista, operando em todas as escalas na estrutura hierárquica do desenvolvimento geograficamente desigual (SOJA, 1983).

Tanto na região que constitui o "bolsão de apoio à inovação", como na região efetivamente inovadora, as quais funcionam paralelamente, os objetos têm um papel importante e funcionam segundo ordens, ou seja, a partir da ação, que é mais informada em São Paulo, respondendo os objetos técnicos de forma distinta, apresentando diferentes níveis de produtividade e de lucro. As áreas que acumulam mais tecnologia e informação constituem o espaço do "mandar" e, onde existe menos, é o espaço do "fazer". No espaço do "mandar" está presente o motor acionador da racionalidade, enquanto que no espaço do "fazer" também existe um motor de racionalidade, porém é movido. É precisamente o motor acionador que estabelece a nova divisão regional do trabalho.

O implante técnico no Norte Fluminense, associado ao aumento da capacidade ociosa e à concessão de subsídios por parte do Estado, revela a ambigüidade do papel do Estado na acumulação, significando que pode impor um elevado patamar de irracionalidade às produções, impedindo dessa forma que uma parte substancial dos ganhos ocorra no processo de produção.

CONSIDERAÇÕES FINAIS

Das considerações anteriores se deduz que, embora o nível de adequação do espaço não corresponda ao nível técnico instalado no Norte Fluminense, efetivamente esta dissensão é coerente à medida que a incorporação técnica não foi gerada no interior das contradições da competição capitalista. Não sendo assim, tal incorporação fica em grande parte bloqueada. Confirma-se, portanto, a hipótese inicial da necessidade de coerência entre renovação técnica e estrutura espacial.

Esta questão é sumamente importante porque permite alcançar um maior conhecimento da realidade do país, compreender o cenário de desenvolvimento das políticas econômicas e explicar como se instituem as dívidas, a partir de um enfoque em que o espaço deixa de ser um mero substrato onde se produzem as coisas, para transformar-se em estratégia de produção para alcançar objetivos na escala global.

BIBLIOGRAFIA

BARRIOS, Sonia. (1986). "A produção do espaço". In: *A construção do espaço*. São Paulo, Ed. Nobel, pp. 1-24.

IANNI, Octávio. (1986). *Estado e planejamento econômico no Brasil*. Rio de Janeiro, Editora Civilização Brasileira S. A.

KOSIK, Karel. (1967). *Dialéctica de lo concreto*. México, Editorial Grijalbo, S. A.

LEFÈBVRE, Henri. (1976). *Espacio y política*. Barcelona, Ediciones Península.

LIPIETZ, Alain. (1977). *Le capital et son espace*. Paris, Maspero.

MANDEL, Ernest. (1975). *Late Capitalism*. London, New Left Books.

RICHTA, Radovan. (1974). *La civilización en la encrucijada*. Madrid, Editorial Ayuso.

SANCHEZ, Joan-Eugeni. (1991). *Espacio, economía y sociedad*. Madrid, Siglo Veintiuno de España Editores, S. A.

_____. (1992). *Geografía política*. Madrid, Síntesis.

SANTOS, Milton. (1985). *Espaço & método*. São Paulo, Ed. Nobel.

_____. (1991). *Metamorfoses do espaço habitado*. São Paulo, Editora Hucitec.

SOJA, Edward. (1983). "Uma interpretação materialista da espacialidade". In: Becker, Bertha K. e outros (org.). *Abordagens políticas da espacialidade*. Rio de Janeiro, UFRJ/CCMN.

STEWART, Frances. (1983). *Tecnología y subdesarrollo*. México, Fondo de Cultura Económica.

A GEOPOLÍTICA NA VIRADA DO MILÊNIO: LOGÍSTICA E DESENVOLVIMENTO SUSTENTÁVEL*

Bertha K. Becker
Professora do Departamento de Geografia , UFRJ

A retomada de interesse pela Geopolítica é patente. Grupos de trabalho, livros, artigos se sucedem revelando a revalorização das relações entre poder, ou mais precisamente a prática do poder, e o espaço geográfico, relação que constitui a preocupação central da disciplina.

Num aparente paradoxo, as mesmas condições que induzem à revalorização da Geopolítica negam os pressupostos em que se tem assentado, a saber, o Estado como única unidade política do sistema internacional, e o território como fundamento do poder

* Este capítulo é uma reflexão baseada em trabalhos da autora, que agradece a colaboração do Prof. Ivaldo G. Lima na sua montagem.

nacional na medida em que permite o desenvolvimento autárquico necessário ao exercício do poder mundial.

Ora, a demanda por repensar as relações espaço-poder decorre justamente da perplexidade em face à desestabilização desses pressupostos. Ao nível dos eventos, o fim da Guerra Fria com a queda do muro de Berlim é, certamente, um marco. O rompimento da divisão do espaço e do poder mundiais em dois blocos, e a distensão daí decorrente, trouxeram à luz as diferenciações espaciais, significando a recuperação do político e da cultura expressos em conflitos pela definição de territórios.

Tal evento, na verdade, é manifestação de rápidas, intensas e instáveis transformações em curso no planeta e vem sendo apontadas há algum tempo. Esgota-se o padrão da acumulação e de relações de poder calcados, respectivamente, na produção em grande escala em âmbito planetário e na centralização do poder, que gerou conflitos ambientais e sociais manifestos sobretudo na escala local. Por sua vez, as novas tendências de globalização econômica e dos movimentos sociais rompem as fronteiras dos Estados introduzindo diferenciações nos territórios nacionais (BECKER, 1983, 1988, 1991).

Novas territorialidades — entendidas com estratégias que visam influir em ações a partir do controle de territórios — surgem acima e abaixo da escala do Estado desafiam os fundamentos do poder nacional e a possibilidade de desenvolvimento autárquico (BECKER, 1988, 1991).

A questão que se coloca é, portanto quais os condicionantes dessas transformações e como estão eles afetando a Geopolítica. Embora o contexto histórico seja ainda de transição e instabilidade, algumas tendências estão se definindo. É possível reconhecer que os elementos constitutivos dessa mudança são a revolução científico-tecnológica, que transforma a base tecnoprodutiva da economia, gerando mudanças na organização da produção e do trabalho — e a crise ambiental, que impõe novos padrões de relações com a natureza e com seus recursos. Ambos estão redefinindo os estilos de vida, a ética e a cultura, a dinâmica político-social e a organização do espaço global e dos territórios nacionais, e a Geopolítica.

Visando analisar condicionantes e elementos da transformação da Geopolítica, sem a pretensão de esgotar a sua complexidade, o capítulo se desenvolve em quatro seções. A primeira apresenta o legado da Geopolítica. Na segunda e na terceira, discute-se, respectivamente, a nova racionalidade em que se fundamenta o valor estratégico do território, e a politização da natureza, para, finalmente, abordar-se a redefinição do Estado e da estrutura do poder mundial na quarta seção. Questões finais são, então, apresentadas.

A HERANÇA DA GEOPOLÍTICA

Se necessário for definir um paradigma para a Geopolítica desde que se constituiu como disciplina, certamente este seria o de realismo, no campo das relações internacionais. Realismo que pressupõe o Estado como unidade política básica do sistema internacional, cujo atributo principal é o poder, em suas dimensões predominantes de natureza militar ideológica e econômica; poder entendido como a capacidade de uma unidade política alterar o comportamento de outra no sentido de fazê-la comportar-se de acordo com seu interesse; e as unidades se relacionam no sentido de otimizar os interesses respectivos visando o equilíbrio do poder (MORGENTHAU, 1967).

Com efeito, a herança ideológica da Geopolítica reside em dois pressupostos básicos: 1) o excepcionalismo nacional, e centrada no Estado-nação como única unidade política da ordem mundial; 2) o determinismo geográfico. O poder do Estado é atribuído ao contexto do território, condição do desenvolvimento autárquico que garanta o exercício do poder, entendido este como a capacidade de tomar decisões e mantê-las frente ao interesse de outros Estados.

Centrar o foco no Estado-nação é tratá-lo como unidade exclusiva de poder e assumir que os conflitos se dão apenas entre Estados. O mundo é visto segundo a perspectiva de um Estado — na verdade, as potências que disputam o poder no cenário internacional — que constitui o ponto de referência para a ordenação dos demais. Tratam-se de modelos que expressam sentimentos nacionais, mas que são também um instrumento que visa informar a opinião pública e influir na política externa dos Estados (TAYLOR, 1985).

Por sua vez, atribuir o poder à configuração das terras e mares e ao contexto dos territórios, é seguir o princípio do determinismo geográfico e omitir a responsabilidade humana na tomada de decisão política dos Estados que, na verdade, moldam a geografia dos seus territórios e do planeta.

O que se desvenda sob a cortina de fumaça do discurso do "destino manifesto" da Geopolítica é que: a) na essência da relação do poder hegemônico com o espaço fazem imperativos estratégicos fundados na lógica militar; b) estes estão intimamente associados ao Estado, forma histórica da organização da sociedade; c) e traduzem a relação do Estado com a guerra, a religião, ideologia e a economia (BECKER, 1988).

Inerentes a esses pressupostos é a escala global do pensamento Geopolítico. Com raras exceções, o estudo da estratégia territorial do Estado no plano doméstico foi por ela negligenciado. A relação do Estado com seu território resumiu-se, via de regra, à sua avaliação com fundamento do poder nacional em termos de extensão, posição e recursos — visando a atuação no sistema de estados, sendo preocupação teórica de outros campos de conhecimento, igualmente analisada nesta sessão.

Hipóteses geoestratégicas sobre o poder mundial

É, portanto, no contexto da instrumentalização do espaço mundial pelo Estado que se desenvolveu a prática estratégica do poder. Sua origem remonta à própria origem do aparelho de Estado, com HERÓDOTO em 446 a.C., e está indissoluvelmente vinculada à Geografia. Segundo LACOSTE, a prática estratégica de conquista e controle do território é a própria raiz da Geografia, enquanto, para os Geopolíticos, a Geografia informa apenas sobre o espaço e a Geopolítica utiliza essa informação para planejar a política do Estado.

No entanto, o discurso da Geopolítica é justamente o oposto — é ao espaço que se atribui o poder, particularmente ao meio físico. O desejo de modificar o mapa político mundial para controle de recursos e posições segundo a geografia concreta dos lugares se manifesta desde a Antiguidade, gerando a tradição do "direito natural", isto é, a interpretação de certas condições naturais vantajosas como inerentes à ordem da natureza e esta, como constituindo a prefiguração da ordem política.

O poder mundial decorreria da superposição de certas variáveis que atribuem valor estratégico a certas partes do globo. A Geografia tendo papel fundamental como sistema de informações sobre a realidade global, e base das hipóteses sobre o poder mundial.

Na medida, contudo, em que a realidade geográfica é vista através de filtros perceptivos das motivações e necessidades dos atores dos Estados, e que ela é historicamente construída, variando em diferentes momentos da civilização e das técnicas, as hipóteses geopolíticas nem sempre foram bem-sucedidas.

Entre os antigos, o mundo conhecido era extremamente limitado, restrito a um horizonte local. Nessas circunstâncias, o poder era atribuído sobretudo aos vales férteis. O mundo conhecido se ampliou lentamente e se forjou uma visão europeicêntrica que dominou durante mais de 3.000 anos, ainda baseada em condições naturais privilegiadas. Inicialmente, dominou uma visão calcada no clima, que percebia o mundo e o poder segundo faixas latitudinais: o poder emanaria do clima mediterrâneo, privilegiado em relação aos tórridos.

Posteriormente, as grandes navegações ampliaram sobremaneira o mundo conhecido e a percepção global que, com a fantástica brecha longitudinal do Atlântico, passou à visão de um mundo dividido em dois hemisférios. A partir daí, ao espaço europeu temperado e à sua posição marítima foi atribuído valor estratégico, percepção que iniciada com o poder ibérico prosseguiu com o poder da Europa Ocidental.

Valorizaram-se, nesse contexto, os fatores físicos como determinantes do poder, na medida em que graças à navegação e à cartografia, forneceram aos Estados meios para a conquista de espaços. Por sua vez, o recenseamento sistemático do mundo pelos naturalistas influiu na projeção das ciências naturais e na tentação de vincular a história natural com a história política, vinculação que se fortaleceu com a valorização de recursos naturais a partir da revolução industrial.

A visão europeicêntrica só começaria a se modificar na segunda metade do século 19 em decorrência dos avanços tecnológicos introduzidos pela revolução industrial e da afirmação gradativa do Estado moderno. A navegação a vapor e a ferrovia permitiram pela primeira vez uma visão unificada do mundo, assim como ampliar os interesses coloniais na África e na Ásia e expandir o imperialismo. A diferenciação fundamental do mundo passa a ser a distribuição de terras e mares, e o poder é atribuído aos espaços temperados e marítimos do Hemisfério Norte, incluindo os EUA e a Rússia, e não só a Europa Ocidental.

Cumpre registrar a importância da contribuição da ciência nesse processo, associada à afirmação do Estado moderno. A Geografia é institucionalizada como disciplina e a obra de FRIEDRICH

RATZEL, teorizando geograficamente o Estado (1897), constitui uma fonte crucial para a análise das relações entre o Estado e o poder, e para a própria criação da Geopolítica como disciplina pelo sueco RUDOLF KJELLEN. Em sua Teoria Orgânica do Estado (1916), KJELLEN assemelha o Estado a uma forma de vida que para crescer necessita expandir o seu espaço, levando ao auge o determinismo geográfico, e legitimando a prática estratégica do poder do Estado.

Mas é somente na primeira metade do século 20 que a expansão dos transportes e meios de comunicação altera definitivamente a visão europeicêntrica. Reconhece-se que não há monopólio de poder para uma só área, o que deu origem a hipóteses geoestratégicas sobre o poder mundial segundo posições na distribuição de terras e mares e domínio das rotas de circulação, elaboradas pelas potências imperialistas.

A distribuição de terras e mares é simples, mas de grande significado. As terras emersas correspondem a apenas 28% da superfície da Terra, isoladas em mares contínuos; há duas vezes mais terras no hemisfério Norte que no Sul, formando um anel quase completo de terras em torno do Oceano Ártico; e as massas continentais são ligadas por cadeias de altas montanhas mais ou menos contínuas, passando de continente a continente ou a feixes de ilhas oceânicas.

A parte central e Sudeste da Ásia é o coração das terras do globo, aí se localizando o nó de cadeias montanhosas. Desse coração estendem-se eixos montanhosos e terras em três direções que, numa projeção polar, aparecem como três penínsulas irradiando do coração asiático: Europa e África para oeste, Índias Orientais, Austrália e Nova Zelândia para o sul e os continentes americanos para o norte.

Com base nessa visão, três hipóteses fundamentais foram propostas pelas potências que estavam ou pretendiam entrar no jogo do poder global. A primeira, e a mais difundida, é a do *poder terrestre*, elaborada por Sir HALFORD MACKINDER, geógrafo inglês (1904).

Segundo ele, o mundo seria dividido em duas grandes unidades (Figura 1: a) a Ilha Mundial, constituída por um "Heartland", que corresponde justamente à massa continental eurasiana, e por regiões costeiras ou crescente marginal interno que corresponde às terras peninsulares que circulam o "Heartland"; b) o crescente externo ou insular, correspondendo às áreas marítimas da América, África ao sul do Saara, Austrália, Grã-Bretanha e Japão.

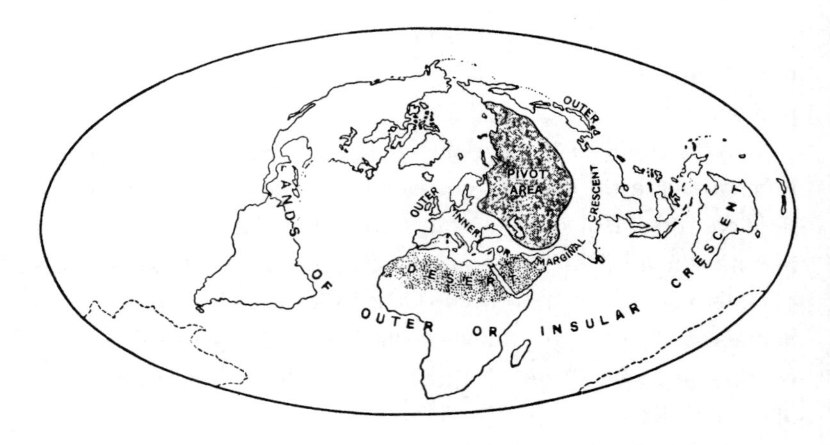

Figura 1: O Mundo de Mackinder — 1904

O poder repousaria no Heartland, que denominou de pivô geográfico da História, devido à possibilidade de desenvolvimento autárquico, com base na extensão — do Himalaia ao Ártico e do Volga ao Yang-Tzé — nos recursos, na grande mobilidade interna possível na estepe com a ferrovia, e na sua condição de fortaleza natural. Tais condições lhe atribuíam uma posição estratégica: é inacessível aos homens do mar, mas a partir dele é possível chegar à costa, ao crescente externo. Daí, a frase que se tornou célebre: Quem dominar o leste da Europa domina o Heartland, quem dominar o Heartland dominará a Ilha Mundial, e quem dominar a Ilha Mundial dominará o mundo.

É fácil perceber as motivações dessa hipótese. Inglaterra, que construíra o maior império marítimo da História, preocupava-se em mantê-lo, vendo como ameaça a expansão moderna da Rússia aliada à Alemanha. Embora prevendo a emergência de um poder autárquico na Ásia, mostrando a importância do Oriente Médio, a "terra dos cinco mares" e influindo na ação política através da implantação do "cordão sanitário europeu" entre a Alemanha e a Rússia no primeiro após-guerra, Mackinder teve erros de percepção. Não considerou a proximidade e o potencial dos EUA devido à projeção que utilizou, nem o desenvolvimento tecnológico que afetaria a noção de monopólio do poder, e tampouco levou em conta as desvantagens da continentalidade.

Ainda assim, a busca de autarquia como base para o poder mundial foi também motivo de outra hipótese quanto ao *poder terrestre elaborada pela Geopolítica alemã*. Influenciado pela Geopolítica de Kjellen, pelo poder marítimo inglês e pela visão de Mackinder, a escola alemã conduzida pelo Major Hauschofer, idealizou a formação de Pan-Regiões como forma de, através da complementaridade de recursos produzidos em climas diversos, alcançar a autarquia (1987). Segundo essa concepção, o império inglês correspondia, na verdade, a uma pan-região fragmentada, representada pelas colônias. A formação da Pan-Região americana liderada pelos EUA, a Pan-África liderada pela Alemanha, Pan-Leste da Ásia pelo Japão e Pan-Rússia com a Índia, seria uma forma de romper o poder inglês, concepção que no plano da ação correspondeu ao pacto de não-agressão à URSS e à aliança com o Japão (Figura 2).

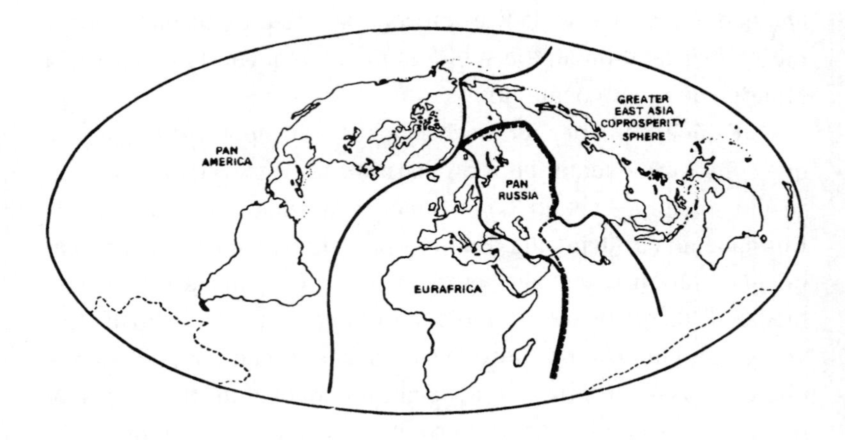

Figura 2: Principais Pan-Regiões

Em contrapartida, outras hipóteses privilegiam o poder marítimo. Não é de estranhar que fossem concebidas nos EUA desde o fim do século passado, visando quebrar o isolacionismo americano, e afirmar a hegemonia dos EUA.

Embora com a mesma visão de Mackinder, mas contrariando sua hipótese, o almirante ALFRED MAHAN (1900) ao analisar os fundamentos de grandeza do Império britânico, reconhece as desvantagens da continentabilidade e atribui valor estratégico para o poder aos mares, verdadeira planície aberta a ser explorada. O poder naval para controle do mar é o que permite o domínio do mundo. Sua hipótese influiu em múltiplas práticas dos EUA desde a organização da esquadra, à tomada de posições-chave, bases e colônias e à abertura do canal do Paraná, práticas que visaram transformar o Caribe no "mediterrâneo americano" e estender a influência dos Estados Unidos.

No final da Segunda Guerra Mundial, Nicolas SPYKMAN (1944) ofereceu subsídios à hegemonia americana, reafirmando o poder marítimo. Ainda seguindo a visão de Mackinder, elegeu como área estratégica para o poder o "Rimland", as terras peninsulares da Eurásia onde se concentram a população, os recursos e as linhas marítimas (Fig. 3). Parodiando Mackinder, estabeleceu que quem controlasse o "Rimland" controlaria o mundo, alertando para a necessidade de impedir o domínio da Alemanha nessas terras através de múltiplas coligações dos EUA com outros Estados da América, Europa e Extremo Oriente.

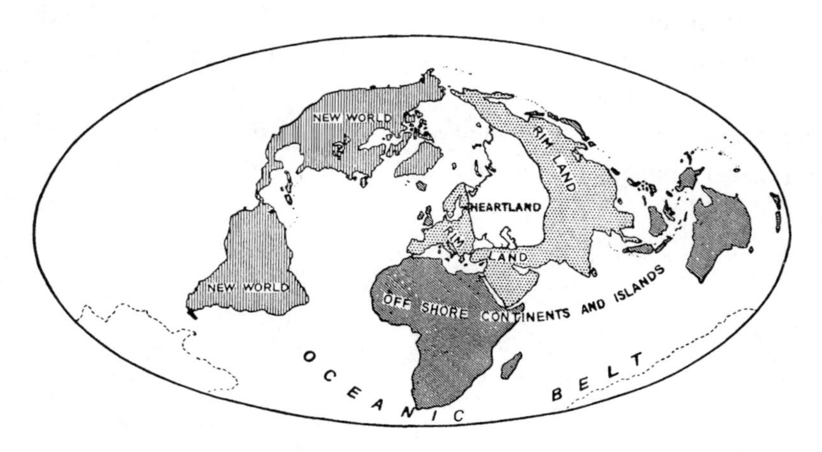

Figura 3: O Mundo de Spykman

Na prática, essa estratégica foi seguida após a guerra; organizou-se a contenção e o cerco da União Soviética para conter a sua expansão, mediante poderoso cinturão de coligações à sua volta.

O extraordinário arsenal tecnológico desenvolvido durante e após a Segunda Guerra tornou obsoletas as hipóteses geoestratégicas baseadas na visão de Mackinder, valorizando outras áreas e arenas da superfície da Terra: o pólo Ártico e o espaço aéreo do Hemisfério Norte, tornados acessíveis por aviões de longo alcance, pela estratégia subglaciar e pelos mísseis. Na medida, contudo, em que mais de uma potência pode ter aviões e bombas, anula-se em parte o poder aéreo.

Reconhecendo-se que a tecnologia permite atacar à distância, entende-se que o poder é divisível e que o controle de uma via de movimento se torna inútil, configurando-se, então, uma geopolítica de equilíbrio do poder. Na visão do mundo, ao lado da distribuição de terras e mares e linhas de interconexão, passam a pesar novas variáveis como população, ideologia e comércio, definindo-se duas grandes regiões geoestratégicas, base da Guerra Fria: o mundo marítimo dependente do comércio, liderado pelos EUA, e o mundo continental eurasiano, liderado pela URSS. Limites rígidos — divisão da Alemanha e da Coréia — e uma zona de fragmentação correspondendo ao Oriente Médio e Sudeste da Ásia seriam necessários para manter o equilíbrio geopolítico (COHEN, 1964). (Fig. 4).

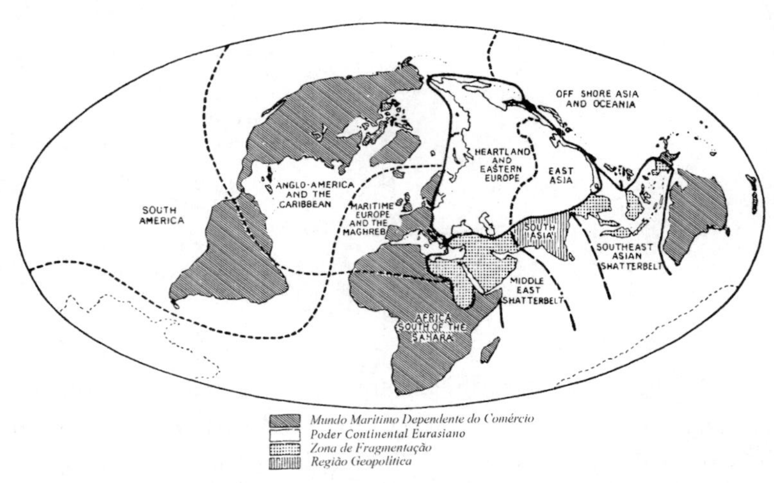

Figura 4: Regiões Geoestratégicas Mundiais e suas Subdivisões Geopolíticas — Guerra Fria

A tecnologia espacial do poder do Estado

A Geopolítica não se restringe ao pragmatismo das hipóteses sobre o poder mundial, embora seja por estas mais conhecida. Alguns estudos teóricos, contudo, revelam essa face interna da Geopolítica.

O Estado não é uma forma acabada, mas sim, deve ser entendido como um processo. Sempre se vinculou ao espaço por uma relação complexa que, no curso de sua gênese, mudou e atravessou pontos críticos. Momentos cruciais nessa relação para o Estado moderno foram: a) a produção de um espaço físico, o território nacional, que tem a cidade como centro; b) a produção de um espaço social, político, conjunto de instituições hierárquicas, leis e convenções sustentadas por valores, onde há um mínimo de consenso, que é o próprio Estado (LEFÉBVRE, 1978).

O *primeiro momento* dessa relação alcançou o auge com o capitalismo industrial e a consolidação dos Estados-nação no século XIX, e é magistralmente analisado por Ratzel. Particularmente em sua Geografia Política (1897), subintitulada a "Geografia dos Estados, do Comércio e da Guerra", Ratzel propõe o significado da Geografia Política e dá ao Estado sua significação espacial, tornando-o visível geograficamente. Sua obra pode ser considerada como marco do primeiro momento epistemológico da Geografia (RAFFESTIN, 1980). Teoriza, justamente, a relação do Estado com seu território, preocupado que estava em responder ao empenho do Estado alemão em sua consolidação e expansão.

Duas contribuições maiores merecem ser resgatadas em sua obra (BECKER, 1988):

1 — A Geografia Política como base de uma tecnologia espacial do poder do Estado. A Geografia Política deveria ser um instrumento para os dirigentes que, em contrapartida, aprenderiam a instrumentalizá-la. Ela explica que, para compreender a natureza de um império, é necessário passar pela escola do espaço, isto é, de como tomar o terreno. Daí a importância atribuída à Geo-

estratégia e à concepção da situação geográfica como um dispositivo militar: para o geógrafo que analisa o comércio e as relações em geral, a economia, sempre configurada especialmente, é a guerra; os fatos do espaço são sempre singulares, cada qual situado na interseção de processos diversos, onde precisamente devem atuar as estratégias.

2 — A busca de leis gerais sobre a relação Estado-espaço, busca que reside na ligação estreita do Estado com o solo, considerando a única base material da unidade do Estado, uma vez que sua população, via de regra, apresenta-se diversificada. Assim, politicamente, a importância absoluta ou relativa do Estado é estabelecida segundo o valor dos espaços povoados.

Como uma forma de vida ligada a uma fração determinada da superfície da Terra, o Estado tem como propriedades mais importantes o tamanho do seu espaço (raum), a sua situação ou posição (lage) em relação ao exterior — conceitos-chave da Geografia — e as fronteiras.

Se o desenvolvimento do Estado é um fato do espaço, Ratzel admite que seu laço com o solo não é o mesmo em todos os estágios da evolução histórica; em sete leis do crescimento do Estado, estabelece que o crescimento deste depende de condições econômicas e da incorporação de novos espaços, e é tarefa do Estado assegurar a proteção de seus espaços através da política territorial.

A concepção organicista de Ratzel não se restringe a comparar o Estado a um ser vivo. Ela reside na naturalização do Estado, entendido como única realidade representativa do político, única fonte de poder. Todas as categorias de análise procedem de um só conceito; Estado e nação se confundem em um só ator, o Estado indiviso, como algo natural, preestabelecido, não se concebendo conflitos a não ser entre Estados (BECKER, 1983).

Um segundo momento crucial da relação Estado-espaço se configura no segundo pós-guerra, não previsto por Ratzel. Suas raízes, contudo, já são visíveis em fins do século 19.

Trata-se da instrumentalização do espaço como meio de controle social quando o Estado muda de feição, passando a um Estado de governo. Crescimento populacional, Economia Política e dispositivos de segurança são o tripé em que se apóia a nova forma de poder, a governamentalidade. Associada a essa mudança, desenvolve-se a disciplina, necessária à ação com o coletivo. E disciplina é, sobretudo, uma análise do espaço, de como dispor as coisas de modo conveniente de forma a controlá-las para alcançar os objetivos desejados (FOUCAULT, 1979). Esse processo culmina no segundo pós-guerra, com o Estado intervencionista.

A partir de então uma profunda mudança de rumo se processa no desenvolvimento histórico do capitalismo, que passa a se reproduzir não mais apenas nas relações econômicas mas, sim, também, nas relações sociais de produção, vale dizer na sociedade inteira e no espaço inteiro. O valor estratégico do espaço não se resume mais aos recursos e posições geográficas. Ele se torna condição da reprodução generalizada e, como tal, o espaço do poder. A partir de então, o Estado se torna necessário para assegurar as condições de reprodução das relações de dominação, para tanto instrumentalizando o espaço e produzindo seu próprio espaço, o espaço estatal (LEFÉBVRE, 1978).

Dois elementos essenciais para a relação Estado-espaço se revelam nesse novo momento:

1 — O Estado como relação social. A partir da produção do território nacional, o Estado transforma suas próprias condições históricas anteriores engendrando relações sociais no espaço e produzindo seu próprio espaço, complexo, regulador e ordenador do território nacional. Trata-se da organização da hegemonia ou de poder, no sentido gramsciano de Estado *lato sensu* e não do aparelho de Estado apenas.

2 — A nova tecnologia espacial do poder estatal. O espaço produzindo e gerido pelo Estado é um espaço racional. É um espaço social, no sentido de que é o conjunto de ligações, conexões, co-

municações, redes e circuitos. É também um espaço político, com características próprias e metas específicas. Ao caos das relações entre indivíduos, grupos, frações de classe, o Estado tende a impor uma racionalidade, a sua. São os recursos, as técnicas e a capacidade conceitual que permitem ao Estado tratar o espaço em grande escala. Ele tende a controlar os fluxos e estoques econômicos, produzindo uma malha de duplo controle, técnico e político, que impõe uma ordem espacial vinculada a uma prática e a uma concepção de espaço global, racional, logística, de interesses gerais, estratégicos, representação da tecnoestrutura estatal, contraditória à prática e concepção de espaço local, de interesses privados e objetivos particulares dos agentes da produção do espaço. Cria, assim, um espaço global/fragmentado, global porque homogeneizado, facilitando a interagilidade dos lugares e dos momentos; fragmentado porque apropriado em parcelas.

Vale chamar a atenção para a contribuição trazida nesse período pela teoria e política de desenvolvimento regional que, embora com ênfase econômica, analisou magistralmente a elaboração do sistema espacial nacional (FRIEDMAN, 1968). Igualmente é lícito lembrar os estudos no Brasil do General Couto e Silva, raro exemplo de geopolítica de um país periférico.

Certamente um novo momento crucial do Estado hoje se configura

DA ESTRATÉGIA À LOGÍSTICA: O NOVO SIGNIFICADO DO TERRITÓRIO

A hipótese aqui apresentada é que na base da nova Geopolítica está uma nova racionalidade, a logística, associada às mudanças engendradas pela revolução científico-tecnológica.

Tecnologia, cultura e valorização estratégica do território

A partir da Segunda Guerra Mundial, a ciência e a tecnologia constituem o fulcro do poder valorizando as diferenças espaciais, vale dizer, o político à cultura e o território.

A revolução científico-tecnológica, especialmente na microeletrônica e na comunicação, é um processo de mudança caracterizado por uma nova forma de produção baseada na informação e no conhecimento como as maiores fontes de produtividade. Esse novo modo industrial baseado na inovação permanente não constitui apenas uma nova técnica de produção, mas sim uma nova forma de produção e, portanto, de organização social e política que ocorre no contexto da reestruturação do sistema econômico (CASTELLS, 1985).

A essência do vetor tecnológico moderno é a velocidade acelerada, a inovação contínua, que se torna o elemento-chave da transformação, capaz de alterar não só o setor tecnoprodutivo civil e militar, como também as relações sociais e de poder. A partir daí, desloca-se a questão do mero controle do espaço, para o controle também do tempo, configurando a Cronopolítica (VIRILIO, 1976; BECKER, 1988, 1991).

A inovação tecnológica representada pelas redes transnacionais de circulação e comunicação permite a um só tempo a globalização como a diferenciação espacial, induzidas tanto pela lógica da acumulação como pela lógica cultural, e resultando na valorização seletiva de territórios.

No que tange à *lógica instrumental da acumulação*, criam-se condições para a internacionalização da economia num mercado unificado, e um espaço de fluxos financeiros, mercantis e informacionais tende a superar os Estados e as fronteiras, delineando uma nova divisão territorial de trabalho e uma nova geopolítica. É que globalização não significa homogeneização. Pelo contrário, resgata-se a dimensão política do espaço pela valorização da diferença. Se, por um lado, a aceleração do ritmo dos processos econômicos e da vida social, viabilizados pelas redes, encolhe o espaço, derrubando barreiras espaciais, por outro lado, num quadro de economia globalizada e tecnificada é alta a seletividade. Quanto menos importantes as barreiras espaciais, tanto maior é a sensibilidade do capitalismo às variações dos lugares (HARVEY, 1989).

O significado histórico específico das novas tecnologias é, portanto, a criação de uma nova estrutura de relações espaço-tempo (MACHADO, 1995). O valor econômico e estratégico de um território decorre da velocidade em passar à nova forma de produção, para o que o acesso às redes de informação é condição essencial, permitindo ao local se relacionar diretamente ao espaço transnacional, "by passando" o Estado (SANTOS, 1988). Tais vantagens competitivas, contudo, não são determinadas pela tecnologia — decorrem também das condições particulares do território, em termos de recursos e da iniciativa política.

Tal revalorização estratégica e econômica do território se refere a todas as escalas geográficas, do país ao lugar. Na escala global, verdadeiro zoneamento tende a ocorrer, distinguindo-se centros de inovação tecnológica, áreas desindustrializadas, áreas de difusão de indústria e agroindústria convencionais e áreas a serem preservadas. Sob o comando dos agentes econômicos e financeiros, esse zoneamento introduz fortes diferenciações nos territórios nacionais afetando o poder dos Estados que perdem o controle do conjunto do processo produtivo.

A valorização da dimensão política do espaço também se relaciona à redefinição da natureza e das relações sociedade-natureza. Na medida em que a crise ambiental estabelece limites reais à exploração predatória de recursos naturais, o novo modo industrial atribui outro significado à natureza. Por um lado, tenta se independizar da base de recursos naturais utilizando menor volume de matérias-primas e de energia. Por outro lado, as novas tecnologias valorizam os elementos da natureza num outro patamar, como fonte de informação (codificação da vida) para a ciência e a tecnologia, e, portanto, como capital de realização atual ou futura (BECKER, 1994).

Mas a dinâmica contemporânea não decorre apenas da lógica instrumental. Por motivações opostas, a *lógica cultural*, dos valores, expressa em movimentos sociais diversos, converge para o processo de diferenciação espacial e valorização estratégica dos territórios. A reorganização do espaço não é apenas expressão de processos econômicos e tecnológicos que, na verdade, são resultados de decisões políticas e estratégias organizacionais. As tendências de reestruturação tecnoeconômicas, do espaço de fluxos, devem, pois, ser confrontadas com projetos alternativos vindos da sociedade, do território.

Também os movimentos sociais se organizam na escala global em redes, graças particularmente à rede de telecomunicações, permitindo às comunidades se relacionar diretamente ao espaço transnacional. "Pense globalmente e atue localmente" é uma bandeira significativa, envolvendo as mais esdrúxulas alianças.

No início da década de 80, WALLERSTEIN (1983) afirmava que a lógica do projeto civilizatório desafiando a universalização da civilização ocidental era a grande variável desconhecida do final do século 20. Poderia contribuir para a criação de uma ordem socialista ou proporcionar envoltura exterior para a lógica da acumulação.

Hoje, ao que parece, essa variável tende a se definir. O individualismo dominante revela o fracasso de muitos movimentos e o sucesso do movimento ambientalista nas novas relações sociedade-natureza, fato que merece ser analisado no contexto de geopolítica global.

As novas têm territorialidades e afetam os pressupostos da Geopolítica convencional. Resta saber se sob essas tendências há uma nova racionalidade.

Logística: a geopolítica da inclusão/exclusão

Há uma questão crucial na transformação da Geopolítica: existe uma nova racionalidade que estabelece nexos sob a (des)ordem global? Esta identificação é essencial para a compreensão do movimento contemporâneo da sociedade e, sobretudo, para a prática política. Tem-se como hipótese que a logística é a nova racionalidade capaz de explicar a simultaneidade da desordem/ordem, da globalização/fragmentação, da complexidade da questão ambiental. Ela está na base do poder: a inovação permanente aciona a economia e a guerra (BECKER, 1993).

Tal hipótese se fundamenta no aprendizado, adquirido com a Geografia Política e a Geopolítica frente às profundas transformações em curso no final do milênio acima expostas. Elas revelam que a relação política e território era uma questão do Estado, que se fundamentava na inteligência militar e atendia a um imperativo estratégico. Para Ratzel, preocupado com a construção de Estados imperiais, a situação geográfica é sempre concebida como um dispositivo militar, e a economia — configurada espacialmente — é a guerra. Na Geopolítica, hipóteses sobre o valor estratégico da massa terrestre, marítima ou do espaço aéreo, bem como das posições para seu controle, explicaram o poder mundial.

A concepção de LACOSTE (1977), embora movida por interesses políticos diversos, aproxima-se à de Ratzel, assim como a de outros cientistas não geógrafos, interessados na relação entre espaço e política. É o caso, por exemplo, de Foucault, para quem um dos fundamentos da governabilidade do Estado moderno é a disciplina, necessária à ação com o coletivo. Disciplina que é sobretudo uma análise e uma ação sobre o espaço.

A estreita associação entre Política do Estado e Estratégia, entendida esta como a seleção de pontos para a aplicação de força, foi transposta para a Geopolítica interna via o planejamento do território, pela política de desenvolvimento regional, cuja maior expressão é a teoria e a prática dos pólos de crescimento.

Esta racionalidade, contudo, foi ultrapassada pelas transformações introduzidas pela revolução tecnológica na micro-eletrônica e na comunicação associada à crise/reestruturação do regime de acumulação e do Estado. E, conseqüentemente, do planejamento estatal centralizado.

Numa concepção avançada, Lefébvre, embora reiterando o papel do Estado na produção do espaço no segundo após-guerra, já demonstra a presença de uma nova racionalidade de escala mais ampla: a imposição de uma ordem espacial vinculada a uma concepção de espaço global, logística, gerando um espaço social e político constituído por um conjunto de ligações, conexões, comunicações, redes e circuitos.

Mas a identificação explícita da nova racionalidade inerente à tecnologia cabe a Paul VIRILIO (1984), quando afirma que a velocidade é a essência da tecnologia, e que a logística é a nova fase da inteligência militar inerente à velocidade, superando a estratégia que a ela se torna subordinada. Logística entendida como preparação contínua dos meios para a guerra — ou para a competição — que se expressa num fluxograma de um sistema de vetores de produção, transporte e execução. A partir de então, o que conta é a seleção de veículos e vetores para garantir o movimento perene — envolvendo o controle do tempo presente e futuro — a seleção de lugares a ela se subordinando.

Ao que tudo indica, a logística é uma das raízes da (des) ordem e da globalização/fragmentação. Pois que, se a nova racionalidade tende a se difundir pela sociedade e o espaço, ao nível operacional, concreto, ela é seletiva gerando uma geopolítica da inclusão — exclusão. Avança rapidamente no setor produtivo privado, empresarial, através da formação de sistemas ou subsistemas logísticos espaço-temporais, viabilizados por redes técnicas e alimentados pela informação. Como campos de força, são fortemente instáveis. O setor público, dada a sua estrutura pesada e rígida, e os setores sociais, desprovidos de meios econômicos e de informação, têm muito mais dificuldade em operar a logística.

A mesma inclusão/exclusão se verifica quanto ao espaço. Dependendo do nível de observação, identificam-se sistemas logísticos com rebatimento sobre a reorganização conflitiva do território. Bancos e empresas transnacionais incorporam espaços selecionados em seus sistemas globais demarcando territórios com características variadas que são partes de conjuntos planetários; subsistemas regionais e/ou locais são patentes nos complexos territoriais construídos por grandes empresas que flexibilizam a economia mediante a subcontratação e o "just in time"; a sinergia — soma positiva de um conjunto de variáveis — corresponde a um subsistema na escala local ou a uma cidade que pode, pelo contrário, ser fragmentada internamente pela incorporação de setores e segmentos sociais a sistemas externos, significando a exclusão de outros.

A questão que se impõe é — quem controla a logística? Questão que envolve o debate sobre o grau de autonomia da tecnologia e seus riscos, e que coloca sob outro foco de reflexão a ação dos movimentos sociais e do Estado. Pois que a logística está presente também em propostas de ação sobre o território.

IMPERATIVO TECNOLÓGICO E POLITIZAÇÃO DA NATUREZA: O DESENVOLVIMENTO SUSTENTÁVEL

Emergindo como proposta de cooperação internacional com base em nova relação sociedade-natureza, o desenvolvimento sustentável, tal como exposto no Relatório BRUNTLAND (1987), é uma feição específica da Geopolítica contemporânea. Ela é reveladora da revalorização da dimensão política do espaço e dos conflitos a ela inerentes em várias escalas geográficas.

Trata-se de uma tentativa de ajustar o sistema capitalista por meio de conciliação das tendências da lógica da acumulação com as da lógica cultural, particularmente os movimentos ambientalistas. Conciliação, contudo, que se torna instrumento de pressão nas relações Norte-Sul, bem como de imposição de uso dos territórios nacionais.

A ecologia como novo parâmetro geopolítico

Se o novo padrão técnico-econômico e os movimentos políticos são indicativos da desordem global, as relações Norte-Sul atestam a tentativa de manter a ordem, e a ecologia constitui um vetor desse movimento. Na raiz do conflito, jaz a desigual distribuição mundial da natureza e da tecnologia.

No contexto da revolução tecnológica, configura-se a questão tecno(eco)lógica, envolvendo conflitos de valores quanto à natureza. O ar, a água, as florestas têm valor de existência como estoque de vida e condição de bem-estar. Simultaneamente, as novas tecnologias alteram a noção de valor até então associada a bens obtidos através do trabalho e a natureza passa a ser vista como capital de realização futura. A apropriação de territórios e ambientes como reserva de valor, isto é, sem uso produtivo imediato, é uma forma de controlar o capital natural para o futuro, sobretudo o controle de biodiversidade, na medida em que é a fonte de conhecimento dos seres vivos, o que vale dizer, fonte de poder.

Revela-se a complexidade da questão ambiental. Ela envolve não apenas a consciência ecológica, como também a utopia ecológica e a ideologia ecológica.

(1) *A consciência ecológica*

Corresponde à preocupação legítima com a crise ambiental. O desejado domínio sobre a natureza não foi alcançado, gerando uma preocupação ambiental legítima. A exploração de recursos sem precedentes no século 20 resultou em uma abrangência global dos impactos gerados, e numa crise ambiental que exprime o fato de se tocar nos limites objetivos da biosfera.

A consciência ecológica legítima surgiu com a percepção da impotência do homem em controlar a natureza e com a tecnologia de satélites, que lhe permitiu sair da Terra e olhá-la de fora; percebeu que ela é um bem comum e que, portanto, deve haver uma responsabilidade comum no seu uso. Em 1972, na conferência de Estocolmo, houve uma efetiva preocupação em estabelecer regras para preservação do ambiente planetário. Tratava-se, então, de um período de recessão nos países centrais e de crescimento em alguns países periféricos. Hoje, contudo, a situação é outra, com a recuperação de alguns países centrais e a disputa pela hegemonia mundial.

(2) *A utopia ecológica*

No fortalecimento do vetor ecológico pesa igualmente o fracasso tanto do progresso capitalista como do socialismo real. O bem-estar do planeta preenche, então, o vácuo deixado por esse fracasso em solucionar o bem-estar dos homens. E mais, assumindo que os Estados mudam de natureza mas não se extinguem, e que as relações assimétricas de poder permanecem, é lícito reconhecer que não há um presente comum e, dificilmente, haverá um futuro comum.

(3) *A ideologia ecológica*

Na medida em que todos os Estados têm hoje problemas, a competição se acirra e a ecologia é também utilizada pelos interesses dominantes atribuindo-lhe um papel na geopolítica mundial (BECKER, 1991).

A pressão ecológica como novo parâmetro da geopolítica mundial atua sob diversas formas: a mídia; a violenta retração do crédito; as imposições da agenda internacional que define o que vai ser discutido, excluindo temas essenciais; a proposta de conversão da dívida por natureza, que corresponde à criação de novos recortes territoriais, verdadeiros "paraísos experimentais" para a biotecnologia, à semelhança dos paraísos fiscais, e que significa o controle de reservas de natureza e a retirada de porções dos territórios nacionais do circuito produtivo. Em outras palavras, significa reduzir a velocidade do desenvolvimento no momento em que o mundo gira justamente de acordo com a lógica da velocidade acelerada, e a imposição — através de parcos financiamentos externos — de um novo estilo de desenvolvimento sustentável, cujas bases, contudo, não estão claramente definidas.

O desenvolvimento sustentável como modelo logístico para ordenar o uso do território

Assume-se que o desenvolvimento sustentável não se resume à harmonização da relação economia-ecologia, nem a uma questão técnica. Ele representa um mecanismo de regulação do uso do território que, à semelhança de outros, tenta ordenar a desordem global. E, como tal, é um instrumento político. Enquanto a reconversão produtiva se implementa na prática e na teoria econômicas para atender as exigências do final do milênio, o desenvolvimento sustentável constitui à face territorial da nova racionalidade logística, a versão contemporânea dos modelos de ordenamento do território (BECKER, 1993).

A noção de sustentabilidade integra o aproveitamento máximo dos recursos e o movimento perene, e é mais explícita ao nível da firma. Ela é patente no novo paradigma de qualidade do produto que implica a rastreabilidade do seu ciclo de vida, isto é, a qualidade é avaliada não apenas pelo produto em si, mas pela possibilidade que oferece de ser reutilizado ao fim de sua vida útil como insumo ou matéria-prima em novas linhas de produção.

Em que pese a infinidade de conceitos sobre o desenvolvimento sustentável, assume-se que tem a sustentabilidade como cerne e ela é uma expressão da nova racionalidade.

Sob a proposta de harmonia espacial e eqüidade temporal do discurso, a sustentabilidade reside na busca de uma soma positiva, a sinergia, através do planejamento de processos produtivos miméticos aos ecossitemas, em estreita interconexão, bem como na reutilização que traduz a noção de movimento perene.

Três princípios básicos podem ser identificados sob o discurso. Primeiro, o princípio da *eficácia* no uso de recursos através da utilização da informação e de novas tecnologias em atividades e produtos capazes de consumir menos matérias-primas, energia em menos tempo e que são passíveis de reutilização. Segundo, o princípio da *diferença* professa a necessária inovação contínua pela diversidade de mercados e recursos, bem como por condições sociais e políticas que potencializam, de modo diverso, os recursos locais, gerando a valorização máxima e seletiva das potencialidades autóctones em recursos naturais e capital humano. Terceiro, o princípio da *descentralização*, implicando não apenas a distribuição territorial da decisão, mas, sobretudo, em uma nova forma de planejamento e governo. A gestão do território está baseada na parceria entre todos os atores do desenvolvimento e, através da discussão direta, as normas e ações são estabelecidas e responsabilidades e competências são definidas.

Na verdade, a gestão é uma prática que visa a superar a crise do planejamento centralizado associada à crise do Estado. Ela expressa um fato novo: a incorporação do princípio das relações de poder. Define-se a gestão do território como a prática estratégica, científico-tecnológica do poder que dirige, no espaço e no tempo, a coerência de múltiplas decisões e ações para atingir uma finalidade e que expressa, igualmente, a nova racionalidade e a tentativa de controlar a desordem (BECKER, 1987, 1988).

A gestão integra, assim, elementos de administração de empresas e elementos de governabilidade, constituindo-se como expressão da nova relação público-privado e da logística. Se constitui como o fundamento da possibilidade de competir, o que pode significar formas mais democráticas ou, pelo contrário, mais excludentes de representação e participação social e territorial.

Logística e politização da natureza afetam profundamente o poder do Estado e a estrutura de poder mundial.

REDEFINIÇÃO DO ESTADO E DA ESTRUTURA DO PODER GLOBAL

O contexto de instabilidade e valorização da dimensão política do espaço e do território afeta profundamente o cerne dos pressupostos geopolíticos: o Estado e a estrutura de poder mundial.

Os agentes tanto da lógica da acumulação e da lógica cultural, gerando novas territorialidades acima e abaixo da escala do Estado, introduzem ambigüidades quanto à sua permanência ou não como forma e quanto ao sistema de estados como estrutura básica da organização política.

A nova forma do Estado

A globalização, conduzida pelos grandes bancos e corporações transnacionais, retira do Estado o controle sobre o conjunto do processo produtivo e afeta a integridade do território nacional e a autonomia do Estado, afetado igualmente por nacionalismos separatistas e movimentos sociais apoiados na afirmação da identidade e na tradição do lugar. Em outras palavras, a soberania é afetada tanto em sua face externa, questionada pelo poder econômico e financeiro, quanto em sua face interna pela tendência atomizante produzida por enclaves econômicos e territorialidades políticas diretamente articuladas ao espaço transnacional.

Múltiplas razões, contudo, negam o fim do Estado e do sistema de Estados. Quanto à lógica instrumental, primeiro, o novo esquema de acumulação não é resultado do livre jogo das forças de mercado e não está predeterminado pelo avanço tecnológico, mas, sim, um processo social e político; o poder econômico se fortalece, mas a velocidade em passar à nova forma de produção e competir, é também produto de político estabelecido por Estados. Segundo, o Estado garante o direito de propriedade e realiza a gestão da moeda e do mercado de trabalho necessário à reconversão produtiva. Terceiro, o sistema de estados assegura a distinção necessária entre Estados para a troca desigual (BECKER, 1991).

Do mesmo modo que tange à lógica cultural, nacionalismos e regionalismos não estão se definindo num sentido anti-sistêmico; pelo contrário, buscam autonomia para rápida inserção na economia-mundo, reagindo contra o capitalismo de Estado e a favor da liberdade de competir. Por sua vez, as ONGs e os movimentos sociais globais não centrados no Estado contribuem para a desagregação do Estado; resta, contudo, a dúvida quanto à sua capacidade de fazer frente à cooptação pela lógica da acumulação para fortalecer o neo-liberalismo econômico. Esta dúvida se justifica quando se percebe que, dos movimentos sociais, o único bem-sucedido foi o ambientalista, os demais fracassando em face do crescente individualismo que marca o mundo contemporâneo, e que as ONGs atuam sobretudo na periferia, mas tem sua sede nos países centrais (BECKER, 1991).

Trata-se, portanto, não do fim do Estado, mas de uma mudança em sua natureza, e seu papel, entendendo-se que ele não é uma forma acabada, é um processo. A nova forma de produção e as demandas por autonomia requerem uma organização social e política flexível que favoreça a competição. A estratégia de modernização dos aparatos institucionais da ideologia liberal que inclui como componentes centrais a desburocratização, a privatização e a descentralização expressa e induz essa transformação.

Dessa mesma forma, a simultaneidade de superestados e um poder multiescalar representado por regiões e/ou Estados que atuam como regiões não expressam o fim do Estado, mas um ajustamento da espacialidade do sistema para sua permanência.

Significa que o Estado não é mais a única representação do político nem a única escala de poder, mas certamente é uma delas, mantendo-se ainda, embora com novas formas e funções. A forma de sua reconstrução e de sua permanência é a sua privatização e emergência de uma nova relação público-privada. Grandes corporações e bancos tomam as decisões e as executam, assumindo funções de governo, e tornando-se componente do Estado contemporâneo; por outro lado, os conflitos no governo do território exigem a participação crescente da sociedade civil nas decisões e ações. Trata-se, em suma, de compartilhar decisões e ações num novo modo de regulação. Se o Estado deixa de ser o executor exclusivo dos processos econômicos e políticos, acumula, em contrapartida, funções de coordenação e regulação crescentes, para fixar as regras básicas das parcerias.

Multipolarização: a questão da hegemonia mundial

A dinâmica política e territorial do mundo contemporâneo se manifesta igualmente na ambigüidade com que se reveste a questão da estrutura do poder mundial.

No campo das relações internacionais, esta ambigüidade transparece pelo menos em duas posições: realismo em sua proposição original, em que o Estado é a unidade básica do sistema de Estados e os conflitos são de natureza ideológico/militar, e o globalismo que, com base no surgimento de outros atores transnacionais e na instabilidade hegemônica, elege a capacidade econômica como base dos conflitos (CHIAPPIN, 1994).

Esgotada a geopolítica determinada pelas rivalidades ideológica e militar das duas grandes potências, os Estados Unidos deixam de ser uma "superpotência". A força das chamadas superpotências decorria de sua rivalidade. Desmoronada uma, a antípoda perde o seu papel. Mas a configuração Geopolítica ainda não está definida.

Com o vácuo de poder deixado pela ex-URSS, configura-se uma situação de competição e caos sistêmico semelhante aos períodos que caracterizam o fim da hegemonia de um Estado e a emergência de um novo dentre vários pretendentes, no caso, os Estados Unidos, o Japão e a Alemanha.

O potencial de conflitos e a instabilidade se ampliam com a formação de mercados supranacionais devido à competição, ao confronto cultural e às excedentes de população não absorvida na nova forma de produção. Culturas e velocidades de transformação diferenciadas ressuscitam os conflitos fronteiriços, aguçados pelas amplas migrações. Movimentos reivindicatórios da cidadania e dos recursos escassos na periferia contribuem para aumentar a mobilidade da população mundial, afetando as potências, que se tornam vulneráveis também pela rivalidade comercial, financeira e tecnológica.

O modo de responder a essas tensões influirá na posição de liderança futura, que residirá no Estado capaz de utilizar todas as capacidades de gestão para enfrentar três grandes desafios: a regulação, isto é, a administração da interdependência na economia-mundo; a distribuição, rompendo o círculo vicioso das desigualdades; o reconhecimento do outro.

Quatro alternativas se configuram quanto à hegemonia no início do século 21 e a elas se associam alternativas diversas para as semiperiferias.

Duas se enquadram no realismo. A primeira prevê o fortalecimento da hegemonia dos Estados Unidos que, após a vitória da Guerra Fria e da Guerra do Golfo, se estenderia até a Europa, uma confederação apenas econômica abrangente que inclui os países do Leste Europeu. Os Estados Unidos detêm o maior poder militar, o maior domínio sobre as redes transnacionais e a informação, e sua extensão continental.e unidade interna são trunfos cruciais em face da ameaça da balcanização dos demais agrupamentos, e, na Europa, da unificação da Alemanha, que revive o pesadelo inglês do "Mackinder's heartland". Nesse contexto, as semiperiferias permanecem, mas com autonomia limitada, reduzindo-se as potências regionais com pequeno raio de ação.

A segunda alternativa realista corresponde a um movimento de defesa da economia-mundo prevenindo a sua conversão em um império. Os Estados Unidos perdem elementos do seu extra poder, mas continuam a ser o Estado mais poderoso no sistema: declina sua hegemonia econômica, mas se fortalecem como potência político-estratégica hegemônica. À divisão de poder econômico se segue a divisão do poder político sem significar o rompimento da estrutura atual do sistema americano, mas tão-somente sua flexibilização. Neste caso, há possibilidades de um novo espaço de manobra para as semi-periferias de grande peso específico, particularmente a China, que será uma grande potência, mas também para o Brasil, que pode tirar partido da disputa entre os blocos.

Duas outras alternativas parecem se aproximar da concepção globalista. Uma seria o fim da hegemonia dos Estados Unidos, com a partilha do poder por vários superestados, tal como se configura hoje, no final do século, fragilizados pelo poder financeiro. Uma geopolítica plural e multipolar fragmenta o atual sistema americano de âmbito quase mundial em vários sistemas sub-regionais mais rígidos, revivendo as Pan-Região de HAUSHOFER. Neste contexto, reduz-se drasticamente o espaço de manobra para as semiperiferias, tendência visível na proposta da criação de um mercado livre latino-americano sob controle dos Estados Unidos, nova versão da Doutrina Monroe. Esta alternativa, contudo, não parece viável para o século 21, na medida em que a economia murdo não pode operar sem o setor semiperiférico.

A outra seria a formação de um processo consórcio EUA-Japão com vistas à tentativa de controle da fronteira tecnológica, deslocando o eixo do Atlântico para o Pacífico. O consórcio tentaria assegurar mercado englobando, através de arranjos políticos, o leste da Ásia, as Américas e a Australasia, colocando a Europa como grande perdedor e imobilizando as semiperiferias (WALLERSTEIN, 1992).

Nova estrutura centro-periferia

Uma das mais importantes questões políticas no final do século é a acentuação das desigualdades entre centros e periferias. Na medida em que a disputa Leste-Oeste desaparece, o mundo passa a ser dividido entre o rápido e o lento a partir da posse do conhecimento científico e das redes de comunicação. Trata-se da era do *apartheid* tecnológico.

O comércio mundial se regionaliza. A globalização força cada nação a direcionar suas energias para a competição internacional por mercados e lucros. Para evitar a guerra e para alcançar uma escala mais ampla e um tempo mais rápido na produção das novas tecnologias, os países centrais criam mercados supranacionais ainda que durante muito tempo a base dessas coalizações seja o Estado-Nação e a defesa dos interesses nacionais. Integrados pelo espaço de fluxos e redes, esses mercados tendem a ser fortemente excludentes.

A redução do volume e do tipo de matérias-primas com a criação de novos materiais significa a crise e transformação dos principais mercados de matérias-primas tradicionais e da produção em massa. A mão-de-obra barata deixa de ser uma vantagem para os países periféricos e o desequilíbrio mundial das telecomunicações tende a excluí-las das transações internacionais. Por outro lado, o elevado custo da guerra tecnológica os exclui da possibilidade de fazê-la.

O ritmo acelerado dos processos decisórios no novo multilateralismo exclui a participação de grande parte dos países. A grande novidade em termos de alianças, expressão das novas relações espaço-tempo, serão as "shifting coalitions" com objetivos militares e/ou políticos e limitados visando a rearranjos geoestratégicos, questões éticas, religiosas ou questões nacionais que afetem a segurança global. Essas forças multinacionais serão formadas para atuar nas interfaces de interesses de blocos de poder e, em conseqüência, terão composições diferentes para cada caso. A segurança global e o novo conceito de "dever de engerência", que divide o mundo em governo "responsável e irresponsável", justificam uma ação extrajurisdicional e territorial e a implantação de um sistema de soberanias limitadas nos setores periférico e semiperiférico da economia-mundo.

No entanto, a globalização tem o seu preço. Além de conter a maior parcela da dívida do sistema financeiro internacional, a semiperiferia contribui para acentuar a instabilidade da "ordem" planetária, gerando condições de periferia, no centro, representadas por bolsões de pobreza de migrantes não absorvidos, afetando a direção, a natureza e a velocidade de transformação do capitalismo histórico (BECKER e EGLER, 1993).

QUESTÕES FINAIS

A análise efetuada revela algumas tendências de definição de questões anteriormente levantadas e coloca novas.

O Estado certamente não é a unidade única representativa do político nem o território nacional a única escala de poder. O poder tecnoeconômico é efetivo. Reduzem a autonomia dos Estados exigindo uma Geopolítica de negociação e arranjos políticos, entre os Estados e destes com a sociedade civil organizada. Atribuindo valor estratégico aos territórios, em qualquer escala geográfica, segundo o seu conteúdo científico-tecnológico e informacional — em que pese o domínio e a posição nas redes — seu estoque de natureza e sua iniciativa política, em termos da capacidade de se organizar e de negociar em seu favor.

O mesmo não acontece em relação aos movimentos sociais. A realidade mostra que, à exceção do movimento ambientalista, os movimentos sociais não tiveram êxito, confirmando as posições que os afirmavam como conjunturais e efêmeros. O que se afirma na virada do milênio é, pelo contrário, a exclusão de grandes massas de população.

Poder tecnoeconômico e distensão exigem, assim, uma Geopolítica de negociação e arranjos políticos, entre os Estados e com a sociedade civil organizada.

Enfim, o retrocesso das economias nacionais, substituídas por federações de Estados, teria um duplo e crucial significado. Primeiro, o nacionalismo deixa de ser um programa político global como vetor de desenvolvimento dos países centrais no século XIX, e como vetor de emancipação nacional para os países periféricos no século XX. Segundo, os Estados-nação permanecem no mundo contemporâneo, mas em papéis menores e subordinados, deixando de ser os fatores decisivos no século XXI (HOBSBAWN, 1992).

O fortalecimento da lógica instrumental e o enfraquecimento da lógica cultural dos movimentos sociais colocam duas novas questões para o Estado e a Geopolítica em geral: a da cultura e a da exclusão, em novos patamares.

Uma nova proposta emerge sugerindo a importância da cultura na própria reorganização do sistema internacional, denominada de "Choque das Civilizações" (HUNTINGTON, 1994a e b). Após a queda do muro de Berlim os conflitos internacionais seriam não mais de natureza militar, ideológica ou econômica, mas de outro tipo, e as entidades básicas do sistema internacional não seriam nem as unidades políticas definidas pelos estados nacionais nem os blocos econômicos, mas sim de agrupamentos de mar pela unidade política "civilização". Não se trata mais, portanto, de movimentos sociais; trata-se, sim, de conflitos que dizem respeito a religiões, culturas, valores e auto-identificação em unidades de escala significativa, gerando uma clivagem civilizacional que substitui o nacionalismo. Em conseqüência desta nova clivagem de entidades políticas e relações de poder, a política internacional deixa de ser predominantemente ocidental para tornar-se uma política entre civilizações; particularmente, entre a ocidental e as não-ocidentais, que já não são os objetos da História enquanto alvos da colonização ocidental, mas sim agentes e sujeitos da História.

Em que pesem as críticas ao paradigma de Huntington, é lícito o reconhecimento da lógica cultural, em termos de valores civilizacionais, como um poder de resistência à lógica instrumental.

Embora a concepção idealista de cooperação internacional esteja presente no Relatório BRUNTLAND, a questão da exclusão é uma feição perversa gerada pelo poder tecnoeconômico, que afeta todos os Estados do planeta, embora em graus diferentes. São excluídos dos circuitos logísticos países inteiros, como na África, e massas de população tanto em países semiperiféricos como centrais, atingidos, todos eles, pelo desemprego crescente que explica hoje os excedentes demográficos.

É, pois, aos Estados, que cabe pagar o preço da globalização. Controle da natalidade, expulsão de trabalhadores estrangeiros na Europa, conflitos étnicos em Los Angeles expressam a tendência à exclusão e novas práticas espaciais de Estados e grupos sociais, e estratégias alternativas de desenvolvimento para os excluídos — na verdade, uma geopolítica alternativa — são aventadas (FRIEDMANN, 1992).

Não seria esse o sentido da regulação e permanência do nacionalismo?

BIBLIOGRAFIA

BECKER, B.K. (1983) — "O Uso Político do Território". In *Abordagens Políticas da Espacialidade*, Rio de Janeiro: Dep. Geografia, UFRJ.

_____. (1988) — "A Geografia e o Resgate da Geopolítica". *Revista Brasileira de Geografia*, Ano 50, vol. 2, Rio de Janeiro: IBGE.

_____. (1991) — "Geografia Política e Gestão do Território no Limiar do Século XXI". *Revista Brasileira de Geografia,* Ano 53, nº 3, Rio de Janeiro: IBGE.

_____. (1993) — Logística: Uma Nova Racionalidade no Ordenamento do Território? In *3º Simpósio Nacional de Geografia Urbana*, Rio de Janeiro: AGB.

_____. (1994) — "Organização Territorial e Produção do Quadro Ambiental Brasileiro". Mimeo. *Workshop PADCT*, Ilhéus: MCT.

BECKER, B.K., CLAUDIO A.G. (1993) — Brasil: Uma Nova Potência Regional na Economia-Mundo, Rio de Janeiro: Bertrand Brasil.

CASTELLS, M. (1985) — Technological Change, Economic Restructuring and the Spatial Division of Labour. In *Seminar on International Division of Labor and Regional Problems*. Viena: IGU/UNIDO/IIR.

CHIAPPIN, J.R.N. (1994) — "O Paradigma de Huntington e o Realismo Político", *Lua Nova* nº 34.

COUTO E SILVA, G. (1955) — *Planejamento Estratégico*, Rio de Janeiro: Biblioteca do Exército.

_____. (1967) — *A Geopolítica do Brasil*, Rio de Janeiro: José Olympio.

COHEN, S. (1964) — *Geography and Politics in a Divided World.*

FRIEDMAN, J. (1968) — "A General Theory of Polarized Development". Mimeo. Los Angeles: UCLA.

_____. (1992) — *Enpowerment*, Cambridge/Oxford: Blackwell.

FOUCAULT, M. (1979) — *A Microfísica do Poder*, Rio de Janeiro: Graad.

GOTTMAN, J. (1952) — La Politique des États et leur Géographie, Paris: Armand Colin.

HAUSHOFFER, K. (1987) — *De la Géopolitique*, Paris: Fayard.

HARVEY, D. (1989) — *The Condition of Past-Modernity*, Oxford: Basil Blackwell.

HUNTINGTON, S.P. (1994a) — "Choque das Civilizações?" *Revista de Política Externa*, vol. 2.

LACOSTE, Y. (1977) — *A Geografia Serve Antes de Mais Nada Para Fazer a Guerra*, Lisboa: Iniciativas Editoriais.

LEFÉBVRE, H. (1978) — *De l'Etat*, Paris: Union Géerale.

MACHADO, L. (1955) — "Inovação Tecnológica, Sociedade Urbana e Nova Geopolítica". In *Textos LAGET* n.º 5, Rio de Janeiro: LAGET/UFRJ.

MACKINDER, H. (1904) — "The Geographical Pivot of History". The Geographical Journal, vol. XVIII n.º 4, Londres.

MAHAN, A. (1965) — *The Influence of Sea Power upon History*, 1660-1783: Methnen.

MORGENTHAU, H. (1967) — *Politics among Nations*. The Struggle for Power and Peace. New York: A.A. Knopf.

RAFFESTIN, C. (1980) — *Pour une Geographie du Pouvoir*, Paris: Litec.

RATZEL, F. (1987) — *La Géographie. Politique, les Concepts Fondamentaux*, Paris: Fayard.

SANTOS, M. (1988) — *Metamorphoses do Espaço Habitado*, São Paulo: Hucitec.

TAYLOR, P. (1985) — *Political Geography*, Londres: Longman's.

_____. (1991) — *"Territoriality and Hegemony, Spatiality and the Modern World — Systems"*. Mimeo.

VIRILIO, P. (1976) — *Vitesse et Politique*, Paris: Galilée.

_____. (1984) — *Guerra Pura*, S.P.: Brasiliense.

WALLERSTEIN, I. (1983) — *"La Crisis como Transicion"*. In Dinâmica de la Crisis Global, Madri: Sigilo Veintiuno.

_____. (1991) — Geopolitics and Geoculture, N. York/Paris: Cambridge Un. Press Maison des Sciences de l'Homme.

ORIGENS DO PENSAMENTO GEOGRÁFICO NO BRASIL: MEIO TROPICAL, ESPAÇOS VAZIOS E A IDÉIA DE ORDEM (1870-1930)*

Lia Osorio Machado
Professora do Departamento de Geografia, UFRJ/ CNPq

No decorrer dos sessenta anos que separam a promulgação da "Lei do Ventre Livre" (1871) da Revolução de 1930, momento que os historiadores costumam apontar como sendo o marco da ascensão de um "projeto de modernização" no Brasil, completou-se a transição do trabalho escravo para o trabalho livre, as diferenças econômicas e sociais entre as regiões brasileiras se aguçaram, a monarquia foi sucedida pela república, e o principal mercado para os produtos brasileiros se deslocou da Europa para os Estados Unidos. Examinadas em retrospectiva, a última década do século 19 e as três primeiras do século 20 podem ser vistas como uma época de redefinição da identidade nacional.

---

* Trabalho originalmente apresentado no Symposium International Théories du Milieu et Aménagement, Marrakech, Marrocos, fevereiro, 1994.

Uma redefinição pautada, é verdade, pelo pensamento de um grupo ínfimo da população. O "olhar para dentro" desse grupo implicou, no entanto, a crítica a uma sociedade estruturada em torno de relações sociais escravocratas, ou seja, a rejeição do passado-presente, o que desafiava a elaboração de uma racionalidade que fundamentasse as propostas de valorização do nacional. Implicou, igualmente, no "olhar para fora", a adoção de uma "razão classificatória" que estabelecesse, ao mesmo tempo, a pertenência do Brasil ao conjunto das nações "progressistas", termo que designava na época os países industrializados e suas diferenças em relação às mesmas nações. Essa foi a porta de entrada para as ideologias científicas que dominaram o cenário intelectual da época, no sentido de estabelecer o divisor de águas entre o Brasil colonial e o Brasil "moderno".

De modo geral, as ideologias científicas, como o darwinismo social, o positivismo e o neolamarckismo, que se difundiram na Europa, em primeiro lugar e, a partir dela, às áreas sob sua influência, estavam articuladas pela idéia de *mudança* ou *evolução* (Tort, 1992). No Brasil, os debates também se deram em torno da idéia de mudança, veiculando, através do argumento pseudo-científicos, julgamentos morais sobre o território e a população, articulados a um questionamento do tempo futuro.

Nos interessa discernir aqui o papel do pensamento geográfico nessas representações sobre o território e sobre a população brasileira. De fato, o pensamento geográfico esteve presente nos debates sobre a natureza físico-climática do território, a adaptação do indivíduo ao meio, as características raciais dos habitantes, e as possíveis conseqüências desses aspectos sobre a formação social do povo brasileiro. Em síntese, a questão principal era o estabelecimento do potencial e dos limites da natureza física, social e política do país diante das idéias programáticas do "progresso". Dela emerge como questão subordinada, mas não menos importante, o papel da imigração européia na mudança da composição étnica da população — majoritariamente negra e mestiça, e como elemento (des)organizador da estrutura sócio-espacial do país.

Tais debates não se davam num vazio geográfico. Foram alimentados pelo surto de expansão das vias de comunicação e de crescimento urbano, provocando questões concretas e práticas de gestão que exigiam novas idéias e saberes. A construção de estradas de ferro, a introdução da navegação regular por barcos a motor, a melhoria da comunicação com a Europa através da construção de cabos submarinos para a telegrafia, as obras de modernização dos portos, de pontes, de canais, indicam a intensificação das relações com o mercado internacional e o início da reordenação interna do território. Dentre os novos saberes, por exemplo, destaca-se a valorização, mesmo que lenta e problemática, das carreiras de engenharia, civil e militar, e a ânsia por ensino e métodos pedagógicos voltados à prática.

Nem todos estavam informados sobre a extensão espacial dessas alterações, porém muitos dos indivíduos alfabetizados, bem poucos na época, foram sensíveis a idéia de um progresso tão rápido quanto materialmente possível, de "vouloir brüler les étapes", nas palavras de um observador francês contemporâneo. A mudança na relação com o tempo, bem-vinda por alguns, era temida por outros, que a entendiam como um novo fator de diferenciação social e espacial que iria agravar as diferenças já existentes. Para muitos deles, o tempo, indício e signo de mudanças maiores futuras, foi contraposto ao espaço, expressão de permenência para uns, e de inércia para outros. Por isso, nas questões, nos termos em que foram sendo colocados os debates, nas propostas dos indíviduos cujas idéias foram sendo valorizadas ou descartadas, o espaço geográfico era uma realidade e também uma metáfora para expressar outros interesses e realidades.

Com o intuito de contribuir para uma história da Geografia brasileira que atente para a interação entre fenômenos cognitivos e fenômenos sociais, o que se pretende mostrar é, em primeiro lugar, como o pensamento geográfico, na versão "moderna" daquele período, participou das representações sobre o território e a população. De um lado, sedimentando a tese determinista que projetava um destino de grande potência, considerando como elementos determinantes as riquezas naturais, a dimensão territorial e a tropicalidade. De outro, alimentando duas teses opostas sobre a natureza dos habitantes: a tese de que uma população miscigenada era a garantia de um controle eficaz da natureza tropical, e a tese, mais pessimista, que contrastava uma natureza generosa com uma população heterogênea, em crescimento desordenado, incapaz de se auto-organizar e de gerir de forma racional o território.

Em segundo lugar, sugerir que as interpretações sobre a natureza e a sociedade brasileiras enfrentavam a dificuldade, enraizada na doutrina do progresso, de procurar no "universalismo" da teoria a promessa cultural e emancipativa que fundamentasse a interpretação crítica da realidade do país e a reforma da sociedade, porém subordinar tais teorias a um projeto de redefinição da identidade nacional. Como foi sugerido recentemente, diferente de uma contradição ou de um "efeito perverso", esse seria o "paradoxo do universalismo": o ideal universalista e emancipatório do Ocidente gravitou em torno de um único centro, ao defender valores e princípios-guia válidos para todos os homens, em todos os tempos e sob qualquer clima, e essa cláusula monocultural de origem fez tábula-rasa de um *contra-senso*: a lógica da identidade e da identificação (MARRAMAO, 1993:2).[2] Isso poderia nos ajudar a compreender a ambigüidade e a fragilidade das propostas

[2] O artigo de Roberto Damatta, "Em torno da representação da natureza no Brasil" em *Conta de Mentiroso*, discute, de maneira muito interessante, a "tese pessimista". Sua interpretação é distinta daquela de Marramao: o paradoxo estaria na incorporação de valores modernos ao sistema social brasileiro sem que houvesse o abandono de um conjunto de práticas (e ideologias) tradicionais, como a patronagem, o clientelismo e o nepotismo, que continuam se reproduzindo na vida social.

de grande parte dos intelectuais de ex-colônias, e a conseqüente facilidade com que os grupos dominantes locais se apropriavam e manipulavam os discursos "cientificistas".

Em terceiro lugar, discernir, no período, as condições iniciais de desenvolvimento da disciplina da geografia, argumentando-se que ocorreu uma ruptura entre teorias geográficas e prática da geografia, a primeira sendo englobada por uma interpretação sociológica-historicista-ideológica generalizante da relação sociedade-natureza no Brasil, enquanto a segunda, a prática geográfica, foi se pautando por um compromisso, pragmático, nem sempre explícito, com a ordenação da "realidade" do país, afastando-se dos debates teóricos, pretendendo um saber útil de gestão, um saber técnico. Isso pode ajudar a explicar o isolamento relativo da geografia no campo das ciências sociais no Brasil, e a compreender os motivos que tornaram a geografia brasileira uma geografia "voltada para dentro", ou seja, a produção geográfica no Brasil tem sido fundamentalmente uma produção dirigida para a Geografia do espaço brasileiro.

Versões sobre a evolução do pensamento geográfico no Brasil

Por anteceder a institucionalização da geografia, o período 1870/1930 tem merecido somente a menção de um ou outro autor ou de uma ou outra obra nos escritos sobre a trajetória do pensamento geográfico no Brasil (MONTEIRO,1977; CORREIA, 1977, 1985; BECKER, 1985; DIAS, 1989). Constitui uma exceção o trabalho seminal de José Veríssimo da Costa Pereira, no capítulo Geografia do Brasil em *As Ciências no Brasil* (1955;1994), como também as contribuições de Nilo Bernardes (*O pensamento geográfico tradicional*, 1982), e de Pasquale Petrone (Geografia Humana), Antonio Christofoletti e Aziz Ab'Saber (Geociências), ambos publicados na

História das Ciências no Brasil (1979). Esses quatro trabalhos apresentam um panorama histórico mais amplo.

De maneira geral, os autores compartilham uma "reconstrução internalista do 'progresso' geográfico", e a consideração de seu passado como pré-científico (CAPEL, 1981; LIVINGSTONE, 1984). As tentativas de contextualização das idéias geográficas e das idéias sobre a geografia do país (BERDOULAY, 1981b) se restringem ao período considerado como o da "geografia moderna", ou seja, pós-1930.

Entre os mais qualificados para fazer uma análise contextual do pensamento geográfico, principalmente do período que se quer analisar aqui, estão dois historiadores, Caio Prado Jr. e Nelson Werneck Sodré. Ambos são amplamente reconhecidos como dos mais inovadores (e influentes) historiadores nacionais, com uma longa vida de engajamento intelectual ao ideário marxista. Os escritos sobre a geografia ocupam um lugar secundário no conjunto das obras respectivas, porém merecem uma atenção especial por apresentarem uma visão crítica de fora da disciplina, e por sua difusão entre os cientistas sociais, incluindo os geógrafos. O trabalho de Sodré, *Introdução à Geografia. Geografia e Ideologia* teve nove edições desde 1976, ano da publicação. Ambos acusam a geografia de abandonar a História, com isso se tornando um instrumento de ideologias alienadas da realidade nacional (Moraes, 1988).

Ambos são severamente críticos a respeito de quase toda a geografia produzida no Brasil. Escrevendo em 1945, no prefácio da reedição da *Corografia Brasílica* (1817) de Manuel Ayres de Casal, que considera como o "pai" da geografia brasileira por ter sido o primeiro a elaborar um quadro geográfico geral do país, Caio Prado Jr. atribui aos geógrafos estrangeiros o que há de melhor no pensamento geográfico do país. Os estudos geográficos brasileiros estiveram submetidos, afirma Prado Jr., às influências menos progressistas das ciências sociais, desenvolvendo-se em meio do desinteresse geral. Aponta como um dos motivos para esse desinteresse o apego excessivo aos geógrafos franceses em detrimento dos alemães, o que teria prejudicado sua evolução. Caio Prado, descendente de uma tradicional família de São Paulo enriquecida pelo café, era proprietário de uma das maiores editoras daquele estado que, coerentemente, não publicava livros escritos por geógrafos.

Nelson Werneck Sodré, escrevendo trinta anos depois de Caio Prado Jr., é mais radical ainda, ao considerar o pensamento geográfico moderno como criação e instrumento do colonialismo e do imperialismo, porém, ao contrário de Prado Jr., atribui à geografia alemã, especificamente à F. Ratzel, a responsabilidade pelos descaminhos da geografia, ao divulgar, através de suas obras, o determinismo geográfico. O determinismo geográfico, diz Sodré, foi a principal doutrina científica utilizada pelo colonialismo e dela não escapou nem geógrafos franceses como Jean Brunhes e Camille Vallaux, na medida em que estes foram nutridos pelas idéias de Ratzel.

É de segunda mão a leitura que Sodré faz de Ratzel e do determinismo, utilizando como fonte principal as interpretações de Lucien Febvre e George Lefebvre sobre a antropogeografia ratzeliana. A crítica à geografia e à Ratzel tem como alvo principal, por certo, a geopolítica na sua vertente geográfica. Dois terços do livro são dedicados à crítica da Geopolítica, cujos fundamentos, enfatiza Sodré, derivam não só das idéias deterministas de Ratzel como também dos cientistas sociais franceses do século19, como Hippolyte Taine, Ernest Renan e Gustave Le Bon[3].

A associação que Sodré procura estabelecer entre as idéias

[3] Sodré faz parte de um número muito restrito de cientistas sociais brasileiros que conhecem a importância das idéias desses filósofos para o entendimento das origens das ciências sociais no Brasil. Se equivoca, no entanto, ao afirmar que eram filósofos menores no país de origem, pois, ao contrário, nesse período foram influentes em toda a Europa. Ver a respeito, P. TORT (1992); RAFFESTIN (1995).

de Ratzel e desses cientistas sociais, mais do que distinguir nuances intelectuais do pensamento geográfico, é chamar a atenção do leitor para o pensamento geográfico dos geopolíticos brasileiros que sabidamente tiveram um papel importante na elaboração da ideologia oficial dos governos militares (1964-1984), momento em que Sodré escreve seu trabalho. Isso se torna claro quando inclui em sua crítica das correntes de pensamento geográfico que considera como colonialistas alguns autores nacionais como Silvio Romero, Euclides da Cunha e Manuel de Oliveira Viana, figuras destacadas nos debates do início do século 20, e que são comumente citados pelos geopolíticos militares e civis como precursores de uma interpretação nacionalista do território brasileiro.

Para Sodré, contudo, não menos do que para os autores nacionais que critica, o problema é a definição de um projeto de modernização nacional. Tomando-o como uma espécie de eixo central, ele sugere que a geografia é a disciplina que está "à direita", na medida que o pensamento geográfico, dominado pelas teorias colonialistas, é utilizado por aqueles que subordinam o projeto de modernização à manutenção da ordem vigente, subproduto da ordem colonialista mundial. Ao contrário, a disciplina da História teria se posicionado "à esquerda", ao adotar a teoria marxista como subsídio para um projeto de modernização libertador da nacionalidade.

O historiador se vale aqui da distinção-padrão que o Marxismo e outras correntes de pensamento fazem entre ideologia e ciência, a ideologia sendo o pensamento ilusório ou meramente abstrato, e o pensamento científico aquele que é elaborado em contacto com a realidade (WILLIAMS:157). Enquanto a Geografia teria sido englobada pela ideologia do colonialismo, a História optou, segundo Sodré, pela crítica de cunho científico [o marxismo], fundando o nacionalismo verdadeiro, aquele que quer a reforma total da ordem vigente, nacional e mundial. É possível reconhecer aqui a dificuldade apontada no início deste trabalho, qual seja, a de conciliar o projeto de liberação nacional com teorias de cunho universalista, sejam elas oriundas do liberalismo ou do socialismo. O nacionalismo implícito na versão de Sodré não se apresenta como um contra-senso ao universalismo da teoria marxista porque é colocado como uma situação transitória (e necessária) à sua plena concretização. O nacional, espera-se, se dissolverá em algum momento do "futuro da História". Nesse aspecto, ao menos, há um evidente parentesco entre o pensamento de Sodré e dos autores a quem critica por defenderem uma outra versão da doutrina do progresso: o determinismo histórico (necessidade), e o pressuposto das "nações" serem uma das melhores opções para a unidade mundial (HOBSBAWM,1990).

As versões distintas de geógrafos e historiadores sobre a evolução do pensamento geográfico brasileiro foram escritas na segunda metade deste século. Vejamos agora qual a perspectiva dos escritos produzidos durante o período tratado neste trabalho.

Em 1904, um curto artigo sobre a geografia no Brasil é publicado num almanaque popular da época. Seu interesse se deve ao fato de ser o primeiro trabalho que faz uma apreciação crítica do desenvolvimento dos estudos geográficos brasileiros. Nele o autor distingue duas geografias: aquela que considera como científica e uma outra, dominante na época, que se caracterizava pela enumeração e memorização de lugares e acidentes físicos sem nenhum intento de relacionar as coisas. Ao destacar os cientistas e inovadores da geografia nos dá uma clara visão do domínio dos estudos naturalistas, etnográficos e geológicos/geomorfológicos durante o século 19 no Brasil, todos escritos por europeus e norte-americanos. O outro aspecto interessante é que nesse trabalho encontra-se uma referência, pela primeira vez na literatura, até onde sabemos, a F. Ratzel, considerado pelo autor como o geógrafo responsável pela introdução do homem nos estudos de "ciência natural", ao lançar as bases da antropogeografia (ABREU, 1904). Vale a pena apresentar os autores destacados nesse artigo, pois permite um panorama, mesmo que parcial, dos trabalhos reputados como geográficos na época.

O geólogo alemão Wilhem von Eschweg *(Pluto brasiliensis*, 1833) é citado po· suas conclusões sobre a "estrutura" do país, na realidade um estudo sobre a mineralogia do Sudeste brasileiro. Guts-Muths, outro geógrafo alemão, é destacado por um compêndio que produziu sobre os países sul-americanos para uma geografia universal, baseado na compilação de relatos de viajantes alemãs e ingleses, e que não foi traduzido ao português. Também são destacados: o suíço-norte-americano Louis Agassiz, por ter sido chefe da expedição científica norte-americana ao Brasil [Expedição Thayer,1865], cujos estudos sobre paleontologia, ictiologia e geologia foram publicados em *Viagem ao Brasil* (1868); Charles Hartt, "autor da primeira Geografia Física do Brasil" [Boston,1870], discípulo de Agassiz, e que dirigiu outra expedição naturalista norte-americana [Expedição Morgan, 1867], mais tarde criador da Comissão Geológica do Império (1875-77). O geólogo e geógrafo Orville Derby (1851-1915), discípulo de Hartt, talvez a mais atuante e proeminente figura desse período pelos inúmeros trabalhos sobre geologia e geomorfologia, por suas "monografias sobre as diversas regiões do Brasil", por seus trabalhos seminais sobre a geografia histórica do Sudeste e Sul do país, e por ter sido fundador da Comissão Geográfica e Geológica de Estado de São Paulo (1886).

O autor do artigo, João Capistrano de Abreu (1853-1927), considerado como um dos fundadores da história moderna no Brasil, era professor de História e Corografia, e pesquisador na Biblioteca Nacional. Era um entusiasta da ciência alemã, possivelmente leitor de Ranke, o historiador positivista que redefiniu os estudos de História em meados do século 19, ao defender a ida às "fontes" e sua leitura crítica, ou seja, a mesma orientação idiográfica que norteou o trabalho de historiador de Capistrano. Foi também o tradutor de obras geográficas alemãs que reputava como importantes para o conhecimento e interpretação do espaço brasileiro: condensou e traduziu a *Geografia Physica do Império do Brasil* (1884) de J. E. Wappäus, edição original publicada em Leipzig, em 1871; a *Geografia Geral do Brasil* (1889) de A. W. Sellin, da edição original alemã de 1885; e *O Homem e a Terra, esboço da correlação entre ambos* (1902) de A . Kirchoff, edição original, Leipzig, 1901. Sem ter chegado a publicar a tradução, foi um dos principais divulgadores da *Antropogeographie* de F. Ratzel no Brasil.

Em *Capítulos da História Colonial* (1907) e *Caminhos antigos e o povoamento do Brasil* (1930), Abreu propôs a tese de que as zonas naturais exerceram um importante papel na evolução dos grupos etnográficos brasileiros, ecoando, possivelmente, a observação de Ratzel de que a diversidade etnográfica é politicamente mais importante do que a unidade geográfica na formação dos estados nas antigas áreas coloniais (Ratzel em Kristof: 24, n.º 24). Por outro lado, sua tese sobre a "influencia" do meio físico na marcha do povoamento no país, geralmente atribuía à Antropogeografia de Ratzel, parece mais próxima à idéia de Frédéric Le Play sobre a importância das vias de circulação seguidas pelos povos [e determinadas pelo meio físico] na organização social. Da mesma maneira, a relação que estabelece entre vias de circulação ("os caminhos") e tipos sociais lembra o trabalho de um discípulo de Le Play, o cientista social francês, Edmond Demolins (CAPEL,1981:298).

O que importa registrar é que Capistrano de Abreu participa do interesse, dominante na época, em estabelecer as condições que teriam modelado a organização social e territorial brasileira, uma questão que era vista como crucial para a determinação das causas do "atraso" do Brasil.

Seis anos depois, em 1910, Gentil de Moura (1868-1929) publicou na Revista do Instituto Histórico e Geográfico de São Paulo (fundado em 1894) um sucinto trabalho sobre a "Geografia Nacional", apresentado ao 2º Congresso Brasileiro de Geografia

(São Paulo, 1910). A geografia, ele afirma, liberou-se das normas restritas da topografia e da corografia para se tornar "a ciência que observa, determina e representa a forma da Terra, registra os fenômenos meteorológicos e sísmicos, contribui para as classificações botânicas e zoológicas, estuda os mares e a vida marinha, os casos antropológicos e etnográficos, e descreve os produtos da atividade social sob a forma de colonização, indústria, comércio, estatística, instrução, etc.". Apesar de não citada, nota-se que se aproxima da definição de geografia proposta por Richtofen e Ratzel, fundamentada na idéia das três esferas (CAPEL: 283).

Tomando como eixo a evolução dos levantamentos cartográficos realizados pelo governo central e o governo de São Paulo, Moura resume os conhecimentos recém-adquiridos em função da construção de estradas de ferro, e elogia a contribuição dos engenheiros. Menciona ainda as corografias e dicionários geográficos produzidos nas províncias como provas de que "a evolução da Geografia vai numa progressão crescente". Moura era engenheiro civil, nessa época exercendo o cargo de topógrafo na Comissão Geográfica e Geológica de São Paulo como colaborador de O. Derby.

Oito anos depois, num artigo intitulado "A grande missão da Geografia" (1918), o autor, um engenheiro militar e professor de Geografia na Escola de Estado-Maior, procurou delimitar o campo de atuação para a disciplina, definindo a "geografia de carreira" [profissional], como o conhecimento do "mundo ativo na plenitude de seu mecanismo funcional (...) pois a vida prática é em síntese um grande aspecto geográfico". Essa geografia deve ser uma geografia econômica, que não deve ser confundida com a economia política, pois enquanto esta "trata das leis gerais mediante as quais o homem produz a riqueza pelo trabalho de inteligência e de seus braços, utilizando-se da Natureza", a geografia econômica "é a cultura geral do país", ou seja, o retrato do que é efetivamento produzido. Citando a Vidal de la Blache, pondera que "toda questão social inerente à vida humana comporta uma face geográfica característica", concluindo que existe uma diferença e um ponto em comum entre a geografia física e a antropogeografia: enquanto a primeira representa a "constância" [dos fenômenos], a segunda revela sua variedade, porém ambas exigem um fundamento "anatômico", o estudo das formas que caracterizam os "corpos organizados".

O intento de definir o que era a "geografia moderna" e qual seu campo de ação também caracteriza os artigos de Carlos Delgado de Carvalho e Everardo Backheuser, professores e sócios em um Curso Livre de Geografia, aberto ao público na década de 1920. Carvalho (1884-1980) era diplomado em ciência política (Paris, 1908), com estudos pós-graduados na London School of Economics (1919). É considerado o fundador da "geografia moderna" brasileira, devido à publicação de uma série de trabalhos nessa década: *Le Brésil Meridional* (1910); *Geografia do Brasil* (1913); *Météorologie du Brésil* (1917); *Physiografia do Brasil* (1923); *Introdução à Geografia Política* (1925).

No pequeno artigo, na verdade o resumo de uma aula introdutória, intitulado "Geografia-Sciencia da Natureza" (1927), Carvalho começa mencionando os outros professores do curso, na maioria instrutores de escolas secundárias oficiais, além de professores da Escola Politécnica e do Museu Nacional (ciências naturais). Eram responsáveis pelas aulas de estatística, ecologia, climatologia, oceanografia e cosmografia. Depois de afirmar que a geografia é sempre a mesma, e que só é "moderna" em termos de novos métodos, pontos de vista e interpretações, especifica Carvalho que o novo ponto de vista é a "explicação", através de relações e comparações, dos "elementos que constituem as individualidades geográficas: as pulsações dos climas, o ciclo vital dos rios, os deslocamentos do relevo, a adaptação do homem ao meio", concluindo que o principal objetivo do curso era chamar a atenção do público para a utilidade prática da geografia.

Assinala-se aqui o curioso amálgama de idéias, emitidas em

um só fôlego, que permite a Carvalho adotar a "explicação" como novo método da geografia, numa alusão às idéias de Davies e Ratzel; utilizar a noção de individualidades geográficas, que atribui a Lucien Febvre (não a Ritter nem a Ratzel, nem a Vidal), o mesmo Febvre que alegava que a geografia não "explica" e sim estuda as condições possíveis de ocupação humana, não sendo uma ciência das necessidades" ou seja, uma ciência que trabalhasse com leis deterministas (FÉBVRE: 85, 233); referir-se às pulsações climáticas, noção difundida pela "escola" ambientalista-histórica de E. Huntington, e destacar o ciclo "vital" dos rios, uma referência ao modelo evolucionista de W. Davies.

Essa nova geografia, prossegue Carvalho, nada tem a ver com geografia dos manuais e dos dicionários. É uma "geografia", científica", só podendo ser científica se definida como uma ciência natural", agregando rapidamente que essa cientificidade não implica nenhum intuito filosófico de sistematização, classificação ou hierarquia das ciências, numa alusão clara ao positivismo comtiano. De fato, procura evitar qualquer parentesco entre a geografia científica e o positivismo: a geografia deve meditar sobre a evoluç ão das coisas, das individualidades geográficas, e "o fim para qual cada uma tende na medida do tempo que lhe é destinado".

O projeto de "restauração da geografia como ciência natural para fundar a nova escola brasileira de geografia" era chefiado, segundo Carvalho, por professores do ensino oficial como Everardo Backheuser, Fernando Raja Gabaglia e Honório Silvestre, e por pesquisadores-professores como Edgard Roquette-Pinto, Francisco de Oliveira Viana, Alberto Rangel e outros, sem dúvida um grupo heterogêneo de profissionais — advogados, médicos, engenheiros e professores —, com filiações intelectuais distintas. Roquette-Pinto, por exemplo, era médico, eugenista, delegado brasileiro ao Congresso de Raças (Londres,1921) e organizador do 1º Congresso Brasileiro de Eugenia (1929), simpatizante do positivismo e autor de estudos etnográficos; Alberto Rangel era engenheiro militar de formação, romancista, defensor bissexto do darwinismo social; F. Raja Gabaglia, era professor de Geografia do ensino secundário oficial, autor de livros didáticos, e anti-positivista radical; Oliveira Viana era advogado, crítico de Spencer e adepto do darwinismo social na versão de Gabriel Tarde, leitor de Demolins e de Vacher de Lapouge.

O que esse grupo heterogêneo tinha em comum era o interesse por estabelecer uma "razão classificatória" do território e da população brasileira (a partir do conceito de "ecúmeno"), e a foram buscar numa bibliografia "geográfica", que reunia desde F. Le Play e E. Demolins até Ratzel, e Brunhes (v. ROQUETTE-PINTO,1927:52 e ss).

Everardo Backheuser (1879-1951) foi engenheiro, professor catedrático de Mineralogia e Geologia da Escola Politécnica do Rio de Janeiro, e autor de vários artigos sobre o tema. Perdeu seu posto e foi preso, acusado de conspirar contra o governo na década de 20, mais tarde reintegrado. Foi vice-presidente da Sociedade de Geografia do Rio de Janeiro e fundador da Academia Brasileira de Ciências, participando, depois de 1930, de um grande projeto de reforma pedagógica do ensino secundário brasileiro (a escola nova), fundamentado nas idéias de John Dewey. Mais tarde ainda, foi empresário de êxito no setor de construção civil, e catedrático de geopolítica no curso de Direito Comparado da Universidade Católica do Rio (1948-1951).

Foi o interesse pela geopolítica, e as possibilidades de sua aplicação à política de reforma do Estado, que levou Backheuser a valorizar os "estudos geográficos" na década de 1920. E não podia ter começado de maneira mais conseqüente: em 1923, quando da viagem de Otto Maull ao Brasil, convidou-o como conferencista na escola de engenharia, criando logo depois um curso sobre a "Estrutura geopolítica do Brasil" (1925), onde divulgava as idéias de Kjellen e Haushoffer. Em 1926, no mesmo ano que escreveu *A estrutura política do Brasil. Notas prévias*, um dos capítulos foi publicado como artigo na *Zeitschrift Für Geopolitik*, com o título

"Das Politische Konglomerat Brasilien".

Foi como professor de Geografia e de Geopolítica, então, que escreveu o artigo, "A nova concepção da Geografia" (1926) Começa com as mudanças que ocorreram na geografia física depois do trabalho de William Davies: a partir daí a geografia deixa de ser descritiva e de memorização — "um processo bárbaro" — e passa a ter elementos que permitem o raciocínio, a explicação, a previsão "com uma rigidez matemática", constituindo por isso uma ciência. Cita aqueles que considera como os precursores da geografia: começando com Humboldt e Ritter, depois Peschel, Supan, Richtofen, Ratzel e Hettner na Alemanha; Vidal de la Blache na França; Davies nos Estados Unidos, e termina com os contemporâneos: Penck, Brunhes, de Martonne, Huntington, Maull, Obst e Vallaux. Apesar de sua admiração pela geografia contemporânea, lamenta a divisão entre geografia física e humana que notava nos trabalhos. O fundamental, diz Backheuser, é a geografia "não abandonar a ligação estreita que existe entre o homem e o meio físico", uma interação que se modifica no tempo.

A história é fundamental porque fornece dados sobre o "grau de cultura" dos povos e, portanto, de sua capacidade maior ou menor de explorar o solo (Ratzel). Porém o estudo geográfico é "sempre para uma dada e determinada época", pois só assim poderá estabelecer a relação entre solo e tempo, quer dizer, entre o homem e seu ambiente de atividade num dado período histórico (Ratzel). A Herder elogia por sua afirmação de que a "História é como uma geografia posta em movimento", mas é a Ratzel que nomeia como o manancial de onde todas as novas idéias jorram. Mesmo a "famosa teoria das possibilidades" de Lucien Fébvre e outros autores franceses, diz Backheuser, nada mais é do que própria teoria de Ratzel "inteligente e largamente interpretada".

Para definir a geografia, Backheuser apresenta quais seriam os seus princípios: 1º) estabelecer as relações de interdependência entre solo, clima e homem, na formulação de Penck; 2º) estudar a localização precisa dos fenômenos, como havia estabelecido o Congresso de Geografia de Veneza (1881), e, como Ratzel havia postulado, delimitar o fenômeno no espaço [lugar], com atenção para os problemas de posição (lage) e de espaço (raum); 3º) atentar para as paisagens naturais ou culturais que, segundo Maull, variam no tempo e no espaço, com constância e regularidade. Finalmente, o 4º) princípio estabelece que a geografia é a cadeia de ligação entre a geologia e a sociologia, tendo "algo de ciência natural e algo de ciência social". Não é uma ciência "abstrata" segundo a classificação de Comte, mas uma ciência prática "com leis gerais que podem ser aplicadas num vasto campo de atividades".

De maneira marginal, Backheuser também cita, curiosamente, a J. F. Blumenbach e sua "classificação das raças segundo critéric geográfico". Considera que, junto com Humboldt, Blumenbach ajudou a estabelecer "os princípios racionais da ciência geográ fica". A referência a Blumenbach não está relacionada somente a convicções racistas, como se poderia supor à primeira vista. Backheuser, como outros intelectuais brasileiros da época, identificava uma espécie de primitivismo no pensamento dos positivistas brasileiros, principalmente quando defendiam a proteção da cultura indígena. Blumenbach, naturalista, e um dos fundadores da antropologia, ao defender a variedade do gênero humano (poligenismo), e as idéias evolucionistas, aceitou as críticas de Rousseau e Monboddo sobre o primitivismo, o "oposto lógico do evolucionismo" (v. LOVEJOY, 1948:40). A crítica de Backheuser ao antievolucionismo da "ciência positiva", não o impedia, está claro, de adotar o positivismo em sua versão ratzeliana.

A estrutura dos trabalhos de Carvalho e de Backheuser dificulta ao leitor saber quais as idéias tiradas de qual autor, a mesma dificuldade, aliás, encontrada na leitura da maioria dos autores desse período, uma vez que se utilizavam da prática da citação sem a referência da obra. O que chama a atenção, contudo, não é essa prática, de resto bastante comum à época, e sim a estratégia que essa prática permitia: ao descontextualizar as idéias em relação aos países de onde elas provinham, e apreender o discurso sem citar a fonte, tornava-se fácil transacionar com idéias formuladas em momentos diferentes ou com autores que se opunham entre si. Se é verdade que a superficialidade no tratamento dos temas e a mescla de idéias e autores podem ser explicadas em parte por serem trabalhos de divulgação, em parte por refletirem o ambiente cultural pouco denso em que atuavam, nos parece também que o objetivo almejado, ou seja, mostrar a viabilidade da geografia enquanto disciplina e como prática, exigia um discurso "frouxo", aberto para quem quisesse aderir, sem as dificuldades suplementares que o aprofundamento de idéias pudesse provocar.

Se essa é uma estratégia que podemos imputar a Delgado de Carvalho e Backheuser, de defesa de um projeto de institucionalização da geografia, por isso buscando adeptos e não inimigos, sem dúvida era também a estratégia mais adequada para adquirir proteção sócio-política no meio intelectual da época. A agitação de idéas e a busca de reforço intelectual na bibliografia européia por parte dos intelectuais brasileiros, sem grande preocupação com consistência, compreensão teórica ou rigor intelectual, permitia selecionar aquelas idéias, métodos e filosofias que estivessem em sintonia, segundo a interpretação dos autores, com a realidade brasileira contemporânea.

Assim, o pensamento de Herbert Spencer foi apropriado por aqueles que argumentavam que o Brasil não progrediria devido ao predomínio étnico de negros e mestiços, devendo-se por isso estimular a imigração européia, e serviu aos seus opositores, na medida em que pensavam identificar nas idéias de Spencer a inexorabilidade do progresso e do futuro industrial da sociedade como afirmações provadas pela ciência. Também o positivismo de Augusto Comte foi livremente associado, por alguns autores, às idéias evolucionistas de Ernst Haeckel e de Noiré, e por outros, ao antievolucionismo de Louis Agassiz.

Selecionamos alguns dos debates que ocuparam as atenções

dos intelectuais brasileiros naquele momento, onde podemos identificar não só o papel do pensamento geográfico na argumentação de imagens sobre o território e a sociedade, como a forma em que o pensamento geográfico participa das linhas de argumentação seguidas pelos contendores. Na apreciação de um dos mais lúcidos observadores da época, o professor de Geografia e crítico literário, José Veríssimo de Mattos, essas representações estavam "influenciadas pelo positivismo de Comte, o transformismo darwinista, o evolucionismo spenceriano e o intelectualismo de Taine e Renan"

As raças e o meio tropical[4]

Em 1872, dos dez milhões de habitantes recenseados no Brasil, cerca de 20% era população escrava e 40% era população livre de cor (KLEIN: 84). Nesse momento, mais da metade da população escrava se concentrava na área cafeeira do Sudeste do país (Rio de Janeiro, São Paulo e Minas Gerais), proporção que cresceu para 3/4 do total de escravos em 1887, às vésperas da abolição. A proporção de negros e mulatos praticamente não se alterou até 1890, quando a população total era de 14 milhões de habitantes. De 1890 a 1929 entraram ao todo, no Brasil, cerca de 3,5 milhões de imigrantes europeus, mais da metade do fluxo dirigida para o estado de São Paulo, cuja participação na população total quase dobrou nesse período (VILLELA e SUZIGAN, 1975). Em 1920, a população total era de 25,7 milhões de habitantes, distribuídos numa área de 8,5 milhões de quilômetros.

"Trata-se de uma população totalmente mulata, viciada no

[4] As principais fontes bibliográficas de referência para esses debates são: G. Freyre, *Ordem e Progresso*; T. Skidmore, *Black into White. Race and Nationality in Brazilian Thought*. Sobre aspectos particulares dos debates, a bibliografia é bem mais vasta.

sangue e no espírito e assustadoramente feia", escreveu Arthur de Gobineau, depois de sua estadia como consul francês no Rio de Janeiro em 1869/70 (RAEDER, 1988: 96). Também para Louis Agassiz, em sua viagem pelo Brasil (1865), o problema não eram os negros e os índios, mas a grande proporção de mestiços: "Essa mistura apaga as melhores qualidades, quer do branco, do negro ou do índio, e produz um tipo mestiço indescritível cuja energia física e mental se enfraqueceu" (1868:180, nº 7). "Da colonização com os nossos indígenas nada devemos esperar... porque perde as suas boas qualidades, como a independência viril que o pai possuía... torna-se um produto bastardo... não estimaria ver o Amazonas e o Brasil colonizado pelos trabalhadores chinos, uma raça inferior à nossa..." clamava o barão de Marajó (1883: 3).

Já Alfred Wallace, que permaneceu quatro anos no vale do Amazonas, o vício e a falta de vontade de trabalhar atingia a todas as raças, a questão principal sendo o clima tropical, quente e úmido e, principalmente, o "estágio de civilização do povo", produto da colonização portuguesa, avessa "a todo tipo de trabalho mecânico e agrícola, outra de suas aparentes características nacionais" (1853: 233). A homogeneização de todos os europeus pela ação do clima tropical, defendida pelo abade Raynal no século anterior, sucede sua diferenciação segundo a nação a que pertence.

As teses sobre a degeneração do homem e da natureza são antigas e bastante conhecidas, mas durante o século19 adquiriram outros matizes, sendo largamente utilizadas como ideologia polí tica pelo colonialismo europeu (SODRÉ, 1961). Englobada por uma biologia racista, a concepção de degeneração da raça se transformou em ideologia científica, utilizada politicamente tanto pelos conservadores como pelos socialistas, quando defendiam, por exemplo, a idéia de que a classe dominante era decadente enquanto a sociedade socialista deveria ser limpa e sadia (FOUCAULT, 1985: 157). Como impedimento à degeneração, o culto à raça e o racismo foi unido à idéia de progresso, desenvolvendo-se o que

Robert Nisbet chamou de teoria racista do progresso, ou seja, de que a base do progresso ocidental era a raça [branca] (1980: 406).

Todos esses matizes, que fizeram parte do "cientismo" da época vão aparecer no debate sobre a raça brasileira: como ideologia política, a raça explicaria as diferenças sociais e regionais internas do país; como ideologia da História, ao atribuir o atraso brasileiro ao "atraso" português frente às nações européias; como ideologia do progresso, ao ser vinculada à formação da nacionalidade — como no debate sobre a superioridade dos imigrantes europeus e a inferioridade do trabalhador nacional. E, por certo, o conceito de raça será associado ao determinismo: ao determinismo geográfico, na avaliação das vantagens e desvantagens da ação do "clima tropical" e da estrutura do relevo sobre o povo; ou, ao contrário, como determinismo racial, defendendo a tese de que a "fatalidade" geográfica do meio tropical podia ser superada pelo aprimoramento das qualidades da população.

Política imigratória: entre o branqueamento e miscigenação

"O povo brasileiro não corresponde a uma raça determinada e única, é um povo mestiçado, isso não é bom ou é mau é um fato; porém o elemento branco tenderá a predominar, com o desaparecimento progressivo do índio, a extinção do tráfico de negros e a introdução de italianos e alemãs", escreveu o publicista e literato Silvio Romero (1851-1914). O interlocutor escolhido por Romero era o historiador inglês Henry Buckle (1823-1862), autor da tese de que os grandes impérios dos climas quentes eram formas anormais e superdesenvolvidas de um estágio primário na hierarquia cultural e tecnológica do desenvolvimento social.

Buckle é mais conhecido por seus esforços no sentido de mostrar que o clima e a geografia têm um peso no desenvolvimento social, argumentando que a disponibilidade de alimentos numa área influenciava o caráter de sua população e determinava seu nível de desenvolvimento social. Rejeitava, no entanto, a noção de que as raças humanas eram aquinhoadas com diferentes capacidades, aceitando o conceito da Ilustração da identidade universal da natureza humana (BANNISTER,1979:27 e ss).

É certo que o povo é bárbaro, diz Romero, mas isso não se deve às "causas físicas ativas" da natureza tropical porque esta é muito mais hostil do que supõe Buckle. O clima brasileiro, por exemplo, é variado, e obriga a população a se adaptar e se ligar ao solo, as terras não são todas férteis nem o interior coberto de florestas. O povo é bárbaro porque a ordem social prevalescente é de índole "comunária", isto é, baseada na patronagem dos grandes proprietários e nos clãs, em lugar da formação "particularista" das civilizações industriais que incentivam a autonomia e a "energia" individual (ROMERO,1907:8).

Romero (1851-1914) não leva sua crítica a Buckle ao extremo de negar a ação do clima e do relevo sobre os grupos humanos, porém influenciado por seu mestre, o neo-kantiano Tobias Barreto, identifica uma "dualidade" entre as condições físicas e as morais (Buckle insistia ser desnecessário para o progresso industrial o senso moral), por isso agregando a raça em sua proposta sobre quais seriam os "fatores do atraso do Brasil": primários ou naturais (excessivo calor, falta de grandes vias fluviais, chuvas torrenciais, seca); secundários ou étnicos (incapacidade relativa das três raças de modificar o meio, devido à organização social em clãs); terciários ou morais (falta de iniciativa e audácia, a indisciplina, a falta de solidariedade e de consciência coletiva) (1888: 45/1906: 36).

Os grandes fazendeiros colocaram a questão da raça e do meio tropical em termos mais grosseiros. Não há dúvida de que as doutrinas de superioridade racial foram sendo absorvidas pelos círculos dirigentes do Império e, mais tarde, da República, porém subordinadas a políticas internas deliberadas. A principal era solucionar com rapidez e o mínimo de investimento [privado] o aumento do estoque de mão-de-obra. Para muitos deles, principalmente aqueles ligados à agricultura do café, a preferência era pela mão-de-obra de origem européia, capaz de "indústrias, civilização, costumes e aperfeiçoamento da raça" (Sinimbu em Mel: 72). A discriminação do trabalhador nacional em nome do "branqueamento" da população foi mais um argumento para convencer o governo central de bancar o custo alto da imigração européia.

O outro aspecto de política interna era o do direcionamento do fluxo imigratório. O argumento dos representantes dos fazendeiros no Parlamento, para garantir o direcionamento para o Sudeste brasileiro, foi o da inadaptabilidade do imigrante europeu ao "clima do Norte". Incluído no "clima do Norte" se encontrava quase 70% do território brasileiro. O argumento de que o clima próximo ao Equador era hostil ao europeu foi rejeitado não só pelo próprio Louis Agassiz, como por geógrafos que exerciam cargos políticos na época. Era o caso do senador Thomas Pompeu de Souza Brasil (1818-1877), autor de um livro didático de geografia de grande circulação até o final do século 19, que assinalou para os colegas que as regiões Norte do país eram apropriadas à imigração européia porque a altitude corrigia as desvantagens da latitude tropical (Brasil em Melo: 64). Também o cartógrafo e deputado, membro da comissão de Geografia do Instituto Histórico e Geográfico Brasileiro, Tristão de Alencar Araripe (1821-1908), ponderava que a política de discriminação regional na alocação de imigrantes causaria um "desequilíbrio de forças" entre o Norte e Sul do país, colocando em perigo a integridade territorial (Araripe em Melo: 62).

O interesse dos círculos dirigentes do Império em difundir a imagem de um Brasil progressista na Europa, um país de clima ameno, sem grandes obstáculos de relevo etc., que neutralizasse a fama de país escravocrata, hostil à imigração de trabalhadores livres, foi o motivo da publicação de uma coletânea de artigos patrocinados pelo Syndicat Franco-Brésilien (*Le Brésil en 1889*).

Seu diretor era o geógrafo e educador, Ernest Levasseur (v. BERDOULAY, 1981a; RHEIN, 1982). Amigo pessoal de Antonio Paranhos, barão do Rio Branco (diplomata, geógrafo político e futuro ministro, figura das mais proeminentes do período devido ao seu papel na formalização das fronteiras externas brasileiras), Levasseur também publicou como separata de La Grand Encyclopédie, o volume *Le Brésil* (Paris, 1889), onde assina, com a colaboração de Rio Branco, uma série de artigos sobre as fronteiras, o meio físico, a emancipação dos escravos, a imigração e a educação no Brasil.

A raça e o meio físico também foram argumentos válidos para aqueles que defendiam o trabalhador nacional, e igualmente válida a política de "branqueamento" através da miscigenação, porém a conclusão era distinta daqueles que defendiam a imigração européia. "As pessoas que se ocupam de resolver o difícil e importantíssimo problema de braços [mão-de-obra] para utilizar *as riquezas quase infinitas deste solo, onde tudo é grande, exceto o homem* [me autorizam a concluir], que o braço indígena é um elemento que não deve ser desprezado na confecção e preparo da riqueza pública", e isso porque "os indígenas, por uma *lei de seleção natural*, hão de cedo ou tarde desaparecer, mas, se formos humanos, eles não desaparecerão antes de haver confundido parte do seu sangue com o nosso, comunicando-nos as imunidades para resistirmos à ação do clima intertropical que predomina no Brasil" (MAGALHÃES, 1876: 69/73).

O autor dessa defesa de uma política de miscigenação controlada foi o militar, político, empresário e explorador José Couto de Magalhães (1836-98). No seu livro *O Selvagem* (1876), defende a noção da perfectibilidade infinita do homem, porém associada ao "transformismo darwinista", um termo que na época designava, de maneira bastante ampla, uma mescla dos conceitos evolucionistas de Haeckel com noções neo-lamarckianas.

Olhar as raças, os povos (e não o povo), que formavam o

Brasil, e determinar qual as áreas mais propensas ou com maiores obstáculos ao progresso, termo utilizado até a década de vinte para designar o "moderno", parece ser o principal objetivo dos trabalhos publicados sobre as zonas geográficas e zonas climáticas. Neles encontramos, com maior ou menor clareza, a idéia de organicidade do território, não em termos de afirmar sua presença e sim de mostrar a sua ausência

As zonas geográficas e o problema da distância

O primeiro intento de diferenciar as partes do país a partir de um critério geográfico foi obra de um engenheiro. André Rebouças (1838-98) publicou seu trabalho, "Les zones agricoles", em *Le Brésil en 1889*, a convite de seu organizador, Sant'ana Nery. Rebouças se destacou, em sua época, por introduzir novas técnicas para a construção de portos e por seu plano de expansão de estradas de ferro. Partidário do evolucionismo, leitor de Darwin e de Spencer, defensor convicto do poligenismo das raças, esse descendente de escravo liberto desprezava os argumentos a favor da miscigenação, apesar de admirar os anglo-saxões por seu "espírito de iniciativa" (SANTOS, 1985).

No artigo, ele divide o Brasil em dez "zonas naturais", utilizando como critério os minerais e os produtos agrícolas explorados em cada área. Como afirmou mais tarde o geógrafo Geraldo Pauwels, as zonas naturais de Rebouças são na verdade províncias agrológicas (PAUWELS, 1926: 21). O mérito do trabalho reside mais em sua abordagem, apresentando uma visão de conjunto das regiões brasileiras, relacionando as vias de comunicações disponíveis em cada uma delas com o estágio de desenvolvimento da agricultura

As tensões que marcaram a vida privada e pública de Rebouças não o impediram, contudo, de ser claro e objetivo em suas reflexões sobre a organização territorial do país. A ausência de articu-lação entre as regiões e a dificuldade no escoamento da produção, problemas apontados em seu artigo, poderiam ser solucionados pela construção de estradas de ferro e o aparelhamento dos portos. Ele mesmo havia elaborado um plano de expansão de vias de comunicação, o Plano Misto Ferroviário e Fluvial, onde havia buscado adequar o desenho da rede aos fatores geográficos, propondo uma estrutura em *paralelas* a partir de um triângulo equilátero com base no rio Amazonas. As paralelas seriam vias transcontinentais com o objetivo de desbravamento e integração, enquanto os meridianos seriam de integração interna norte-sul do país (REBOUÇAS,1874). Uma concepção similar guiou, cem anos depois, o plano rodoviário nacional. Porém, na época, nem esse nem outros planos eram implementados, apesar da garantia de juros de empréstimo oferecida pelo governo central para a construção de ferrovias. Como Rebouças percebeu de imediato, a questão não poderia ser resolvida sem alterar o sistema de propriedade. Não poderia haver ocupação dos "espaços vazios" nem a articulação do território enquanto os grandes fazendeiros da costa atlântica se beneficiassem do "monopólio territorial, o maior inimigo da imigração, do progresso e da prosperidade" porque "confisca o primeiro elemento de produção, o trabalho", citando aí ao historiador francês, Jules Michelet (REBOUÇAS,1884: 74).

Não há dúvida que qualquer projeto de modernização exigia reformas que os grupos dominantes locais encaminhavam de acordo e no ritmo de seus interesses imediatos. Contudo, sem o concurso dessa burguesia incipiente a reforma não era factível, em vista da estrutura social polarizada existente. Nas palavras de Romero: "Existem duas antinomias: a primeira é a disparidade entre uma pequena elite de proprietários e o imenso número dos que não têm nada, principalmente as populações rurais; a segunda, é a antinomia entre a elite dos intelectuais, nas grandes cidades e na capital, e o imenso número de analfabetos ou incultos que constituem a nação. Esses intelectuais criticam a todos: a gente do interior... e também os fazendeiros e senhores de engenho..."(1907: 11).

Assim, uma das respostas dos intelectuais críticos no sentido de elaborar um projeto de "pensar o Brasil", ou de pensar a nação foi mesclar a abordagem sociológica e a abordagem geográfica do território. Para pensar um país imenso, quase desocupado, e mal articulado, onde a questão da distância física se impunha como uma realidade, foi agregada a questão da distância social, não só entre grupos sociais como entre culturas regionais crescentemente diferenciadas pelo aparecimento do "elemento modernizador".

A ordem tradicional convivia com a modernização (FAORO, 1993: 28). O positivismo de Comte, que acenava com a esperança de um caminho de "ordem", foi entendido por muitos como demasiado passivo, até providencialista, no sentido do Estado garantir, com condescendência, a "preservação dos fracos", como no caso da política indigenista de Cândido RONDON (1922: 23). Influenciado pelas idéias de E. B. Tylor de que as sociedades indígenas se situavam num estágio evolutivo infantil ou juvenil, necessitando de tutela para progredirem (HOBSBAWM, 1981: 394), Rondon foi o fundador do Serviço de Proteção aos Índios, núcleo da atual FUNAI.

Para aqueles que pretendiam explicar o porquê dessa convivência entre a ordem tradicional e a modernização, argumentando que o conhecimento da geografia do país, tanto quanto de sua história, desvelaria uma sociedade dual, espacial e socialmente desarticulada, cujo caminho para a união era a superação da sociedade patriarcal, organizada em clãs, por outra competitiva e individualista, o darwinismo social de Spencer, a noção de *milieu* (meio físico) de Taine, ou a tipologia regional da escola de Le Play, pareciam propostas feitas sob medida para suas preocupações.

É no sentido de elaborar uma "geografia social" do país, que Silvio Romero escreve *O Brasil Social. Visoes syntheticas obtidas pelos processos de Le Play* (Rio, 1907). Nele apresenta sua proposta de zoneamento geográfico como sede de zonas sociais, na forma de uma carta dirigida a Edmond Demolins. Conhecer os fatos, estimular os estudos monográficos, mostrar a relação entre meio físico e a organização social através das práticas e formas de vida em família, todo o receitúrio da escola de Le Play é utilizado por Romero de forma simples e adaptado de maneira mecânica e apressada, como na descrição do Planalto das Guianas, "zona de criação de gado, onde a indústria é quase inexistente; tudo desorganizado e mal dirigido".

Uma outra abordagem, também com pretensões científicas, porém mais próximas da geografia do que da sociologia francesa, pode ser encontrada no artigo "As zonas geográficas brasileiras" (S. Paulo, 1908), de Artur Orlando (da Silva), advogado, geógrafo, partidário, como Romero, da "bifurcação spenceriana do evolucionismo", nas palavras do último. Orlando introduz a classificação de climas de Köppen, e também introduz a Jean Brunhes, de quem utiliza o critério de formações fitogeográficas para dividir o Brasil em três grandes zonas: floresta, campos e sertões (savana). Nenhuma referência a questões sociais, e sim um elogio à exuberância do solo e à natureza do país, "parte integrante da nacionalidade".

Porém, em Orlando, anotamos a mudança no conceito de *milieu*: não mais no sentido de Taine, de meio físico, e sim o conceito desenvolvido por Vidal de La Blache, de *meio geográfico*. Geográfico porque trata das relações do homem com o meio, e não da influência do clima e do ambiente físico em geral sobre o homem, escreve Orlando, em resposta a Hermann von Ihering, diretor do Museu Paulista de História Natural, que considerava a faixa atlântica como a única área naturalmente adequada à imigração européia. A questão não é a da adaptação do imigrante europeu ao clima do Equador e do trópico, pois desde muito a raça branca se habituou a viver nos países de clima mais quente; o grande problema a resolver é o saneamento do solo, a drenagem do pântano... (ORLANDO, 1910: 300).

A "TEORIA DOS CONTRASTES"

A modernização e o debate sobre as condições para sua difusão ocuparam um lugar importante no pensamento de intelectuais latino-americanos desde o início do século 19, já presente no trabalho seminal de Sarmiento, *Civilización y barbarie* (1845). O senso dos contrastes e mesmo dos contrários também constituiu o arcabouço da obra de maior impacto literário no meio intelectual brasileiro nessa época, *Os Sertões* (Rio,1902; 35 edições no Brasil). O livro, que relata a "revolta de Canudos" ocorrida no interior do Nordeste brasileiro, foi escrito por Euclides da Cunha (1866-1909), engenheiro, jornalista e, para sua época, geógrafo.

Em *Os Sertões* encontramos a origem de uma das imagens mais persistentes da estrutura sócio-espacial do Brasil, a da existência de "dois Brazis". No livro, a noção de adaptação do homem ao meio é utilizada na fundamentação da idéia de dualidade, a partir de uma descrição, um tanto exagerada para a realidade da época, do contraste entre o litoral atlântico, modernizado, urbanizado, europeizado, e o interior do país, arcaico, pastoril, estagnado. Cunha também introduz a idéia de contraste para descrever a natureza tropical, onde "a terra é exuberante e pródiga e, ao mesmo tempo, pode ser estéril, desértica, obrigando a luta pela vida, não no sentido agressivo admitido por Darwin, mas como um fenômeno de assimilação".

Para mostrar a assimilação do homem ao meio, Cunha recorre à constituição geológica do terreno, à paisagem geográfica, às influências climáticas, ao regime alimentar, às condições de ciência e educação e, finalmente, aos fatores étnicos. A noção neolamarckiana de assimilação era mais adequada, afirmava Cunha, para explicar a "passividade" dos habitantes do sertão e seu rompimento súbito pela "rebeldia", dualidade que seria motivada pela alternância da chuva e da seca sertaneja.

Também popularizou o contraste entre os grupos étnicos do

litoral e do interior: enquanto os primeiros eram mestiços "neurastênicos e raquíticos", o mestiço do interior era, "antes de tudo, um forte", por ter que se adaptar ao meio hostil. Tratava-se, no último caso, da "perfeita tradução moral dos agentes físicos da sua terra" (1902:141). Finalmente, o contraste entre os "paulistas" da região centro-sul do país, "tipo autônomo, aventureiro, rebelde, dominador de terras" e uma sociedade velha, resíduo do velho agregado colonial (p. 82).

Numa linguagem rebuscada, com laivos messiânicos, Cunha defende a predestinação histórica do "homo americanus", produto da miscigenação de raças. Ele argumenta em favor da mistura do índio com o branco (*o sertanejo*), e se vale das teorias racistas para rejeitar o mulato. A população do interior, isolada e presa às condiç ões físicas locais, estava relegada "às tradições extintas à medida que as forças do progresso avançassem. Uma de suas frases mais dramáticas — "nossa evolução biológica reclama a garantia da evolução social — ou progredimos ou desaparecemos" (p. 70) — foi rapidamente incorporada ao imaginário coletivo brasileiro.

As teorias do evolucionalismo biológico conferiam uma certa legitimidade científica ao reclame de progresso como único caminho para a unidade futura da nacionalidade. Se a descrição geográfica da diversidade cultural e física do território permitia mostrar a ausência dessa unidade, a regionalização reapresentava, em outro patamar, a unidade como um conjunto de regiões de antemão definidas como componentes da nacionalidade. Esse tipo de formulação possibilitava, também, a vinculação entre um território particular e grupos sociais portadores do "germe" do progresso, caso dos "paulistas", o que adicionava um elemento dinâmico à representação. Por formulações desse teor, Cunha foi considerado como o geógrafo "mestre do nacionalismo brasileiro" por aqueles que, na década de 1930, implantaram o "projeto de modernização autoritário" (FREYRE, 1940; PARANHOS, 1941).

Suas observações geográficas foram mais comedidas e cuidadosas do que o discurso dos contrastes deixa entrever. Na mesma obra citada, chama a atenção do leitor a descrição viva que faz do sertão nordestino, da "cidade" de Canudos, das práticas agrícolas que torna o "homem brasileiro um fazedor de desertos". Não se fiou somente nas observações de campo, pedindo a assessoria de Orville Derby para os aspectos fisiográficos e geológicos, e de Teodoro Sampaio, para a geografia e história territorial. Este último era geógrafo conhecido por excelentes trabalhos sobre geografia urbana e toponímica, imigração, e história territorial do Nordeste brasileiro.

Contrastes e Confrontos (PORTO, 1907) é o produto de suas viagens de reconhecimento como membro de comissão federal para demarcação de limites na região amazônica. Exumando a antiga idéia do Século das Luzes sobre "juventude" da natureza americana, Cunha tenta fazer uma analogia entre a instabilidade física da natureza amazônica e a forma desordenada do povoamento regional. Assim como os rios tendem a destruir e não a acumular, como ocorre em outras bacias hidrográficas, também a ocupação humana é efêmera, desordenada, incompleta, uma "terra sem história". Oscila entre a apologia do trabalhador nacional e da natureza amazônica — "uma página do Gênesis", e os reparos à sua violência, inferior, contudo, à dos homens, responsáveis por transformar a floresta em "inferno verde". Como assinalado por Antonello Gerbi, era simples deduzir, da pretendida "infância" americana, corolários opostos: um grande porvenir, ou uma insanável imaturidade, a impotência de todo o progresso (GERBI: 401).

A dificuldade em conciliar o desejo por instaurar um processo civilizatório e a crítica às ideologias políticas e científicas provenientes do mundo civilizado que deslegitimizavam o pleito, como, por exemplo, a noção de que o clima equatorial era insalubre e de que a adaptação do homem civilizado à floresta tropical acabava em sua degradação, se manifesta no uso indiscriminado de palavras-código como seleção telúrica, sobrevivência dos mais aptos, ou transmissão dos caracteres adquiridos.

Em outro artigo da mesma obra, as reflexões de Cunha se aproximam daquelas de André Rebouças, ao sugerir que a política territorial correta para instaurar o progresso e superar a geografia de um "país de dimensão continental" era o investimento governamental na construção de grandes vias de comunicação e circulação: "a linha Transacreana, a exemplo da Union Pacific Railway, não vai satisfazer um tráfego que não existe a não ser criar o que deve existir".

Aqui se percebe, como em outros trechos de seus trabalhos, a admiração professa pelos Estados Unidos, outra fonte de dificuldades para os intelectuais brasileiros. Pois os norte-americanos, em geral vistos como ignorantes e pouco civilizados frente aos padrões europeus, estavam conseguindo, a despeito do anti-intelectualismo professo, fundar uma civilização técnica que ameaçava, já naqueles dias, a supremacia européia. Cunha não participou do debate entre "americanistas" e "iberistas", que vinha desde meados do século 19, porém já é possível identificar em seu trabalho o germe da idéia de que foi o tecnicismo e a ruptura com o intelectualismo europeu que permitiu aos norte-americanos fortalecerem o sentimento de nacionalidade.

DA DIFERENCIAÇÃO GEOGRÁFICA À ORDEM POLÍTICA UNITÁRIA

A crítica, recorrente no período enfocado, dos intelectuais, de que os brasileiros não conheciam o Brasil (lendo-se como "brasileiros", além deles mesmos, os dirigentes políticos), de que existia um Brasil real e um Brasil legal "made in Europe", de que presunções sobre as aptidões e grandeza do país mascaravam a inércia e a recusa em encarar a incapacidade do povo, encontra a sua versão mais acabada na obra polêmica de Francisco José de Oliveira Viana (1885-1951).

Em conjunto, sua obra apresenta três teses sobre o território e a população brasileira: a primeira atribui ao interior do país — *o sertão* — o lugar de somatório das dificuldades e das potencialidades da nação, subentendido que seu conhecimento e organização poderia estabelecer as bases para a unidade nacional. A segunda tese tenta reconciliar as teorias racistas e a realidade multirracial do país, postulando que o Brasil estava em vias de atingir a pureza étnica pela miscigenação com os europeus. Thomas Skidmore atribui o êxito de Oliveira Viana a essa conclusão, que tranqüilizava os brasileiros quanto ao futuro étnico do país (SKIDMORE, 1974: 202). A terceira tese, de certo modo a conclusão das antecedentes, é que o caminho para a unificação nacional era criar uma organização política *centralizada*, a única capaz de mobilizar os meios materiais e "espirituais" de articulação do território.

Oliveira Viana tem atraído mais a atenção dos cientistas sociais por suas teses, e conclusões subseqüentes, a respeito das instituições político-jurídicas brasileiras, do que por ter se tornado uma peça-chave do governo ditatorial de Getúlio Vargas (1936-1945), co-responsável pelas leis trabalhistas e instituições associadas criadas naquele momento. As críticas mais severas lhe foram feitas pela nata dos cientistas sociais, fossem eles de "esquerda" ou "direita": Gilberto Freyre, seu principal interlocutor nos debates sobre miscigenação racial; Sergio Buarque de Holanda, que o criticou por suas inconsistências científicas e políticas; Nelson Werneck Sodré e José Honório Rodrigues, que o consideravam péssimo historiador e um dos principais divulgadores de ideologias colonialistas (darwinismo social, psicologia social) e de governos ditatoriais no Brasil. Só muito recentemente é que sua obra tem merecido estudos que evitam o tom acusatório, dominante entre seus críticos (BASTOS e MORAES, 1993).

Por mais ultrapassadas e bizarras, inclusive do ponto de vista da disciplina da geografia, que sejam as idéias de Viana, elas constituem um marco na história das ciências sociais do Brasil, não pela qualidade mas porque se tornou o nó de um feixe de correntes nacionalistas que permaneceram vivas mesmo depois do autor ter sido esquecido. Sobre esse ponto Werneck Sodré tem razão, pois grande parte da geopolítica brasileira foi inspirada por suas linhas de argumentação. No que se refere às relações entre a geografia e as ciências sociais, os trabalhos escritos por Viana na década de 1920 também constituem um marco. A partir daí as teorias geográficas não só foram rejeitadas porque reduzidas ao determinismo ambiental e identificadas com o racismo, mas o *pensamento geográfico* foi englobado nessa crítica. Isso ocorreu, à medida que foi utilizado por Viana em sua argumentação sobre a necessidade de centralização das instituições políticas e de um regime de governo autoritário. Ora, essa era uma tese simpática para muitos dos críticos de Viana, inclusive os "esquerdistas", e pelo mesmo motivo a ideologia do nacionalismo. Em conseqüência, para que as diferenças ficassem esclarecidas, seus críticos foram obrigados a retomar de maneira polêmica cada uma de suas idéias emprestadas das ciências sociais, história, antropologia, sociologia, ciência política. Dessa revisão crítica a comunidade dos geógrafos pouco participou, no primeiro momento, porque o projeto de institucionalização da disciplina da geografia dependia em grande parte de sua "neutralidade" política, e, mais tarde, porque se autodefiniu como saber técnico e pedagogia escolar. A dissolução do pensamento geográfico, nas posteriores interpretações sócio-histórico-ideológicas desse período, pode ser registrada entre os cientistas sociais, de "esquerda" ou "direita", entre os geógrafos e entre os geopolíticos brasileiros.

Em *Populações Meridionais do Brasil. História, Organização, Psicologia* (1920, sete reimpressões, a última em 1987), Oliveira Viana se coloca contra duas noções que considerava nocivas ao entendimento da formação coletiva da nação. A primeira seria o "preconceito da uniformidade atual do nosso povo". O povo brasileiro, afirma, não é uma massa homogênea única, está sujeita, segundo a região, a pressões históricas e sociais diferentes, o que explicaria a diversidade dos habitats. A segunda noção que contesta é a visão urbana da classe dirigente, à qual atribui a degeneração do caráter nacional. Os "tipos urbanos" não passam de reflexos ou variantes do meio rural a que efetivamente pertencem, as cidades do hinterland ou da costa só existem em função do trabalha agrícola; "as matrizes da nacionalidade", portanto, estão localizadas no grande sertão (interior) brasileiro.

Apesar de citar logo na introdução a Antropogeografia de Ratzel, é nas zonas fitogeográficas de Jean Brunhes que se inspira para dividir o Brasil em três grandes zonas geográficas — os sertões, as matas e os pampas. A cada uma corresponde uma história diferente, que gerou uma sociedade diferente e, por conseguinte, três tipos sociais específicos — o sertanejo, o matuto e o gaúcho. A "razão classificatória" de Viana, a grade que constitui seu objeto de análise foi parcialmente inspirada pelo geógrafo, pois, para demonstrar suas teses, se fundamenta na *Logique Sociale* do sociólogo Gabriel de Tarde (1843-1904), na antropossociologia do bibliotecário, socialista e darwinista social Georges Vacher de Lapouge (1854-1936), autor de *Selections Sociales*; e em Gustave Le Bon (1841-1931), o médico, sociólogo e ideólogo do racismo, autor de *Les Lois psysicologique de l'évolution des peuples*.

De um lado, os descendentes dos colonizadores lusos, que representam a "porção mais eugênica da massa peninsular, porque, por uma lei da antropologia social, só emigram o caráter forte, ricos de coragem, imaginação e vontade". De outro, os mestiços, que "as leis antropológicas mostram que herdam com mais freqüência os vícios do que as qualidades dos seus ancestrais". A solução para esse impasse, no entanto, Oliveira Viana a vê bem encaminhada: "A contigüidade geográfica do principal ecúmeno agrícola brasileiro com o centro do governo nacional dá ao tipo social do *matuto* a preponderância sobre os outros dois tipos", o que é uma vantagem porque o matuto, descendente daqueles indivíduos que, desde a Independência, "carregam as maiores responsabilidades na organização e direção da *nacionalidade*, deverá se misturar com os imigrantes europeus e se 'arianizar'".

O otimismo em relação ao futuro racial era regulado pela desconfiança quanto aos laços sociais que caracterizavam o sertão brasileiro: o "espírito de clã" era responsável por uma psicologia política nefasta — a prática dominante do clientelismo na área rural. Atribui esse estado de coisas a dois fatores: o fator geográfico — as facilidades oferecidas pelo meio tropical, que não favorecia o aparecimento de indivíduos ativos e competitivos; e o fator histórico — a desordem resultante da ausência dos laços ordenadores e hierárquicos do feudalismo entre nós. Em síntese, "o deserto (a terra vasta), o trópico (a terra exuberante), a escravidão, e o domínio [agrícola] independente... desarticulam, desintegram, dissolvem, e uma nova sociedade se forma com uma estrutura inteiramente nova: nós somos a incoerência, a desintegração, a indisciplina, a instabilidade, [*sic*] infixidez do homem à terra". E conclui: "Somos inteiramente diferentes das sociedades européias. Nada que lá existe... se passa aqui: somos completamente *outros*".

No mesmo ano, 1920, escreve, como parte introdutória do Recenseamento, *Evolução do Povo Brasileiro*, transformada em livro em 1922 (cinco reimpressões). O plano é constituído por três partes: a evolução da sociedade, a evolução da raça e a evolução das instituições políticas. Viana considera ser essa a parte mais interessante do livro, quando reescreve o prefácio para a 3ª edição (1936). Nela utiliza argumentos geográficos para reforçar a idéia de centralização: é preciso, afirma, corrigir "pela ação disciplinar de uma organização política centralizadora e unitária — os inconvenientes de nossa excessiva base física, da nossa dispersão demográfica, e da ação centrífuga dos agentes geográficos".

Comentando o papel da diferenciação geográfica e política na evolução dos povos, Oliveira Viana critica o darwinismo social de Spencer. Em vez da concepção linear de evolução, de leis gerais de evolução universal, é mais razoável supor que existe uma "incomparável riqueza de modalidades evolutivas", entre elas, a diversidade na evolução das instituições políticas. É melhor para o Brasil, o "heterogêneo inicial" de Tarde, do que o "homogêneo inicial" de Spencer. Nesse sentido, o "possibilismo" de Vidal de la Blache lhe parece mais adequado do que o "fatalismo geográfico" de Ratzel. Ele não nega o determinismo, apenas não seria somente o determinismo do meio físico, mas também o acaso histórico, um dos "fatores determinantes da evolução dos povos". As "influências do ambiente cósmico" e o "gênio [espírito] do lugar" são essenciais para explicar as diferenças intra e internacionais, escreve Viana, inspirando-se na releitura que Lucien Fébvre faz de Vidal e Ratzel, e nos geógrafos Jean Brunhes (*La geógraphie de l'histoire*, 1914), Camille Vallaux (*Géographie sociale*, 1911) e Ellsworth Huntington (*Climate and Civilization*, 1915).

Foi funesto para o Brasil, conclui Viana, "esse preconceito da absoluta semelhança entre nós e os outros povos civilizados ... com que justificamos a imitação sistemática das instituições européias". E citando Huntington, o caminho é "o conhecimento de como adaptar o homem à natureza, ou de como adaptar a natureza ao homem". Huntington se tornou conhecido por suas tentativas em demonstrar o papel do clima na evolução das raças e por sua descrença nas possibilidades de evolução racial no ambiente tropical. Isso não deteve a Viana, que vira Huntington ao avesso, ao afirmar que a nossa realidade é o clima tropical e, portanto, em vez de fórmulas estrangeiras, deveríamos nos basear no estudo local e particular do ambiente natural e da gente que o habita. A identidade com a civilização, continua Viana, não implica no desaparecimento das peculiaridades locais e das características nacionais do povo: "A ação das correntes de civilização, essencialmente uniformizadoras, tende a corrigir e contrabater a ação dos agentes diferenciadores, isto é, a ação... do solo, da raça e da História.

CONCLUSÃO

"Numa charada cujo tema é o xadrez, qual seria a única palavra proibida? A palavra *xadrez*, respondeu o outro. Exatamente, diz o primeiro. O *jardim de caminhos que se bifurcam* é uma enorme charada, ou parábola, cujo tema é o tempo; essa causa recôndita proíbe-lhe a menção desse nome. Omitir *sempre* uma palavra, recorrer a metáforas ineptas e a perífrases evidentes, é quiçá o modo mais enfático de indicá-la."

Jorge Luis Borges nos ajuda a indicar o sentido de nossa conclusão. Se substituirmos a palavra tempo por espaço chegamos mais perto do ponto que queremos enfocar nesse trabalho, apesar de o tempo também fazer parte da questão. O descaso dos geógrafos e dos cientistas sociais em geral em relação ao papel que teve o pensamento geográfico nos debates do período 1870-1930 nos atraiu a atenção. Não com o intuito de "legitimar" seu papel, ou torná-lo mais palatável, e sim de destacar os fundamentos e as falhas desse pensamento. Também se procurou mostrar que o pensamento geográfico não foi introduzido de forma isolada, ao contrário estava associado às outras ciências sociais do século 19. Também não foi a única ciência dominada pelo determinismo ambiental ou racial, ou pelo darwinismo social: a sociologia nascente, a antropologia, a História, e tantas outras disciplinas, foram difundidas nos meios intelectuais associadas às mesmas pseudoteorias e ideologias científicas.

Curiosamente, no entanto, a geografia acabou por se tornar a principal acusada na *leyenda negra* sobre esse período, basicamente devido ao uso do determinismo geográfico. Mas o determinismo não é um problema circunscrito à geografia. Representa, como já apontado por Kristof, apenas um aspecto do problema mais abrangente — determinismo *versus* indeterminismo (mente *versus* matéria) — tanto no nível das ciências físicas como no da filosofia.

A facilidade com que alguns cientistas sociais puderam depositar no pensamento geográfico a responsabilidade de ter servido de veículo para a introdução de ideologias científicas pode ser explicada, em parte, pelo caminho seguido pela própria comunidade dos geógrafos nas décadas seguintes. Ao contrário das ciências histórico-sociais que igualmente veicularam a mesma plêiade ideológica, porém reescreveram sua própria história, imprimindo um senso crítico às suas análises, os geógrafos se tornaram, ao mesmo tempo, artífices e vítimas do senso comum. O pensamento geográfico foi incorporado, em sentido metafórico ou não, às representações sobre o território e a população brasileira, nos discursos e no imaginário coletivo: as riquezas naturais incomensuráveis, a "tropicalidade", a dimensão continental, os "espaços vazios", a oferta ilimitada de terras, os dois Brazis, os "paulistas", como são chamados os imigrantes do Centro-Sul na Amazônia.

Confirmando a tese de Horacio Capel, a recusa dos geógrafos brasileiros em cavucar as origens do pensamento geográfico entre nós, se deve, em grande parte, à estratégia para a institucionalização da disciplina, que tem permeado sua evolução desde a década de 1930. A criação do Conselho Nacional de Geografia, dos cursos universitários de geografia naquela década, a sua incorporação na grade curricular das escolas secundárias, parece indicar que foi uma estratégia vencedora. O preço tem sido alto: do ponto de vista institucional, a ambivalência entre a geografia "técnica" (geógrafo) e a geografia escolar (professor); do ponto de vista científico/político, uma pretensa neutralidade, que não só suprimiu o debate com os cientistas sociais, mas, do ponto de vista estritamente cognitivo, suprimiu o debate epistemológico, o que tem dificultado o reconhecimento da relação entre quaisquer teorias geográficas e a ciência de modo geral.

No que se refere ao uso das teorias geográficas no período que escolhemos analisar, podemos oferecer duas conclusões. A primeira é que seu uso não pode ser considerado como simplesmente mecânico, nem totalmente subordinado a um "imperialismo metodológico" da ciência européia. Ao contrário, o que dominou foi um comportamento pragmático, ou simplesmente oportunista, que evitou discussões teóricas, decompôs matrizes de pensamento, selecionou o que considerava "adaptável" ao país. Não podia ser uma aplicação mecânica, uma vez que o objetivo era chamar a atenção, precisamente, para a ausência de uma "estrutura" ou de um "sistema" como forma de instituir a organização e reduzir a desorganização do território. A idéia que acabou por predominar foi a de substituir a heterogeneidade das regiões pela idéia de um padrão organizado a partir de um governo centralizado.

A segunda conclusão refere-se ao processo de reconceitualização do concreto veiculado pelo pensamento geográfico no decorrer do período. No primeiro momento dominou a idéia de *milieu* como meio físico, proposta pelo filósofo francês Hippolyte Taine, e por ele associada à raça (povo) e ao movimento (mudança). A composição das idéias de Taine com as do sociólogo e engenheiro conservador (monarquista) francês Frédéric Le Play, assim como as idéias de outro sociólogo, seu discípulo, Edmond Demoulins, foi responsável pelos primeiros intentos de "geografizar", ou seja, localizar, a partir de unidades geofísicas, "os tipos sociais" brasileiros. A introdução da antropogeografia de Ratzel se, de um lado, foi considerada atraente por sua formulação "científica", ou seja, positivista, do papel do indivíduo e do Estado na ordenação do espaço, de outro, reforçava um determinismo ambiental problemático para aqueles intelectuais desconfortáveis com a "fatalidade geográfica" do meio tropical. Num segundo momento, e de maneira contraditória, ou simplesmente desalinhada, a noção de *meio geográfico*, proposta por Vidal de la Blache, foi acoplada à antropogeografia de Ratzel, porém acabou por se impor na medida que a escola vidaliana enfatizava o papel da indeterminação (as *condições geográficas* em vez dos *fatores geográficos* ratzelianos) nas relações homem — meio ambiente. Finalmente, num terceiro momento, já incorporado à uma estratégia de institucionalização da disciplina, o pensamento geográfico foi reduzido a uma dimensão descritiva, e associado às teorias de *aménagement* do território. Vale assinalar que, nas décadas seguintes, a noção do *espaço geográfico*, introduzida pela antropogeografia de Ratzel, foi abandonada pela geografia dos técnicos e incorporada ao pensamento geopolítico brasileiro.

Finalmente, se é fato que cada formação territorial-nacional-estatal tem sido o objetivo e foi a condição de nascimento do discurso geográfico, não se pode deduzir daí que o pensamento geográfico tenha sido a única ciência funcional para projetos nacionalistas de unidade nacional, de modernização e inserção num "processo civilizatório": a economia, por exemplo, tem sido bem mais mobilizada para exercer esse papel no século 20, como o foi a História durante o século 19

BIBLIOGRAFIA

ABREU, J. C. (1907): "A Geografia no Brasil", *Almanaque Brasileiro Garnier 1904,* pp.210-212

ABREU, J. C. (1904): *Capítulos da História Colonial e Os caminhos antigos e o povoamento do Brasil,* Brasília, Ed. UNB, 1982.

AGASSIZ, L. (1868): *A Journal to Brazil,* 1865-66, trad. brasileira, Edusp-Itatiaia, 1975.

ANDRADE, M. C. (1977): "O pensamento geográfico e a realidade brasileira", *Bol. Paul. Geo.* 54:5-27.

ANDRADE, M. C. (1985): "Les tendences actuelles de la géographie brésiliènne", *Travaux Inst. Geo. Reims*: 61-62:9-2.2.

BECKER, B. (1985): "Geography in Brazil in the Eighties", Mimeo, Dept. Geo. UFRJ.

BACKHEUSER, E. (1926): *A estrutura política do Brasil. Notas prévias,* Rio, Mendonça e Machado.

BACKHEUSER, E. (1927): "A nova concepção de geografia", *Rev. Soc. Geog. Rio de Janeiro* 31:75-89.

BANNISTER, R. C. (1979): *Social Darwinism. Science and Myth in Anglo-American Thought*, Philadelphia, Temple Univ. Press.

BASTOS, E. R./Moraes, J. Q. (org.) (1993): *O pensamento de Oliveira Viana*, Campinas, Ed. da Unicamp.

BERDOULAY, V. (1981a): *La formation de l'Ecole Française de Géographie*, Paris, Bibliotheque National, C.T.H.S.

BERDOLAY, v. (1981b): "The contextual approach" in D. R. Stoddart, *Geography, Ideology and Social Concern*, pp.8-16.

BERDOLAY, V. (1991): "Lamarck, Darwin et Vital: aux fondements naturalites de la géographie humaine", *Ann, Géo.* nº 561-562, pp. 617-634.

BERNARDES, n. (1982): "O pensamento geográfico tradicional", *Rev. Bras. Geo.* 44 (3): 391-413.

BEZERRA, A. (1932): "A geografia do Brasil no século XX", *Rev. Soc. Geo. Rio Jan.* 36: 115-143.

CAPEL, H. (1976): Institucionalizacion de la geografia y estrategia de la comunidad científica de los geografos", *Geocritica* 8/9.

CAPEL, H. (1981): *Filosofia y ciencia en la geografia contemporanea,* Barcelona, Ed. Barcanova.

COLLICHIO, T. A. (1988): *Miranda Azevedo e o Darwinismo no Brasil,* B. Horizonte, Edusp-Itatiaia.

CARVALHO, C.M.D. (1927): "Geografia-sciencia da natureza", *Rev. Soc. Geo. Rio Jan.* 32:93-101.

CUNHA, E. (1902): *Os Sertões. Campanha de Canudos*, Rio, Ed. Laemmet.

CUNHA, E. (1907): Contrastes e Confrontos, Porto, Emp. Lit. Tip.

DIAS, E. (1989): "La pensée géographique au Brésil: hier et aujourd'hui", *L'Espace Geo.* 3:193-203.

FAORO, R. (1993): "A aventura liberal numa ordem patrimonialista", *Revista USP* 17:14-29.

FOUCAULT, M. (1985): "La situación de Cuvier en la historia de labiologia" in *Saber y verdad*, pp 75-82, Barcelona, Ed. La Piqueta.

FREYRE, g. (1941): "Atualidade de Euclides da Cunha", Conferência no Min. rel. Ext., Rio, Casa Estudante do Brasil.

FREYRE, G. (1957): *Ordem e Progresso*, 4 ed., Rio, Record, 1992.

GERBI, A. (1955): *La disputa del nuevo mundo. Historia de una polemica*, 2ª ed. México, F.C.E., 1982.

HOBSBAWM, E. (1990): *Nations and nationalisms since 1780 - Pro gramme, myth and reality*, Londres.

KLEIN, H. (9186): *La esclavitud africana en America Latina y el Caribe*, Madrid, Alianza Ed.

KRISTOF, L. K. (1960): "The origins and evolution of Geopolitics", *Jour nal of Conflict Resolution* 4 (1): 15-51

LEVASSEUR, e. (1889): *Le Brésil*, Paris, Syndicat Franco-Brésilien.

LIVINGSTONE, D. (1984): "The history of science and the history of geography: interactions and implications", *Hist. Sci.* 23.271-302.

LIVINGSTONE, D. (1992): *The Geographical tradition*, Oxford, Blackwell.

LOVEJOY, A. (1948): "Monboddo and Rousseau" in A. Lovejoy, *Essays in the history of ideas*, Baltimore, John Hopkins Univ.
Press, pp 38-61.

MACHADO, L. O. (1989): "Artificio político en los origenes de la unidad territorial de Brésil" in H. Capel (org.) *Espacios Acotados. Geografia y domminación social.*

MAGALHÃES, J. C. (1876): *O Selvagem*, ed. fac-símile, Edusp-Itatiaia, 1975.

MARRAMAO, g. (1993): "Paradossi dell'universalismo. Individuo e comunità nell età globale", Conferencia no Congresso Internacional "Liberalismo e Socialismo".

MARILIA, MELLO, E. C. (1984): *O Norte agrário e o império*, Rio, ed. Nova Fronteira.

MORAES, A. C. (1988): *Ideologias Geográficas*, S.Paulo, Hucitec.

MOURA, G. (1910): "A geografia nacional", *Rev. Inst. Geo. S. Paulo* 15:305-330.

NISBET, R. (1980): *Historia de la idea de progresso*, 2ª ed. Barcelona, Gedisa, 1991.

ORLANDO, A. (1908): "Zonas geográficas brasileiras", *Rev. Inst. Hist. Geo. S. Paulo* 13:313-328.

ORLANDO, A. (1910): "O clima brasileiro" Rev. Int. geo. S. Paulo 15:293-301.

PAUWELL. G. (1926): "O conceito de região natural e uma tentativa de estabelecer as regiões naturais do Brasil", *Rev. Inst. Hist. Geo. R.G.Sul* 1-2:9-67.

PEREIRA, J.V.C. (1955): "A geografia no Brasil" em F. Azevedo *As Ciências no Brasil*, vol.1, pp. 316-412.

PRADO Jr. C. (1945): "Aires de Casal, o pai da geografia brasileira, e sua Corografia Brasilica" em C. Prado Jr. *Evolução Política do Brasil*, S. Paulo, Brasiliense.

RAEDERS, G. (1988): O conde Gobineau no Brasil, 2ª ed., Rio, Paz e Terra.

RAFFESTIN, C. *et alli* (1995): *Geopolitique et Histoire*, Laussanne, Payot.
REBOUÇAS, A. (1874): *Garantia de Juros*, Rio de Janeiro.
REBOUÇAS, A. (1889): "Les zones agricoles" em Sant'ana Nery. Le Brézil en 1889, Paris, Lib. Ch. Delagrave, pp. 215-297.
REBOUÇAS, A. (1884): *Agricultura Nacional. Estudos Econômicos*, Rio de Janeiro.
RHEIN, C. (1982): "La géographie, discipline scolaire ou/et science sociale?, Rev. Fran. Soc. 23.223-251.
ROQUETE-PINTO, E. (1927): *Seixos Rolados. Estudos brasileiros*, Rio de Janeiro.
ROMERO, E. (1888): *História da Literatura Brasileira*, Rio de Janeiro.
ROMERO, E. (1907): *O Brasil Social. Vistas syntheticas obtidas pelos processos de Le Play*, Rio, Typ. J. Com. Rodrigues.
RONDON, C. (1992): "Discurso de Posse, *Rev. Sco. Geo. Rio de Jan.*, 25-28:20-29.
SANTOS, S. (1985): *André Rebouças e seu tempo*. Rio de Janeiro.
SKIDMORE, T. (1974): *Black into White. Race and Nationality in Brazilian Thought*. London, Oxford University Press.
SODRÉ, N. W. (1961): *A ideologia do colonialismo: seus reflexos no pensamento brasileiro*, Rio de Janeiro.
SODRÉ, N. W. (1976): *Introdução à Geografia. Geografia e Ideologia*, 5ª ed, Petrópolis, Vozes.
TORT, P. (1992): *Darwinismo et Societé*, Paris, PUF.
TRINDADE, E. (1923): "A grande missão da Geographia", *Rev. Soc. Geo.* Rio Jan 28:56-61.
VIANA, F. J. Oliveira (1920): *Populações Meridionaes do Brasil*. História, Organização, Psicologia. Vol. 1, S. Paulo, Monteiro Lobato & Cia, 2ª ed. 1922.
VIANNA, F. J. Oliveira (1920): *Evolução do Povo Brasileiro*, Rio, 4ª ed. José Olimpio Ed, 1956.
WALLACE, A. R. (1853): *Viagens pelos rios Amazonas e Negro*, trad. 2ª ed, Belo Horizonte, Edusp-Itatiaia, 1979.
WILLIAMS, r. (1983): *Keyword, a vocabulary of culture and society*, 2ª ed. London, Fontana

Este livro foi composto na tipografia
Minion Pro, em corpo 11/14, e impresso em
papel offset no Sistema Digital Instant Duplex
da Divisão Gráfica da Distribuidora Record.